普通高校本科计算机专业特色教材精选·算法与程序设计

MFC Windows
应用程序设计(第3版)

任 哲 等编著

U0229779

清华大学出版社

北京

内 容 简 介

本书为《MFC Windows 应用程序设计》的第 3 版。本书沿袭前一版的编写原则和风格,在读者学习了 C/C++ 的基础上,从 Windows SDK 程序设计出发,用 C++ 类对 Windows 应用程序进行了模拟封装,重点介绍 MFC 的应用程序框架。随后以精练的语言介绍 Windows 的图形图像处理、应用程序界面、资源、文件、动态链接库、进程与线程管理等知识。最后,介绍组件对象模型(COM)、ActiveX 技术、数据库和异常处理的基础知识。

本书内容丰富、结构合理、重点突出、注重应用、兼顾说理性和实用性、文字通俗易懂,以适当的方法加强了对 MFC 重点技术核心内容的介绍,使读者可以在有限的文字篇幅情况下获得尽可能大的信息量,适合作为普通高等院校的教学及教学参考用书,也可以作为其他计算机开发应用人员的参考书。

图书在版编目(CIP)数据

MFC Windows 应用程序设计/任哲等编著.—3 版.—北京:清华大学出版社,2013.3(2020.12重印)

普通高校本科计算机专业特色教材精选·算法与程序设计

ISBN 978-7-302-31273-4

Ⅰ.①M… Ⅱ.①任… Ⅲ.①C 语言—程序设计—高等学校—教材 ②Windows 操作系统—程序设计—高等学校—教材 Ⅳ.①TP312 ②TP316.7

中国版本图书馆 CIP 数据核字(2013)第 008367 号

责任编辑:汪汉友
封面设计:常雪影
责任校对:白 蕾
责任印制:丛怀宇

出版发行:清华大学出版社
     网   址:http://www.tup.com.cn,http://www.wqbook.com
     地   址:北京清华大学学研大厦 A 座   邮   编:100084
     社 总 机:010-62770175   邮   购:010-83470235
     投稿与读者服务:010-62776969,c-service@tup.tsinghua.edu.cn
     质量反馈:010-62772015,zhiliang@tup.tsinghua.edu.cn
     课件下载:http://www.tup.com.cn,010-83470236
印 装 者:北京九州迅驰传媒文化有限公司
经   销:全国新华书店
开   本:185mm×260mm   印   张:28.25   字   数:636 千字
版   次:2004 年 6 月第 1 版   2013 年 3 月第 3 版   印   次:2020 年 12 月第 11 次印刷
定   价:79.50 元

产品编号:047602-02

出版说明

INTRODUCTION

在我国高等教育逐步实现大众化后，越来越多的高等学校将会面向国民经济发展的第一线，为行业、企业培养各级各类高级应用型专门人才。为此，教育部已经启动了"高等学校教学质量和教学改革工程"，强调要以信息技术为手段，深化教学改革和人才培养模式改革。如何根据社会的实际需要，根据各行各业的具体人才需求，培养具有特色显著的人才，是我们共同面临的重大问题。具体地说，培养具有一定专业特色的和特定能力强的计算机专业应用型人才则是计算机教育要解决的问题。

为了适应 21 世纪人才培养的需要，培养具有特色的计算机人才，急需一批适合各种人才培养特点的计算机专业教材。目前，一些高校在计算机专业教学和教材改革方面已经做了大量工作，许多教师在计算机专业教学和科研方面已经积累了许多宝贵经验。将他们的教研成果转化为教材的形式，向全国其他学校推广，对于深化我国高等学校的教学改革是一件十分有意义的事情。

清华大学出版社在经过大量调查研究的基础上，决定组织出版一套"普通高校本科计算机专业特色教材精选"。本套教材是针对当前高等教育改革的新形势，以社会对人才的需求为导向，主要以培养应用型计算机人才为目标，立足课程改革和教材创新，广泛吸纳全国各地的高等院校计算机优秀教师参与编写，从中精选出版确实反映计算机专业教学方向的特色教材，供普通高等院校计算机专业学生使用。

本套教材具有以下特点：

1. 编写目的明确

本套教材是在深入研究各地各学校办学特色的基础上，面向普通高校的计算机专业学生编写的。学生通过本套教材，主要学习计算机科学与技术专业的基本理论和基本知识，接受利用计算机解决实际问题的基本训练，培养研究和开发计算机系统，特别是应用系统的基本能力。

2. 理论知识与实践训练相结合

根据计算学科的三个学科形态及其关系，本套教材力求突出学科的理论与实践紧密结合的特征，结合实例讲解理论，使理论来源于实践，又进一步指导实践。学生通过实践深化对理论的理解，更重要的是使学生学会理论方法的实际运用。在编写教材时突出实用性，并做到通俗易懂，易教易学，使学生不仅知其然，知其所以然，还要会其如何然。

3. 注意培养学生的动手能力

每种教材都增加了能力训练部分的内容，学生通过学习和练习，能比较熟练地应用计算机知识解决实际问题。既注重培养学生分析问题的能力，也注重培养学生解决问题的能力，以适应新经济时代对人才的需要，满足就业要求。

4. 注重教材的立体化配套

大多数教材都将陆续配套教师用课件、习题及其解答提示，学生上机实验指导等辅助教学资源，有些教材还提供能用于网上下载的文件，以方便教学。

由于各地区各学校的培养目标、教学要求和办学特色均有所不同，所以对特色教学的理解也不尽一致，我们恳切希望大家在使用教材的过程中，及时地给我们提出批评和改进意见，以便我们做好教材的修订改版工作，使其日趋完善。

我们相信经过大家的共同努力，这套教材一定能成为特色鲜明、质量上乘的优秀教材。同时，我们也希望通过本套教材的编写出版，为"高等学校教学质量和教学改革工程"做出贡献。

清华大学出版社

前 言

不经意间，距本书第 1 版出版已经有近十年光景了，而微软的 Visual C++ 6.0，特别是其核心项目 MFC，自其 1992 年初发布的 MFC 1.0（即 MS C/C++ 7.0）开始也已经在业界驰骋拼杀 20 个年头了。 本书的不断改版，固然是读者的抬爱，对于 MFC 来说，则不能不说是一个奇迹，因为迄今为止，在软件业发展史上除了 MFC 还没有一款软件受到如此瞩目。 对之大加赞扬，乃至成为其忠实粉丝的拥趸者有之，而对其投以藐视、甚至鄙视的目光，称其代码丑陋无比而大加挞伐的也为数众多，但这种毁誉参半的评价却未妨碍它的广泛应用。 这究竟是 Visual C++ 6.0 代码并不像藐视者所说的那么丑陋，还是因其代码效率高而没有太在意它的丑陋而使人们勉为其难地在使用它？ 不得而知。 尽管在有了 Java 和.NET 的今天，以 MFC 为主的 Visual C++ 6.0 仍然在桌面系统程序开发上以其独有的高效率优势而占有一定市场份额。

随着 IT 业的发展，新程序开发工具的不断涌现，不知从何时起，关于 MFC 又多个了一个话题： "MFC 是否已经过时？" 有人说它从出生那天起就过时了，也有人说它始终没过时，甚至时不时地有人在预测它什么时候过时以及将由什么工具来代替。 一直到微软公司自己推出了自认为可代替 MFC 的.NET 之后，人们认为 MFC 这回真的是要寿终正寝了，谁知到了.NET 已经推出了 Visual Studio 2010 的当下，MFC 仍然像幽灵一样徘徊于业界各个角落。

作为本书的作者，经常收到一些读者来信询问诸如上述的 MFC 会不会过时，学习 MFC 是不是还有意义之类的问题。 对于头一个问题，我的回答是，不知道，真不知道。 对于第二个问题我的回答是，有意义，非常有意义，因为在应用程序框架领域，MFC 是一款具有历史意义的软件，它之所以能够在质疑和争论中被应用到今天，那就是因为它有巨大成功之处，也有因软件工程发展阶段限制的失误及失败之处，这一切都是软件业的财富。对这种财富视而不见，不学习，不继承，岂不是傻瓜？

　　众所周知，自面向对象程序设计思想出现之后，C++ 是第一个借助 C 的优势而真正在业界广泛推广了起来的面向对象编程语言，而 MFC 则是第一个使用 C++ 编写的 Windows 应用程序框架，正是因为有了它（当然还有 VB），那些深陷于 Windows 数千个 API 函数中的程序员才被解放了出来，也才有了以后 Windows 应用程序的蓬勃发展。

　　正因为这两个第一次，即两个首次，所以 C++ 语言的稚嫩和不完善（例如不合逻辑的多继承，以及还没有接口的概念等），以及 MFC 设计者们对面向对象程序设计思想理解得不深刻，使得 MFC 的有些代码看起来确实丑陋，例如它那难于理解的六组宏，层次过多的类继承关系，等等。 但就当时的条件，事实求是地说，微软已经做得足够好了，更何况在它发展 ATL 时很快就做了方向正确的改进，这也可能是 Visual C++ 6.0 能坚持到今天的原因之一吧。

　　总之，放着眼前这个透漏了微软前期技术、发展轨迹以及其成功和失误（这些东西都在后来极大地影响了 Java 和.NET 的 C#）的现成实例不借鉴、不学习，是不明智的。 所以作者始终认为，即使将来 MFC 最终退出了历史，作为专攻计算机技术的人，特别是有志于计算机软件技术的学生，任何时候都要学习 MFC，必要时还要对其成功和失败之处进行研究探讨。

　　为了在一定程度上把 MFC 与.NET 联系起来，第 3 版改写了第 1 章并添加了第 18 章。 第 1 章中，在介绍 Windows 应用程序结构的同时，把微软在操作系统（平台）的发展中所涉及的 DOS、Windows 和.NET 之间的关系做了尽可能简单的介绍。 在新添加的第 18 章中，为了说明 MFC 在.NET 中的地位，也为了读者以后学习.NET 的方便，在较为详细地介绍了.NET 这个平台的相关技术之后介绍了非托管的 MFC 和托管的 C++ /CLI，企图使读者对 Visual C++ 在 Windows 中的应用有一个相对清晰的了解和认识，从而不至于让微软的那些让人眼花缭乱的术语弄得晕头转向。

　　因本书是为普通高等学校计算机或计算机软件工程专业学生编写的教学用书，所以对于那些需要着重学习编程技巧的读者并不适合，请慎重购买。

　　本书在编写过程中参阅了大量参考文献和网上资料，在此谨对这些文献、资料的作者及提供者表示衷心的感谢。 同时也对本书的前两版提出意见、建议以及来信对作者给予鼓励和支持的读者表示诚挚的感谢。 当然，还要感谢清华大学出版社。

　　参加本书编写的有房红征、陈涛、李益民、车进辉和任哲，由任哲负责统稿。

　　希望读者喜欢本书。 如对本书有意见和建议，请与作者联系。 作者电子邮箱为 renzhe71@ sina.com。

　　最后，希望本书能给各位带来好心情！

作者

2013 年 2 月

第2版
前言

PREFACE

由于广大读者的抬爱及清华大学出版社的鼓励，本书有幸再版。在此首先对广大读者和出版社表示衷心的感谢。自本书第1版出版以来，作者陆续收到一些读者来信，针对这些来信，作者准备谈以下两个问题。

1. 为什么要学习 MFC

作者在第1版前言中就说过，通过对 MFC 的学习，除了可以使学生掌握一种Windows 应用程序设计的基本方法之外，还可以使他们进一步全面、深刻地理解面向对象程序设计的思想，从而把握程序设计方法的发展方向。对此，曾经有读者提出过疑问：Visual Basic、Delphi、C#.NET、Java 不都是面向对象的吗？为什么非要学习目前看起来似乎有些落后的MFC呢？

诚然，从时间上来看，MFC 是微软较早开发的 Windows 应用程序框架，历史比较悠久。但是，请读者注意，历史悠久与落后绝不是同一概念。当然也不意味着只要学会了 MFC 就可以打遍天下，解决所有问题，但就 MFC 所蕴涵及所展露的程序设计思想、代码实现技巧，则是其他开发工具所不及的。

作为世界上第一个应用程序框架类库的 MFC，是在 C++ 尚未完善，尚不支持某些功能的时候产生的，MFC 设计者们就是使用这种当时还比较低级的 C++ 实现了这个庞大程序框架的各种复杂功能，因此 MFC 的各个角落都充满了这些设计者的智慧和技巧，这些智慧和技巧都体现了当今软件工程技术的重要思想和发展方向，以至于对 C++ 的发展和随后出现的 Java、C# 技术等，都产生了极为深刻的影响，甚至有些就是 MFC 技术的直接应用。作者认为，迄今为止还没有一个应用程序框架类库能具有如此之大的信息量，所以它是计算机专业教育和教学的绝好素材。

作者认为，通过对 MFC 的学习至少可以达到如下几个目的：一是可以学习 Windows 应用程序的特点（图形界面、多任务、事件驱动）、数据和函数的组织方法（资源、动态链接库）和结构（接收、分派消息的主程序模块和处理消息的消息相应程序模块）及其处理思想；二是通过 MFC 这个大实例，可以学习面向对象程序设计的实际方法（例如文档/视图结

构的构思); 三是可以学习 MFC 设计者们的一些巧妙的程序设计方法和技巧 (例如消息映射、对象动态创建、序列化); 四是可以学习 Visual C++ 这个开发环境的使用, 真可谓是一举多得。 所以, 作为每一个立志从事计算机工作的人来讲, 不在一定程度上了解和掌握 MFC 将会是他的终生遗憾。

当然, 其他开发工具也有它们各自的特点和优势, 也值得学习。 例如, Visual Basic 作为微软开发的第一套可视化开发环境, 是它把 DOS 程序员从汪洋大海般的 Windows API 函数中解救出来, 为 Windows 应用程序的设计和发展做出了不可磨灭的贡献。 但是, 它使用的并不是非学不可的 Basic 这种非主流语言, 所以对于学时极为有限和宝贵的学生来说, 是否非得在校学习它就值得考虑。 而使用 PASCAL 语言的 Delphi 和使用 C/C++ 语言的 C++ Builder 以其提供的丰富组件, 在快速开发应用程序方面确实具有一定的优势, 但它们与 Visual Basic 一样, 把 Windows 底层封装得太严了, 程序员只剩下填空的份儿, 以至于使它们成了一种 "傻瓜" 式的开发工具, 这当然不适合以教授和学习程序设计思想和设计方法为目的的学校来使用。

当然, 作者也认可业界 "聪明人用 Delphi, 高手用 VC" 之类的说法, 因为在实际工程中, 为了满足工程期限的需要, 而采用 Delphi 之类的快速开发工具是合理并应该的。 但并不意味着学生在学校学习期间一定要拿出大量的课时去学习这些快速开发工具 (工具无所谓会不会的问题, 而是熟不熟的问题), 因为高等学校毕竟是教育机构而不是培训机构, 不但要让学生知其然也更应该让其知其所以然, 从而在此基础上形成较强的软件开发 (甚至是研发) 能力, 而不是只让学生会几门流行的技术而使学生一辈子在技术发展背后疲于奔命。

那么学习 Windows SDK 编程又如何呢? 作者认为, 用函数编程这是 C 程序设计课程解决的问题, 学生学习了 C 语言之后只要肯下工夫, 多实践, 自学 Windows SDK 程序设计是完全可以的, 没有必要再浪费宝贵的课时了。

也正因为上述种种原因, 所以本书既不以剖析 MFC 源代码为主, 也不以介绍 Visual C++ 开发工具的使用为主, 而是以重点介绍 MFC 框架的设计思想、理念和方法为基础, 兼顾应用, 从而使读者通过对 MFC 的学习, 除了掌握 MFC 之外, 还能进一步深化理解 C/C++ 、数据结构、操作系统乃至计算机硬件的相关知识, 尽快提高程序设计能力并为学习其他应用程序设计工具打下良好的基础。

2. 第 2 版的变化

自本书的第 1 版出版以来, 笔者陆续接到许多读者的来信, 其中既有教师也有学生和程序设计人员, 在信中都在对本书褒奖之余对书的内容及编写提出了很好的意见与建议, 并希望作者在有机会的条件下进行修改。 在此, 作者首先对这些关心本书的读者表示由衷的谢意。

综合了读者的意见之后, 《MFC Windows 应用程序设计 (第 2 版)》特做如下变化:

因为本书旨在说明 MFC 的思想, 所以只要能以模拟方式说明其思想的, 本书就采用了模拟方法。 显然本书第 1 版在消息映射的模拟和叙述上过于潦草, 给一部分读者学习这部分时造成了一些不必要的困难。 故此, 作者在第 2 版中进行了必要的修改, 使得这部分的介绍更为合理、清楚。

　　文档/视图结构是 MFC 应用程序框架的核心。为此，作者在第 2 版的第 3 章中适当增加了文档/视图结构程序框架各对象的创建顺序、对象之间的联系、消息的传递等内容，以期使读者对文档/视图结构及其各对象之间的关系有更清楚的认识和了解，为读者精研 MFC 打下一个更加良好的基础。另外，在这一章中还加强了对象动态创建的介绍。

　　参考读者建议，作者把第 9 章的内容在顺序上做了改变：先介绍相对比较容易的 CFile 类，后介绍 CArchive 类，最后介绍文档序列化，并且加强了序列化部分的说理性。

　　异常及异常处理是一个健壮的应用程序必备特性，这方面的内容的缺失不能不说是第 1 版的一个缺憾，这次在第 2 版中把它补齐了。

　　当然，为追求内容的完整性，本书至少还应该补上 MFC 在网络上的应用（这也是读者的建议），但作者思虑再三后认为，作为教材本书还是不包含这部分内容为好，一是因为 MFC 在网络程序方面并不占优势，二是因为各个学校都是在 C♯.NET 或 Java 等课程中处理该问题，如果本书包括这部分内容的话，在教学上会造成内容的重叠。

　　另外，正如一些读者所指出的，第 14 章"组件对象模型 COM 基础"出现在本书中显得比较生硬：第一，组件对象模型的内容对于本科生来讲似乎是难了一些；第二，这本书讲的是 MFC，而这一章讲的是 ATL，确实与本书不配套。关于第一点，作者认为不是问题，学生觉得难，一是因为没有好的教材，二是学生原来接触这方面的技术比较少，但不管是什么原因，在组件应用如此广泛的今天，计算机专业特别是以软件设计为培养目标的专业不向学生讲授这方面的知识是无论如何不行的，但是，现在大多数本科学校又没有相应的课程来介绍这方面的内容，再者组件技术把抽象类的应用发挥到了淋漓尽致的程度，不学它是不会深切领会抽象类的精神实质以及它的应用的，所以本书就勉为其难地编写了这部分的入门知识。为了降低学习这部分内容的台阶，作者重写了这一章。至于第二点，生硬就生硬了吧，因为 ATL 在组件设计方面确实要比 MFC 强许多。

　　正如前面所讲，MFC 信息量巨大，涉及程序设计的方方面面，因此需要读者在阅读本书时不但要不断地复习 C/C++ 的内容，还要不时地阅读其他书籍，尤其是数据结构、操作系统等。

　　另外，还要多找一些实例上机做实验（提供这样例题的书籍及网上资料很多）。

　　本书在编写过程中参考了大量的相关文献和网上的资料，并引用了其中的一些例题、文字和插图，在此对这些文献和资料的作者表示诚挚的谢意。同时也对关心本书的读者表示万分的感谢。

　　参加本书编写工作的有任哲、房红征、李益民、车进辉。另外，刘泰辉博士对于本书的章节及内容的安排提出的良好意见和建议，也使本书增色不少。

　　将信息量如此巨大的 MFC 在一本 50 万字的教学用书中进行介绍，对水平有限的作者来说实在是一件难事，所以在此恳请读者对书中的缺点和错误提出批评和指正。同时，也希望阅读本书的读者或使用本书作为教材的教师能与作者共同探讨，以期对本书作进一步的改进。 欢迎读者及时与作者沟通。

通信地址： 北华大学计算机科学技术学院

邮编： 132021

电子信箱： *renzhe71@ sina.com.cn*

祝各位教学有成!

作者

2007 年 7 月

第1版
前言

PREFACE

这些年来，Windows一直是一个主流操作系统，市场上对开发Windows应用程序的需求与日俱增。随着Windows操作系统的发展，Windows应用程序变得越来越复杂，使得单纯使用Windows API来开发Windows应用程序变得越来越困难。于是，一些可视化的Windows开发工具（如Visual Basic、Delphi、C++ Builder等）如雨后春笋般地涌现出来，这无疑给Windows应用的开发带来了极大的方便，同时也大大地提高了开发效率。但是，由于这些开发工具对应用程序框架的代码封装得过于严密，因而使得对Windows低层应用的开发几乎成为不可能。而Microsoft基础类库（Microsoft fundation classes，MFC）只是使用C++类对Windows API进行了封装，它一方面较好地屏蔽了Windows编程的复杂性，使得Windows应用程序的设计变得简单起来，另一方面仍然允许有经验的程序员使用Windows的底层功能开发高效的Windows应用程序，再加上与MFC配套的开发工具Visual C++提供的功能强大的各种Wizard（向导），使得MFC成为了一个强有力的Windows应用程序的开发工具。

目前，各高等学校已经把C/C++列为理工科专业学生的必修课程，这门课程使学生初步了解和掌握了面向对象程序设计的思想和方法，这无疑为学生学习和掌握MFC打下了良好的基础，同时对MFC的学习，除了可以使学生掌握Windows应用程序设计的基本方法之外，又可以使学生更进一步深刻、全面地理解面向对象程序设计的思想，从而把握程序设计方法的发展方向。

基于上述这些理由，各个高校都在MFC的教学方面进行了积极探索。本书是作者积数年教学经验，为高等学校理工科学生编写的一部应用MFC进行Windows应用程序设计的入门教材。

全书共有16章，参考教学时数50学时。

本书的特点是遵循循序渐进的教学原则，以较大的篇幅从Windows SDK程序入手，在介绍Windows应用程序一般特点的基础上，重点介绍Windows的消息机制和Windows程序的基本结构，以C++类对其进行模拟封装使学生迅速建立起 MFC 应用程序框架的基本概念；然后以精练的语言介绍 Windows 的图形图像处理、应用程序界面、资源、动态链接库、进程与线程管理等知识。 最后，为使学生对软件工程的发展有一个初步的了解又介绍了组件对象模型（COM）、ActiveX 技术和数据库的基本常识。

　　为配合教学和学习，本书为每一个知识点都配以必要的实例，力求通过实例让读者掌握 MFC 程序设计的特点及方法，所有实例都在 Windows 98 和 Visual C++ 6.0 环境中测试通过。并且，为配合教师教学，本书为使用本教材的教师免费提供源代码和电子教案。

　　本书在编写过程中得到了吉林大学张长海教授及其他教师的悉心指导，在本书的内容、章节编排等方面提出了宝贵意见和建议，在此对他们的帮助表示衷心的感谢。 本书在编写中还参考了大量的相关文献，并引用了其中的一些例题和内容，在此也对这些文献的作者表示诚挚的谢意。

　　参加本书编写工作的有任哲、李益民、车进辉。 由于作者水平有限，恳请读者对书中的缺点和错误提出批评和指正，欢迎读者与作者联系。

　　通信地址： 北华大学计算机科学技术学院
　　邮　　编： 132021
　　电子信箱： renzhe71@ sina.com.cn

作　者

2004 年 4 月

目 录

CONTENTS

第 1 章　Windows 程序基础

CHAPTER

在 Windows 操作系统上运行的应用程序叫做 Windows 应用程序。Windows 是一种应用于微型计算机的操作系统,它为应用程序提供了一个多任务运行平台,它为应用程序提供了一致性的图形化窗口和菜单。

本章主要内容:

- Windows 及应用程序的基本概念。
- Windows 应用程序中的数据类型。
- Windows 应用程序的消息处理机制。
- Windows 应用程序的代码重构。

1.1　Windows 应用程序的基本概念

凡是以 Windows 操作系统为运行平台的应用程序都可叫做 Windows 应用程序。大多数 Windows 应用程序都具有图形界面并由事件来驱动其运行。

1.1.1　一般概念

1. Windows 应用程序的特点

Windows 应用程序的突出特点就是它具有如图 1-1 所示的图形用户界面(GUI)。这种图形用户界面与键盘和鼠标相配合,大大方便了用户对应用程序的控制与操作。

观察 Windows 应用程序的图形界面,可以发现它由许多不同的图形元素组成,其中某些图形元素在接受了用户的某个动作后,可以使程序执行某种操作。例如,用鼠标单击图 1-1(a)所示窗口界面的工具条最左边按钮,程序就会建立一个新的文件;而单击工具条上带有软磁盘图标的按钮,程序就会把当前文件存盘,等等。

显然,这种图形界面是 Windows 应用程序与用户交换信息的一个"窗口"。一个Windows应用程序究竟有几个窗口,则与程序的复杂程度相

(a) 基于窗口的应用程序

(b) 基于窗体(对话框)的应用程序

图 1-1　Windows 应用程序的图形窗口界面

关，它可能只有一个窗口，也可能有多个窗口。总之，如下两点是 Windows 程序与普通程序之间的最大区别：

- 具有图形窗口界面。
- 程序的进行是由程序用户和系统所发出的事件（键盘事件、鼠标事件、系统事件等）推动（驱动）的。

Windows 程序的基本结构如图 1-2 所示。

一般来说，普通 C 语言程序在被系统加载并进入主函数之后，程序的所有工作都在主函数以及主函数所调用的函数中完成，直至全部工作结束之后，程序才会由主函数返回系统。但 Windows 应用程序则与普通的 C 程序有所不同，从图 1-2 可以看到，Windows 程序由两段看起来没有什么联系的代码组成，一段叫做主函数，另一段叫做事件处理函数，这两个看起来并没有关联的函数均由操作系统来调用。

图 1-2　Windows 应用程序的基本结构

　　一个程序的主函数是由系统调用的,即当一个 Windows 程序被系统加载后,首先进入主函数,这个做法与普通 C 程序完全相同。与普通 C 程序不同的是,Windows 应用程序除了主函数之外还有一个消息处理函数,这也是一个由系统调用的函数,并不由主函数直接调用,所以在主函数中看不出对这个函数的调用过程。

　　Windows 程序主函数的主要工作为两项,一是创建程序图形窗口界面,二是进入一个叫做消息循环的循环中,并在这个循环中等待用户事件的产生(例如键盘、鼠标等事件)。当在消息循环中接收到事件后,主函数将把事件信息传送给系统,而系统则调用 Windows 程序中的事件处理函数并对事件进行处理,直到一个事件处理程序结束后,事件处理函数返回到系统,再由系统返回到主函数的循环之中,接着等待下一个事件,程序就这样如此这般的循环下去,直至事件是一个终止程序运行的事件,Windows 程序才结束运行并最后返回到系统。Windows 应用程序主函数和事件处理函数及其与系统之间的关系如图 1-3 所示。

图 1-3　Windows 程序主函数、事件消息处理函数与系统之间的关系

附带说一句，由系统调用的函数叫做"回调函数"，所以所有程序的主函数都属于回调函数。在 Windows 程序中，系统通过调用主函数使一个程序运行并获取事件消息，通过调用消息处理函数来处理消息，并在消息处理中实现程序功能。因此有人说：一个 Windows 应用程序是由 Window 系统和程序主函数及与其相关的事件消息处理函数组成的，这些函数都是回调函数。

2. Windows 操作系统与 Windows 程序的主函数名

凡是最早使用过 Windows 的人都知道，早期的 Windows 并不是一个完整的操作系统，它只是一个以 DOS（磁盘操作系统）为运行平台的特殊应用程序。说它特殊，是因为它并不实现某种具体应用，而是一个为需要图形界面的应用程序提供基本服务的平台。

众所周知，早期的 DOS 只是个单任务操作系统，一次只能运行一个程序，而且其界面还是字符界面。用户天天面对 DOS 的那个黑黑的字符界面，工作得极其辛苦和枯燥，除了界面难看，DOS 程序还有一个令程序用户生厌的特点，即它总是按照程序的执行顺序强迫用户做一些工作，如果用户不按照程序所指示的顺序来输入数据，那么就会出错，例如在如下程序：

```
#include<stdio.h>
void main()
{
    float a,b;
    printf("先输入 a,再输入 b");
    scanf("%f,%f",&a,&b);              //必须先输入 a 后输入 b
    printf("a=%f,b=%f",a,b);
}
```

当微型计算机的硬件能力大幅度提高，可以支持更复杂、规模更大的操作系统之后，微软的开发者们便试图为微型计算机系统开发一种具有图形界面且可以并发运行多个程序的多任务操作系统。其目标就是使这种程序至少具有两个特点：

• 采用更为美观，更为友好的图形界面。
• 把程序运行的主控权交给程序用户。

但谨慎的开发者们并没有另外开发一个全新系统，而是在 DOS 基础上开发了一个能实现上述功能的应用程序，并在这个应用程序中实现了多任务并发运行控制，虚拟存储管理等现当代操作系统的功能，然后在这个应用程序的推广和使用过程中不断对系统进行完善，当最后系统比较成熟，且用户们已经习惯了这个系统之后，便及时地将 Windows 转换成了一个真正的，不再依赖 DOS 的独立操作系统，从此系统开机之后就不再先进入 DOS，而可以自动进入 Windows，即所谓的 Win32 平台。

从 DOS 的角度来看，当初的 Windows 是运行在 DOS 上以 main() 为起始函数的一个应用程序，只不过它是一个用来支持 Windows 应用程序的运行平台（操作系统）。由于 main 已作为了在 DOS 上运行的 Windows 操作系统的主函数名，所以为了防止命名上的冲突，微软把当初运行在 Windows 操作系统之上的 Windows 应用程序入口函数名就称作了 WinMain。即 Windows 应用程序的起始函数原型为：

```
int WINAPI WinMain(
    HINSTANCE    hInstance,                    //当前应用程序实例的句柄
    HINSTANCE    hPrevInstance,                //系统中前一个应用程序实例的句柄
    LPSTR        lpCmdLine,                    //指向本程序命令行的指针
    int          nCmdShow                      //决定应用程序窗口显示方式的标志
);
```

为了照顾程序设计人员，微软公司还是在 Windows 中以附件的形式保留了 DOS，即所谓的 MS DOS，但这已不再是当初的"纯"DOS，而是一个工作于 Win32 平台之上，具有程序窗口且在其中显示了传统 DOS 字符界面的"DOS"。为了区别，人们将运行在 MS DOS 上的程序称作控制台程序（Console Application），这种运行于 Win32 平台上的控制台程序与 DOS 程序有所不同，它们除了可以调用 C 编译器提供的库函数之外，还可以调用 Windows 所提供的 API 函数，尽管它们与传统的 DOS 程序一样，都以 main() 为主函数。MS DOS 的界面如图 1-4 所示。

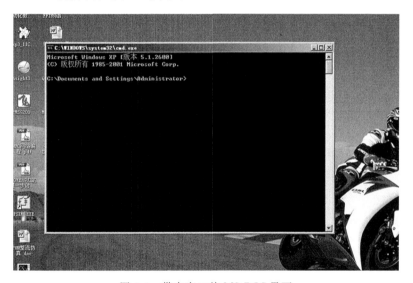

图 1-4　带有窗口的 MS DOS 界面

Windows 与 DOS 在系统中位置的互易如图 1-5(a)和图 1-5(b)所示。

(a) 早期的Windows

(b) 后来的Windows

图 1-5　Windows 与 DOS 的关系

迄今为止，属于 Windows 系列的操作系统有：

- Windows 95、Windows 98、Windows Me、Windows 2000、Windows 2003。
- Windows XP Professional、Windows XP Home、Windows XP Media Center Edition、Windows XP Tablet PC Edition。
- Windows Vista。
- Window 7。
- Window 8。

其中，影响较大的 Windows 操作系统是 Windows XP，因为在此之前，微软有两个相互独立的操作系统系列：一个是 Windows 9x 系列，包括 Windows 95、Windows 98、Windows 98 SE 以及 Windows Me。Windows 9x 的系统基层主要程式是 16 位的 DOS 源代码，它是一种 16 位/32 位混合源代码的准 32 位操作系统，主要面向微型计算机；另一个是 Windows NT 系列，包括 Windows NT 3.1/3.5/3.51、Windows NT 4.0 以及 Windows 2000。Windows NT 是纯 32 位操作系统，使用先进的 NT 核心技术，非常稳定，分为面向工作站和高级笔记本的 Workstation 版本（以及后来的 Professional 版），以及面向服务器的 Server 版。而 Windows XP 是微软公司把所有用户要求合成一个操作系统的尝试，字母“XP”表示英文单词的“体验”（experience）。Windows XP 与 Windows 2000（Windows NT 5.0）一样，属于 Windows NT 系列操作系统（Windows NT 5.1），是微软公司 2001 年发布的一个基于 Windows 2000 的产品，微软最初发行了 Windows XP 的两个版本，家庭版（Home）和专业版（Professional）。家庭版的消费对象是家庭用户，专业版则在家庭版的基础上添加了新的为面向商业设计的网络认证、双处理器等特性，且家庭版只支持 1 个处理器，专业版则支持两个。它包含了 Windows 2000 所有高效率及安全稳定的性质以及 Windows Me 所有多媒体的功能。然而作为 Windows NT 系列的操作系统，所付出的代价是丧失了对基于 DOS 程序的支持。

继 Windows XP 之后，微软陆续发表了 Windows Vista、Windows 7 和 Windows 8。其中，Windows 8 是当前微软力推的一种操作系统，该系统旨在让人们的日常计算机操作更加简单和快捷，为人们提供高效易行的工作环境，并且将支持包括来自 Intel、AMD 和 ARM 在内的多种芯片架构，从而实现对包括平板电脑和 PC 在内的多平台支持。2011 年 9 月 14 日，Windows 8 开发者预览版发布，宣布兼容移动终端。2012 年 2 月，微软发布“视窗 8”消费者预览版，可在平板电脑上使用。

在谈 Windows 的同时不得不提一提 Java，因为在微软基于 DOS 开发了 Windows 的若干年后，Sun 公司也运用了微软这个在运行平台上再构建新运行平台的思想，构建了一种叫做 Java 虚拟机的运行平台并开发了与之配套的 Java 语言，进而形成了可跨平台的 Java 技术并在网络应用市场获得巨大成功。于是，为了能在网络应用市场上占有一席之地，微软又在自己的 Windows 操作系统上故伎重演，又推出了新的平台——可跨平台、跨语言的.NET。目前，这个.NET 是否能成为微软的新型操作系统则是一件可期待的事情。

Java、.NET 与 Windows 之间的关系如图 1-6 所示。

Windows 应用程序	Java应用程序
	Java虚拟机
Windows操作系统	
微机硬件系统	

Windows 应用程序	C#等应用程序
	.NET平台
Windows操作系统	
微机硬件系统	

(a) Java与Windows的关系　　　　　　　(b) .NET与Windows的关系

图 1-6　Java、NET 与 Windows 的关系

1.1.2　Windows 内核、API 和开发工具

由于操作系统 Windows 直接参与 Windows 应用程序的运行,因此,作为 Windows 应用程序开发人员必须对 Windows 有足够的了解,否则很难开发出符合要求的应用程序。

1. 内核与 API 函数

众所周知,除了硬件,操作系统是计算机系统的最重要的基本组成部分,操作系统的任何故障都会严重地影响计算机系统的工作和运行,因而保护操作系统使之不受外界干扰,是计算机安全工作的重要保证,为此计算机系统在硬件设计上就采取了相应措施,使软件可以工作在不同的保护级别上。例如,X86 就将其上的软件分成了 4 个叫做"特权级"的保护级别。为了操作系统的安全,操作系统中的软件一般都运行于保护程度最高的级别,而用户程序则工作在保护程度最低的级别。特别是叫做内核的那些操作系统中核心代码,基本都运行于最高保护级别上,用户程序根本不可能按照普通调用的方法来访问内核,除非使用操作系统特意为用户所提供的 API 函数。

作为操作系统,为了支持应用程序的设计和运行,Windows 在自己的系统函数中向用户开放了一些可以由应用程序调用的函数,这些函数的集合叫做 API(Application Programming Interface,应用程序接口)。从表面上看,API 函数与普通函数没什么区别,但实质上 API 函数是一个软中断,因为在 CPU 硬件的设计上限定了用户程序只有通过软中断才能进入高保护级别代码。为了区别于普通函数,人们也常将 API 函数叫做系统调用,因为这种函数既不是用户函数也不是编译器提供的库函数,而是由操作系统提供的函数。

Windows API 函数大体上可分为如下三大类型:
- 窗口管理函数：实现窗口的创建、移动和修改等功能。
- 图形设备函数：实现图形的绘制及操作功能,这类函数的集合叫做图形设备接口(GDI)。
- 系统服务函数：实现与操作系统有关的一些功能。

2. Windows 程序开发工具

早期用来开发 Windows 应用程序的工具叫做 SDK(Software Development Kit,软件开发工具包)。使用 SDK 来设计 Windows 应用程序,实际上就是直接使用 API 函数来开发应用程序。由于这种开发方法需要程序员记忆和掌握数量巨大的 API 函数,所以这种工作做起来极其困难和乏味,从而严重地阻碍了 Windows 应用程序的推广和发展。但

自从出现了面向对象程序设计思想和方法以后，情况有了很大的改观，人们用类对 Windows API 函数进行了封装，从而使 Windows 应用程序结构和开发工具都发生了巨大的变化。

目前，用来设计 Windows 应用程序的开发工具大多是"面向对象"而且是"可视"的，例如 Visual C++ 、Visual Basic、C++ Builder 等。由于这些可视化的开发工具可以大大减轻程序员的劳动强度，大幅度提高 Windows 程序的开发效率，因而迅速得到了广泛的应用。而本书便是一本介绍利用 Visual C++ 及微软基础类库（即 MFC）编写应用程序的教材。

1.2 Windows 的数据类型

由于 Windows 应用程序不仅数据量非常大，而且数据的种类也相当多，为了提高应用程序的可读性，Windows 根据数据的用途，对许多 C 基本数据类型定义了便于识别的别名，这些别名的共同特点就是其关键字都为大写，例如：

```
typedef  unsigned long        DWORD;
typedef  int                  BOOL;
typedef  unsigned char        BYTE;
typedef  unsigned short       WORD;
typedef  float                FLOAT;
typedef  unsigned int         UINT;
```

除此之外，Windows 还为应用程序提供了大量的结构类型，例如：

```
typedef    struct    tag_POINT
{
    LONG x,y;
}POINT;
```

结构描述了一个点的位置。再如：

```
typedef  struct    tag_RECT {
    LONG left;
    LONG top;
    LONG right;
    LONG bottom;
} RECT;
```

描述了一个矩形，等等。

在 Windows 应用程序设计中，既可以使用 C 的基本数据类型，也可以使用上述 Windows 自定义的数据类型。

附带说一句，在大型系统的设计中，为计算机的基本数据类型定义一些便于阅读的别名是一个通常做法。

1.2.1　Windows 的一个特殊数据类型——句柄

在 Windows 程序中,经常可以看到用类似 HCURSOR、HFONT、HPEN 这样以字母 H 开头的数据类型来声明或定义的"变量",例如前面介绍的 WinMain()函数参数列表中对参数 hInstance 的声明:

```
HINSTANCE  hInstance
```

这里的这个 HINSTANCE 类型的"变量"hInstance 就是一个所谓的句柄,前面的 "HINSTANCE"表示了一种句柄类型。句柄这种类型变量用来表示一个内核对象。

1. 内核对象及其句柄

在计算机及计算机程序发展的初期,由于需要计算机所解决的问题比较简单,因此人们只定义了一些现在叫做基本数据类型的简单数据类型(例如 int、double、float 等),以后,随着问题的逐渐复杂,又出现了以基本数据类型为基础的联合、枚举、结构等复杂数据类型,其中特别值得注意的便是结构类型(即 struct 类型),因为它不仅可以含有多个成员,而且其成员还可以各自具有不同类型。结构类型数据的这种可以含有大量不同类型数据的特点使得它特别适合用于表达一个用于描述事物状态的表,例如如下结构:

```
struct ET_ for_student
{
    char * name;                  //学生姓名
    char sex;                     //性别
    int age;                      //年龄
    int bod_yweight;              //体重
    int height;                   //身高
    double vision;                //视力
    int blood_pressure;           //血压
        ...
}
```

就表示了一个用于记录学生体检结果的体检表,即其从身体状况角度描述了一个学生,等同于下表。

ET_ for_student

name	sex	age	
bod_yweight	height	vision	
blood_pressure	...	...	

可以想象,作为运行于 Windows 操作系统之上的用户应用程序,必然会用到结构来描述一些需要大量数据来描述的窗口、按钮、文本框、滚动条、文件、字体、光标之类的事物。微软公司将这种描述了事物的数据结构实例都叫做对象。出于用户的方便,系统的安全及保护知识产权等多种考虑,微软公司虽然在 Windows 系统中定义了这些数据结

构，但并未向用户公开，因此，为了使用户应用程序可以创建并获得这种对象，Windows
在 API 中提供了相应的服务函数，用户通过调用这种函数获得由系统创建的对象。由于
使用这种方法创建的对象位于内核内存空间，故称作内核对象。但是必须注意，为了系统
安全和隐藏内核对象的实现细节，用户调用 API 函数创建内核对象成功之后，函数为用
户返回的既不是该结构实例本身，也不是其指针，而是 Windows 操作系统为这个内核对
象所编制的一个 4 字节的整数临时编号，而这个编号也仅在本应用程序中有效。为了程
序的可读性，并根据这个编号的用途，Windows 为这种存放了内核对象临时编号的整型
数据变量定义了一个别名："句柄（Handle）"。Windows 常用的内核对象及其句柄类型
见表 1-1。

表 1-1   Windows 常用句柄类型

句 柄 类 型	说 明	句 柄 类 型	说 明
HWND	窗口句柄	HDC	图形设备环境句柄
HINSTANCE	程序实例句柄	HBITMAP	位图句柄
HCURSOR	光标句柄	HICON	图标句柄
HFONT	字体句柄	HMENU	菜单句柄
HPEN	画笔句柄	HFILE	文件句柄
HBRUSH	画刷句柄		

从表 1-1 中可见，各种句柄类型名都以英文"Handle"的字头 H 开头，其后则是该句
柄所代表的内核对象类别的简称。之所以将这种变量类型叫做句柄类型，因为它与生活
中的刀柄、勺柄、壶柄的作用极为类似，意思就是说用户只要获得了句柄，那么也就获得了
安装在内核对象上的"手柄"，就能在不直接接触这个对象的情况下进行操作。

其实，这种句柄实质上是结构类型变量指针的再封装，从而避免用户直接操作指针而
产生的危险，并且因其隔离作用屏蔽了对象的实现细节，还起到了代码的保密作用。除了
上述优点之外，句柄的另一个好处是 Windows 系统开发者可以在不改变用户所持有句柄
的前提下，更换或更新与之关联的内核对象，从而可以在不修改用户程序的情况下为系统
进行升级换代。这就是现代程序设计中的代码弱耦合或代码隔离技术。

为了帮助读者理解上述概念，图 1-7 示出了句柄两种可能的实现方式。

对于图 1-7 所示的两种实现方式，在 Windows 中都有采用，但不管使用指针还是使
用索引来实现句柄，在 Windows 中其外在表现都是一个 32 位整数，因此 Windows 的文
档中有这样的文字："句柄是 Windows 用来唯一标识被应用程序所建立或使用的对象的
一个 32 位整数"。

其实，从使用的角度来看，句柄功能与指针极为相似，都指向了一个对象或一个存储
区域，但指针是一个地址，而句柄只是一个整数形式的编号且不能像指针那样参与运算。

2. HINSTANCE 句柄

HINSTANCE 是一个需要特别说明的句柄类型，它有应用程序实例句柄、进程实例
句柄等多个名称。之所以要对它进行特殊说明，就是因为普通 C 应用程序中基本不会碰

图 1-7　句柄的两种可能的实现方式示意图

到对这种应用程序实例进行操作的情况,因此大多数初学者对此没有什么概念,但在 Windows 应用程序的主函数参数列表中就偏偏声明了两个这种句柄类型的形参。即在主函数的声明

```
int WINAPI WinMain(
  HINSTANCE  hInstance,          //当前应用程序实例的句柄
  HINSTANCE  hPrevInstance,      //系统中前一个应用程序实例的句柄
  LPSTR      lpCmdLine,          //指向本程序命令行的指针
  int        nCmdShow            //决定应用程序窗口显示方式的标志
);
```

中,参数列表中的第一个和第二个参数都是 HINSTANCE 类型的。

　　初学者在学习和阅读 Windows 程序时,常常会因一开始便遇到这种极其陌生的数据类型而感到极大压力。其实,初学者完全没有必要紧张,因为在 Windows 程序设计中也很少用到对 HINSTANCE 类型内核对象进行操作的情况,故可以暂时不理它,另外它与其他句柄一样,也仅代表一个内核对象,只不过这个内核对象是一个正在运行着的程序。

　　通常在用户眼里程序就是一个为了完成某种功能而编写的代码,是静态的,而在操作系统眼里,应用程序是一个代码的运行过程,是它负责运行和管理的一个对象,因此操作系统必须在正式运行一个程序之前为这个程序建立一个结构变量,以便在程序运行起来之后在这个结构中记录该程序的运行进度、状态、内存占用情况、文件和外设的使用情况等相关数据,并根据这些数据对程序的运行进行管理。换句话说,Windows 操作系统是通过这个与程序代码相关联的数据结构变量来掌控一个程序的运行。Windows 中的这种用以表示一个程序运行过程的内核对象,叫做进程对象或进程,也叫做"进程(程序)控

制块"。Windows 操作系统进程控制块的具体结构并没有公开，但可以想象这个控制块可能的结构如下：

```
struct task_PCB
{
    程序标识；
    程序当前状态；
    所占用内存指针；
    所打开文件指针；
    堆栈指针；
    ...
};
```

在 Windows 中，这种进程控制块的类型就是 HINSTANCE。图 1-8 表示了一个程序控制块与程序代码之间的关系。

图 1-8　程序控制块的一种结构

Windows 每运行一个程序，就会在系统中创建一个该程序的 HINSTANCE 类型内核对象，图 1-9 示出了在 Windows 系统中运行着 3 个进程的情况。

需注意的是，在这 3 个进程中，虽然进程 1 和进程 2 运行的都是程序 1 代码，但由于不是同一个控制块，故这是同一个程序的两个运行，因此在此系统中也就存在着两个程序实例，即两个进程。即如果用户启动了两次微软的应用程序 Word，那么在系统中就有两个 Word 的应用程序实例句柄存在。

总之，HINSTANCE 类型句柄代表了正在运行的看成是 Windows 定义的一个新数

图 1-9　HINSTANCE 类型句柄的概念

据类型——程序类型,而其对象则相当于是一个程序类型的变量,这个变量就代表了一个正在运行的程序,Windows 每运行一个程序就会把该程序的指针赋予这个变量,程序可以使用这个变量对一个程序进行操作。尽管这样看不严格,但不会特别影响下面的学习。

1.2.2　窗口类 WNDCLASS

前面一再提过,Windows 程序与程序用户沟通信息的界面是显示器上显示的图形窗口,因此窗口就成了 Windows 应用程序所使用的重要内核对象。为此,一个 Windows 应用程序启动之后的首要任务就是委托系统为自己创建一个窗口。

为了使应用程序设计者可以向系统提出自己对窗口的要求,Windows 定义了结构 WNDCLASS,其声明如下:

```
typedef struct   _WNDCLASS
{
    UINT        style;                //窗口样式,一般设置为 0
    WNDPROC     lpfnWndProc;          //指向窗口函数的指针
    int         cbClsExtra;           //预留的扩展成员,一般设置为 0
    int         cbWndExtra;           //预留的扩展成员,一般设置为 0
    HANDLE      hInstance;            //与本窗口类关联的应用程序实例句柄
    HICON       hIcon;                //窗口图标句柄
    HCURSOR     hCursor;              //窗口光标句柄
    HBRUSH      hbrBackground;        //窗口背景颜色刷句柄
    LPCTSTR     lpszMenuName;         //窗口菜单资源名
    LPCTSTR     lpszClassName;        //本窗口类名
} WNDCLASS;
```

可见,这是个用户向系统提供的一个窗口定制清单,其中成员 style 用于指定窗口风格,大多数情况下选择 style=0,如果有其他有关窗口风格的要求,请读者查看 Windows 的相关帮助文件。成员 hIcon 用户指定所使用的图标;成员 hCursor 用于指定窗口所使用的鼠标光标；成员 hbrBackground 用于指定窗口的背景颜色；成员 lpszMenuName 用于指定窗口的菜单。

特别需要注意的是成员 lpszClassName 和 lpfnWndProc。前者是用户为自己定制的窗口类型所命名的一个名称，即窗口类名，在以后调用窗口创建函数时用它来指定待创建窗口的类型；后者是一个函数指针成员，它指向了与这个窗口相关联的窗口函数，而这个窗口函数便是前面所介绍的事件消息处理函数。

为了说明了窗口的属主，WNDCLASS 中还含有该窗口属主程序的句柄成员 hInstance。

一个 Windows 应用程序可以有多个窗口，但至少应有一个窗口。在系统中，每一个窗口都是一个窗口类的实例，一个应用程序的多个窗口类实例与其属主（进程）及各自窗口函数之间的关系如图 1-10 所示。

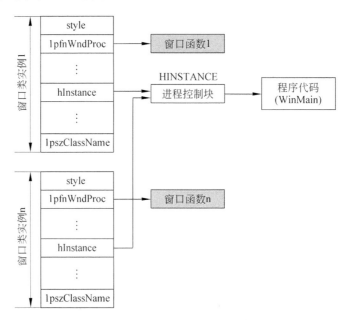

图 1-10　窗口类 WNDCLASS 实例与代码的关系

1.2.3　Windows 函数的调用说明

在函数调用过程中，主调函数和被调函数之间需要使用堆栈作为中间缓冲在来传递参数，由于有些函数具有多个参数，故为了保证参数传递顺序的正确性，就必须对参数的入栈出栈顺序进行约定，比较常用的两种函数调用约定为__stdcall 与__cdecl。即当设计一个函数时，设计者应在函数名称之前，返回类型之后，使用调用约定说明符对这个函数所采用调用约定进行说明，而程序在从而保证编译器编译的正确。通常，不同的开发环境的编译器都有自己的默认调用约定，例如 Visual C++ 默认的函数调用约定为__cdecl，故此用户在调用设计时定义为__cdecl 的库函数 printf()时可以不做任何说明。

因 Win32 的 API 函数都遵循__stdcall 调用约定，因此在默认函数调用约定为

__cdecl 的 Visual C++ 开发环境中,调用 Win32 API 函数必须在函数名前显式地加上
__stdcall。

与 Windows 中的数据类型一样,Windows 对函数调用约定说明符 __stdcall 也定义
了别名:

```
windef.h
    …
    #define WINAPI   __stdcall
    #define CALLBACK    __stdcall
    …
```

前面,Windows 应用程序的主函数名称 WinMain 的前面就使用了函数调用约定说
明 WINAPI。

在 Windows 中,__stdcall 还有 CALLBACK 等别名,这里的 CALLBACK 经常用来
刻意的声明一个函数为回调函数。所谓回调函数就是一种由应用程序者设计,却由系统
调用的函数。

Windows 应用程序的主函数和窗口函数均为回调函数,之所以主函数没用使用别名
CALLBACK 来修饰,而使用了别名 WINAPI,是因为 WINAPI 除了说明其修饰的函数
为回调函数之外,还是一个程序入口,在以后的学习中会看到,DLL 文件的入口函数也需
要使用 WINAPI 来修饰。

1.3　窗口的创建和显示

一个 Windows 应用程序主窗口的创建主要需要以下过程:
- 使用 WNDCLASS 结构变量定制符合程序需要的窗口。
- 将定制的窗口向系统注册。
- 以窗口类注册名为参数,调用创建窗口的 API 函数在内存中创建窗口。
- 调用 API 函数将窗口显示到显示器屏幕上。

1. 窗口的定制

所谓的窗口定制就是在 WNDCLASS 这个结构类型变量中说明用户程序所需的部
件。其示例代码片段如下:

```
WNDCLASS wc;                                  //定义一个窗口类对象
//定制窗口
wc.style=0;                                   //窗口样式 0
wc.lpfnWndProc=WndProc;                       //把窗口函数的首地址赋予指针 lpfnWndProc
wc.cbClsExtra=0;                              //无扩展
wc.cbWndExtra=0;                              //无扩展
wc.hInstance=hInstance;                       //本窗口对应的程序句柄为 hInstance
wc.hIcon=LoadIcon(NULL,IDI_APPLICATION);      //图标
wc.hCursor=LoadCursor(NULL,IDC_ARROW);        //光标
wc.hbrBackground= (HBRUSH)GetStockObject(WHITE_BRUSH);  //其中函数和参数见第 4 章
```

```
wc.lpszMenuName=NULL;                          //本窗口无菜单
wc.lpszClassName= "MyAppWnd";                   //窗口类名
```

2. 窗口类的注册

为了便于操作系统对用户所定义的 WNDCLASS 进行管理，用户程序必须将它们存储到一个专门的存储空间（或是链表，或是数组）进行备案并统一列表。为此，Windows 提供了窗口类型注册函数 RegisterClass( )。

RegisterClass( )函数的原型为：

```
BOOL RegisterClass(WNDCLASS&wc);
```

其中，参数 wc 为待注册的窗口类。

一旦注册成功，则系统的窗口类列表中就有了一个以窗口类结构最后那个域（lpszClassName）作为名称的窗口类，以后用户程序就可以使用这个名称来使用所注册的窗口类了。

3. 窗口的创建

程序使用 API 函数 CreateWindow( )来创建窗口，CreateWindow( )函数的原型为：

```
HWND CreateWindow(
          LPCTSTR      lpClassName,      //窗口类的名称
          LPCTSTR      lpWindowName,     //窗口实例的标题
          DWORD        dwStyle,          //窗口风格
          int          x,                //窗口左上角位置坐标值 x
          int          y,                //窗口左上角位置坐标值 y
          int          nWidth,           //窗口的宽度
          int          nHeight,          //窗口的高度
          HWND         hWndParent,       //父窗口的句柄
          HMENU        hMenu,            //主菜单的句柄
          HANDLE       hInstance,        //应用程序实例句柄
          LPVOID       lpParam           //该值通常为 NULL
);
```

从参数列表中可以看到，其中的第一项就是窗口所需的窗口类名 lpszClassName。在 CreateWindow( )函数的执行中，系统就会按照该窗口类成员所列举的项目把相应的程序部件统统装配到窗口这个"底盘上"，从而形成了一个完整的 Windows 程序。

窗口被成功创建之后，函数返回窗口的句柄，通常要将其保存在事先定义的 HWND 句柄中，以备后面使用。

创建一个窗口的示例代码片段如下：

```
HWND hwnd;                                      //定义窗口句柄
...
hwnd=CreateWindow(  "MyAppWnd",                 //WNDCLASS 中的 lpszClassName
                    "Windows",
                    WS_OVERLAPPEDWINDOW,
```

```
120,50,800,600,
NULL,
NULL,
hInstance,
NULL);
```

窗口的定义及创建过程如图 1-11 所示。

图 1-11　窗口的定义及创建

可见,一个窗口的创建过程就是一个程序的安装过程。

4. 窗口的显示

从上面的介绍中可知,一旦调用 CreateWindow( )函数成功,程序就会获得该窗口的句柄,但这个窗口是创建在内存中的,所以为了将窗口显示在计算机显示器屏幕上,还应调用如下两个 API 函数:

```
BOOL ShowWindow(
                    HWND hwnd,              // 窗口句柄
                    int nCmdShow            // 窗口的显示方式
                    );
```

和

```
BOOL UpdateWindow(
                    HWND hwnd               // 窗口句柄
                    );
```

总之,定义和创建一个窗口需要一个结构和 4 个 API 函数。它们分别为用于表示部件清单的结构 WNDCLASS、用于注册的函数 RegisterClass( )、用于创建的函数 CreateWindow( )、用于显示的函数 ShowWindow( )和 UpdateWindow( )。

1.4   事件、消息循环和窗口函数

前面谈到,事件驱动是 Windows 程序有别于普通应用程序的最大特点。也就是说,它一种"懒"程序,它通常不会主动去做什么与用户有关的事,只有当发生了某件事情时它才会有相应的响应。可见,这种"懒"是一个优点,因为它不会在任何时候都强迫用户必须按顺序做某件事情。显然,这种程序中的最重要概念就是那些可以推动程序运行的各种事件,以及与事件相关的消息、消息循环和专司消息处理工作的窗口函数。

1. 事件与消息

事件和消息是程序在运行中碰到的一些需要处理的事情以及与处理该事有关的信息,这些事件可以由用户产生,也可以由程序自身或系统产生。Windows 程序特别像商店里的服务员,当没有顾客或顾客没有服务请求时,它就在那里等,只有当顾客有要求时它才会启动一个程序段来进行相应的服务。也就是说,对于 Windows 程序来讲,用户所提出的服务要求就是一个事件。如果把这个概念再拓展一下,那就是说,凡是需要程序产生相应动作的原因或刺激都是事件。

对于 Windows 应用程序,当它被启动并创建了程序窗口之后,它随即就会进入一个等待状态(利用一个 while 循环),直到接收到了某种事件(例如键盘的输入,鼠标的单击或双击),程序才会脱离等待状态去对这个事件进行处理,一旦处理完毕就又回到等待状态。当然,为了能合理地处理事件,程序必须在事件发生时知道该事件的一些必要细节,即应该知道发生了何种事件,该事件发生在何地、何时,以及是什么类型的事件等信息。为此,Windows 定义了一个用以表示这些信息的结构——"消息(Message)",该结构定义如下:

```
typedef  struct  tagMSG
{
    HWND     hwnd;              //产生消息的窗口句柄(事件的产生地点)
    UINT     message;          //消息的标识码(事件种类)
    WPARAM   wParam;           //消息的附加信息 1
    LPARAM   lParam;           //消息的附加信息 2
    DWORD    time;             //消息的产生时刻
    POINT    pt;               //发送该消息时,光标在屏幕上的位置
}MSG;
```

消息结构中的窗口句柄 hwnd、光标位置 pt 和消息标识码 message,就表示了事件的发生地以及事件的种类,而 time 则表示事件发生的时刻,如果消息比较复杂,结构中还有两个附加信息域(wParam 和 lParam)。每当计算机系统或用户发出某种事件时,Windows 系统会把该事件的相关信息填写到 MSG 结构的各个域,并设法把这个消息送

达到应用程序专司消息处理的部门。Windows 系统已经把绝大多数事件的消息事先进行了定义，并定义了消息的标识码。

常用 Windows(窗口)消息的一部分见表 1-2。

表 1-2　部分常用的 Windows(窗口)消息

消息的标识	说　　明
WM_LBUTTONDOWN	按下鼠标左键时产生的消息
WM_LBUTTONUP	放开鼠标左键时产生的消息
WM_RBUTTONDOWN	按下鼠标右键时产生的消息
WM_RBUTTONUP	放开鼠标右键时产生的消息
WM_LBUTTONDBLCLK	双击鼠标左键时产生的消息
WM_RBUTTONDBLCLK	双击鼠标右键时产生的消息
WM_CHAR	按下非系统键时产生的消息，其中 wParam 为键的 ASCII 码
WM_CREATE	由 CreateWindow()函数产生的消息
WM_CLOSE	关闭窗口时产生的消息
WM_DESTROY	消除窗口时产生的消息
WM_QUIT	退出程序时，由 PostQuitMessage()函数产生的消息
WM_PAINT	需要窗口重画时产生的消息

注：这里指列举的仅是常用窗口消息，除此之外，Windows 还定义了其他各种各样的消息，例如：菜单的命令消息、各种控件消息、系统消息等。因本书是教科书，故不能一一列举，请读者自行参阅相关文档。

从表 1-2 中可以知道，除了用户通过键盘和鼠标产生的用户消息之外，还有一些由程序(包括 Windows 系统)产生的消息。

2. 消息队列和消息循环

从上面的叙述中可以知道，事件可以产生于系统的各个部位，但处理这些事件消息的却只有应用程序和系统，因此为了在消息的产生比较密集时不会丢失消息以及对消息进行有序的处理，系统为每个应用程序都建立了叫做消息队列的存储空间。在程序运行过程中如果发生了一个事件，Windows 就会把这个事件的消息送入消息队列，然后由应用程序在适当的时机去读取并处理它们。

为了使应用程序能从消息队列获取消息，Windows 提供了 API 函数 GetMessage()。凡是 Windows 应用程序，在其程序代码中必须要调用 GetMessage()函数，而且为了能在前一个消息处理完毕之后可以继续自消息队列获取消息，应用程序必须组织一个叫做"消息循环"的循环体，其代码如下：

```
while(GetMessage(&msg,NULL,NULL,NULL))
{
    TranslateMessage(&msg);        //调用解释键盘消息 API 函数
    DispatchMessage(&msg);         //调用消息发送 API 函数将消息发送给系统
}
```

3. 消息的派送和处理

在消息循环的过程中，程序一旦获取了一个消息，经简单处理后，立即会调用函数 DispatchMessage( )把消息派送给系统后，系统会根据消息中的 hwnd 找到应该接收消息的程序窗口，并根据该窗口 WNDCLASS 结构中 lpfnWndProc 的指示调用窗口函数。然后在该窗口函数中，以消息中的消息号 message 为依据查找并执行该消息所对应的程序段，进而对消息进行处理。处理完毕后，只要该消息不是应用程序的终止消息，则会立即返回消息循环等待获取下一个消息。Windows 应用程序就这样周而复始进行循环，直至用户发出结束消息。至于消息循环中 DispatchMessage( )前面的 TranslateMessage( )函数，它的作用是在消息派送之前把键盘编码消息转换成字符消息。

消息的传递过程如图 1-12 所示。

图 1-12　事件、消息、消息循环及消息的传递处理过程

从消息的传输途径上来看，消息大体上可分为两种：一种是先把消息送达消息队列，然后由应用程序中的消息循环通过函数 DispatchMessage( )获取并通过系统发送给窗口（例如鼠标和键盘消息），这类型消息叫做队列消息；另一种消息则不经消息队列而直接送达窗口（例如某些系统事件产生的消息），这类消息叫做非队列消息。

1.5　Windows 应用程序的结构

一个 Windows 程序一般由头文件、源文件、动态链接库、资源等几部分组成。其中，需要程序员编写的主要部分是用 C 编写的源文件。下面主要介绍 Windows 应用程序的源文件部分。

1.5.1　主函数

Windows 应用程序的主函数名称为 WinMain，其原型如下：

```
int WINAPI WinMain(
  HINSTANCE    hInstance,              //当前应用程序实例的句柄
  HINSTANCE    hPrevInstance,          //系统中前一个应用程序实例的句柄
  LPSTR        lpCmdLine,              //指向本程序命令行的指针
  int          nCmdShow                //决定应用程序窗口显示方式的标志
);
```

函数名前面的关键字 WINAPI 也可以为 CALLBACK，它表明这是个由系统调用的函数，即所谓的回调函数。

WinMain()共有 4 个参数，其中的 lpCmdLine 为命令行参数，hPrevInstance 为前一个应用程序实例句柄，这两个参数现在均已不使用，有用的参数只是当前程序实例句柄（即本程序句柄）hInstance 和决定窗口显示方式的标志参数 nCmdShow（通常使用系统提供的默认值）。

主函数 WinMain()的任务为两项：创建应用程序窗口和建立消息循环。为完成上述工作，主函数至少要调用 7 个 API 函数。其中 4 个用来创建和显示应用程序窗口，3 个用来建立消息循环。

一个完整的 Window 程序的主函数示例代码如下：

```
int WINAPI WinMain(HINSTANCE hInstance,
                   HINSTANCE PreInstance,
                   LPSTR lpCmdLine,
                   int nCmdShow)
{
        HWND hwnd;                           //定义窗口句柄
        MSG  msg;                            //定义一个用来存储消息的变量
        char lpszClassName[]="窗口";

        WNDCLASS wc;                         //定义一个窗口类实例
        //以下为窗口类实例的各个域赋值
        wc.style=0;
        wc.lpfnWndProc=WndProc;              //安装窗口函数 WndProc
        wc.cbClsExtra=0;
        wc.cbWndExtra=0;
        wc.hInstance=hInstance;              //安装当前应用程序实例
        wc.hIcon=LoadIcon(NULL,IDI_APPLICATION);   //安装图标
        wc.hCursor=LoadCursor(NULL,IDC_ARROW);     //安装光标
        wc.hbrBackground=(HBRUSH)GetStockObject(WHITE_BRUSH);
                                             //确定窗口背景颜色
        wc.lpszMenuName=NULL;                //本例未安装菜单
        wc.lpszClassName=lpszClassName;      //为本 WNDCLASS 实例命名

        RegisterClass(&wc);                  //注册窗口类型
```

```
hwnd=CreateWindow(     lpszClassName,        //创建窗口
                   "Windows",             //窗口标题
                   WS_OVERLAPPEDWINDOW,   //显示方式
                   120,50,800,600,        //窗口位置及大小
                   NULL,
                   NULL,
                   hInstance,             //本程序实例
                   NULL);

ShowWindow(hwnd,nCmdShow);                //显示窗口
UpdateWindow(hwnd);                       //对显示器的显示内容进行更新

while(GetMessage(&msg,NULL,0,0))          //消息循环
{
    TranslateMessage(&msg);
    DispatchMessage(&msg);                //向系统派送消息
}
return msg.wParam;
}
```

1.5.2　窗口函数

具有窗口界面的 Windows 应用程序，必须有一个窗口函数来处理消息，它是独立于 WinMain() 函数的一个函数。窗口函数以参数的方式接收系统传递来的消息并对消息进行分类处理，它是完成 Windows 应用程序用户任务的核心，是需要程序员编写大量代码的地方。

由于窗口函数是一个系统回调函数，所以其函数名之前必须使用关键字 CALLBACK 来说明。除此之外，对窗口函数的声明还有两个约束：第一，其函数名必须与相应窗口结构中指针 lpfnWndProc 赋予的名称相同；第二，其参数和返回类型必须与系统的要求相符。以前面的示例为例，与该示例主函数关联的窗口函数的名称必须为 WndProc，并且窗口函数的声明应为：

```
LRESULT CALLBACK WndProc (HWND hwnd,       //派送消息的窗口句柄
                       UINT message,       //系统传递来的消息标识
                       WPARAM wParam,      //消息的附加参数 (32 位)
                       LPARAM lParam)      //消息的附加参数 (32 位)
```

从函数的参数中可以看出，当消息循环中的 DispatchMessage() 函数把消息派送到系统之后，系统就会调用该窗口函数，同时会把消息中表示消息来源地的窗口句柄、消息标识和两个消息的附加参数传递到窗口函数，因为这些信息是窗口函数对消息进行处理的重要依据。

一个最简单的窗口函数的代码如下：

```
LRESULT CALLBACK WndProc(HWND            hwnd,
```

```
                          UINT      message,
                          WPARAM    wParam,
                          LPARAM    lParam)
{
    switch(message)
    {
        case WM_DESTROY:
            PostQuitMessage(0);                    //调用关闭程序主窗口函数
        break;
        default:
            return(DefWndProc(hwnd,message,
                    wParam,lParam));                //调用系统的消息处理函数
    }
    return 0;
}
```

从上面的代码中可以看到,窗口函数的主体是一个 switch-case 选择结构,每一个 case 对应一个消息的处理程序。函数中的这个 switch-case 结构会根据消息号 message 转向对应的消息处理程序段。

为了简单,本程序的窗口函数只对 WM_DESTROY 消息进行了处理,这个消息是用户用鼠标单击窗口右上角的关闭按钮来关闭窗口事件所产生的消息。在该消息处理程序段中,调用了 API 函数 PostQuitMessage( ),该函数会在关闭窗口时做一些善后处理工作(例如销毁对象)。

这里特别指出的是,在上述窗口函数最后的 default 程序段中调用了系统所提供的一个窗口消息处理函数 DefWndProc( ),该函数的作用是对用户没有处理的消息进行默认处理。也就是说,在程序运行过程中,Windows 所定义的所有事件都可能会发生,但在一个具体应用程序中,用户只需处理实现本程序功能所需的事件即可,而其余事件就都留给系统去处理,即把那些没有被 case 所拦截的事件消息均交给 DefWndProc( )去进行默认处理。

1.5.3　Windows 系统、主函数、窗口函数之间的关系

理解 Windows 系统、主函数、窗口函数三者之间的关系,对于编写 Windows 程序的程序员来讲极为重要,在本章的前面虽然简单介绍了它们的关系,但在了解了事件和消息之后,有必要在此基础上再介绍一下它们的关系,以便更深入地理解 Windows 程序的结构及其工作原理。

1. 系统、主函数、窗口函数三者之间的关系

Windows 系统、主函数、窗口函数这三者之间的关系见图 1-13。

Windows 系统收到执行一个 Windows 应用程序命令之后的行为如图 1-14 所示。

在此希望读者一定要建立一个概念:无论 Windows 程序还是 Java 和 C♯程序,凡是事件驱动的程序都与系统紧密相关。在研究这种程序时,必须把系统(或运行平台)看成是程序的一部分,因为它替应用程序做了太多的事情,如果不在一定程度上了解运行平台,那就没办法编写出质量较高的程序。

图 1-13 Windows 系统、Windows 应用程序与窗口函数三者之间的关系

图 1-14 Windows 系统收到执行一个 Windows 应用程序命令之后的行为

例 1-1 一个简单的 Windows 程序。当用鼠标左键单击程序窗口的用户区时，计算机的扬声器会发出"叮"的声音。

（1）本程序需要使用的消息

这个题目中用到了鼠标左键单击消息，该消息是 Windows 预定义的窗口消息，其标识为 WM_LBUTTONDOWN。

（2）程序代码

程序代码如下：

```
#include<windows.h>                         //编写 Windows 程序必须要包含的头文件
//声明窗口函数原型
LRESULT CALLBACK WndProc( HWND,UINT,WPARAM,LPARAM );
//-----------------------------------------------------------------------------------
//主函数
int WINAPI WinMain(HINSTANCE hInstance,
                   HINSTANCE PreInstance,
                   LPSTR lpCmdLine,
                   int nCmdShow)
{
        HWND hwnd;                          //定义窗口句柄
        MSG  msg;                           //定义一个用来存储消息的变量
        char lpszClassName[]="窗口";
        WNDCLASS wc;                        //定义一个窗口类型变量
        wc.style=0;
        wc.lpfnWndProc=WndProc;
        wc.cbClsExtra=0;
        wc.cbWndExtra=0;
        wc.hInstance=hInstance;
        wc.hIcon=LoadIcon(NULL,IDI_APPLICATION);
        wc.hCursor=LoadCursor(NULL,IDC_ARROW);
        wc.hbrBackground= (HBRUSH)GetStockObject(WHITE_BRUSH);
        wc.lpszMenuName=NULL;               //窗口没有菜单
        wc.lpszClassName=lpszClassName;

        RegisterClass(&wc);                 //注册窗口类型

        hwnd=CreateWindow(   lpszClassName, //创建窗口
                 "Windows",
                 WS_OVERLAPPEDWINDOW,
                 120,50,800,600,
                 NULL,
                 NULL,
                 hInstance,
                 NULL);

        ShowWindow(hwnd,nCmdShow);          //显示窗口
        UpdateWindow(hwnd);

        while(GetMessage(&msg,NULL,0,0))    //消息循环
        {
            TranslateMessage(&msg);
            DispatchMessage(&msg);
        }
```

```
        return msg.wParam;
}


//--------------------------------------------------------------------------------
//处理消息的窗口函数
LRESULT CALLBACK WndProc(HWND hwnd,
                         UINT message,
                         WPARAM wParam,
                         LPARAM lParam)
{
    switch(message)
    {
    case WM_LBUTTONDOWN:                    //鼠标左键按下消息
    {
        MessageBeep(0);                     //可以发出声音的 API 函数
    }
        break;
    case WM_DESTROY:
        PostQuitMessage(0);
        break;
    default:
        return DefWindowProc(hwnd,message,wParam,lParam);
    }
    return 0;
}
//--------------------------------------------------------------------------------
```

从程序中可以看到，主函数一共做了 3 件事情：注册窗口类型、创建显示窗口和消息循环。在程序中定义 WNDCLASS 类型变量 wc 时，还调用了 3 个 API 函数：LoadIcon（ ）、LoadCursor（ ）和 GetStockObject（ ），前两个函数分别装载了程序的图标和光标，而后一个函数则设置了窗口用户区背景颜色。如果程序需要菜单，则还要使用装载菜单的函数。关于它们更详细的情况可以查阅 Visual C++ 的帮助文件。

本程序在窗口函数 WndProc（）中编写了一段 WM_LBUTTONDOWN 消息处理代码，并在该代码中调用了 Windows 的 API 函数 MessageBeep(0)。于是，当程序被启动后，如果用户在窗口的用户区按下鼠标左键，则会产生 WM_LBUTTONDOWN 消息，当系统把该消息派送到窗口函数，则该函数会找到与该消息对应的 case 程序段，并调用 API 函数 MessageBeep(0)使计算机的扬声器发出"叮"的声音。

例 1-2 编写一个 Windows 程序。在程序定义两个窗口类型："窗口 1"和"窗口 2"，窗口 1 背景为白色；窗口 2 背景为灰色。用这两个窗口类型创建 3 个窗口，窗口标题分别为 Windows1、Windows2 和 Windows3；其中 Windows1 和 Windows3 使用"窗口 1"，Windows2 使用"窗口 2"。当用鼠标左键单击任何程序窗口的用户区时，计算机的扬声器都会发出"叮"的声音。

程序代码如下：

```
#include<windows.h>
//声明窗口函数原型
LRESULT CALLBACK WndProc(HWND,UINT,WPARAM,LPARAM);
//---------------------------------------------------------------------------
//主函数
int WINAPI WinMain(HINSTANCE hInstance,
                   HINSTANCE PreInstance,
                   LPSTR lpCmdLine,
                   int nCmdShow)
{
    HWND hwnd1;                                    //Windows1 的窗口句柄
    HWND hwnd2;                                    //Windows2 的窗口句柄
    HWND hwnd3;                                    //Windows3 的窗口句柄

    MSG  msg;

//定义、注册窗口类型 "窗口 1"
    char lpszClassName1[ ]="窗口 1";
    WNDCLASS wc1;
    wc1.style=0;
    wc1.lpfnWndProc=WndProc;
    wc1.cbClsExtra=0;
    wc1.cbWndExtra=0;
    wc1.hInstance=hInstance;
    wc1.hIcon=LoadIcon(NULL,IDI_APPLICATION);
    wc1.hCursor=LoadCursor(NULL,IDC_ARROW);
    wc1.hbrBackground=(HBRUSH)GetStockObject(WHITE_BRUSH);     //白色
    wc1.lpszMenuName=NULL;
    wc1.lpszClassName=lpszClassName1;

    RegisterClass(&wc1);

    //定义、注册窗口类型"窗口 2"
    char lpszClassName2[]="窗口 2";
    WNDCLASS wc2;
    wc2.style=0;
    wc2.lpfnWndProc=WndProc;
    wc2.cbClsExtra=0;
    wc2.cbWndExtra=0;
    wc2.hInstance=hInstance;
    wc2.hIcon=LoadIcon(NULL,IDI_APPLICATION);
    wc2.hCursor=LoadCursor(NULL,IDC_ARROW);
```

```
wc2.hbrBackground= (HBRUSH) GetStockObject(GRAY_BRUSH);     //灰色
wc2.lpszMenuName=NULL;
wc2.lpszClassName=lpszClassName2;

RegisterClass(&wc2);

hwnd1=CreateWindow(lpszClassName1,          //创建 Windows1 窗口
                   "Windows1",
                   WS_OVERLAPPEDWINDOW,
                   120,50,700,500,
                   NULL,
                   NULL,
                   hInstance,
                   NULL);

hwnd2=CreateWindow(lpszClassName2,          //创建 Windows2 窗口
                   "Windows2",
                   WS_OVERLAPPEDWINDOW,
                   150,80,750,550,
                   NULL,
                   NULL,
                   hInstance,
                   NULL);

hwnd3=CreateWindow(lpszClassName1,          //创建 Windows3 窗口
                   "Windows3",
                   WS_OVERLAPPEDWINDOW,
                   200,130,500,300,,
                   NULL,
                   NULL,
                   hInstance,
                   NULL);

ShowWindow(hwnd1,nCmdShow);                 //显示 Windows1
UpdateWindow(hwnd1);

ShowWindow(hwnd2,nCmdShow);                 //显示 Windows2
UpdateWindow(hwnd2);

ShowWindow(hwnd3,nCmdShow);                 //显示 Windows3
UpdateWindow(hwnd3);

while(GetMessage(&msg,NULL,0,0))
{
```

```
        TranslateMessage(&msg);
        DispatchMessage(&msg);
    }
    return msg.wParam;
}
//-------------------------------------------------------------------------------
//处理消息的窗口函数
LRESULT CALLBACK WndProc(HWND hwnd,
                        UINT message,
                        WPARAM wParam,
                        LPARAM lParam)
{
    switch(message)
    {
    case WM_LBUTTONDOWN:
        {
            MessageBeep(0);
        }
        break;
    case WM_DESTROY:
        PostQuitMessage(0);
        break;
    default:
        return DefWindowProc(hwnd,message,wParam,lParam);
    }
    return 0;
}
//-------------------------------------------------------------------------------
```

程序运行结果见图 1-15。

通过这个例子请读者仔细体会一下窗口类型、窗口类型的注册、窗口句柄、窗口的创建以及程序窗口和窗口函数之间的关系。

2. 可变代码的隔离

长期的程序设计实践使人们知道,在一个程序中,有些代码属于程序框架,相对固定,属于稳定代码,而另一些代码则属于业务代码,会经常变化,属于可变代码。程序的计算任务就是依靠程序中的这两种代码相互作用来完成的,即它们之间存在着某种耦合。但人们也发现,上述两种代码的耦合程度会对程序的质量大有影响。如果耦合过松,则程序的执行效率较低,反之则程序维护性变差,从而影响了程序的寿命。从程序设计的现状来看,大多数程序存在的是耦合过紧的问题,即人们所编写的程序大多属于"紧耦合"。框架代码与可变代码紧耦合的后果之一就是如果一旦在程序某处出现了问题,那么该问题会蔓延到整个程序从而使程序完全崩溃。除此之外,这种"紧耦合"还严重地影响到了程序的可维护性,即当程序某项业务出现变化而需要修改程序时,常常会因一处的修改而导致

图 1-15　例 1-2 程序运行结果

全部程序的修改。为了防止上述问题的发生,人们提倡:程序结构应该具有"高内聚,低耦合"性。即首先应以功能为基准来划分基本程序模块,而各个基本模块之间则只保留最基本,以及尽可能少的联系;除此之外,还应对模块之间的有限联系进行必要的隔离,从而进一步降低耦合程度。目前,在实现代码的"高内聚,低耦合"方面,大体上有两种措施。一是利用函数或类的封装性来实现功能上的高内聚,二是利用指针或类似指针的索引的隔离功能来实现信息流的低耦合。

作为一个优秀软件产品,Windows 在此方面做出了很多努力。例如为了把用户与大型数据隔离开来,它定义了句柄;为了实现代码之间的隔离,它使用了函数指针(例如那个窗口函数指针)。其中最难能可贵的是它把消息的获取、发送者与消息的处理者隔离了开来。也就是说,在 Windows 程序中,消息的获取者(主函数)并不是消息的处理者,真正的消息的处理者为窗口函数,从而有效地实现了可变代码(即用户的业务代码)的隔离。这样,当用户的业务代码发生变化时,用户只需修改窗口函数相应代码即可,而不会波及主函数和程序框架。

1.6　Windows 程序代码重构

在现代应用程序设计的过程中,常常需要在程序功能已经正确实现之后,再对代码进行一定规模的整理,其目的就是使之尽可能符合"高内聚,低耦合"的软件设计原则,从而使之更为便于维护和使用。这项工作叫做代码重构。

1.6.1　用函数封装消息处理代码

在前面的 Windows 程序例中可见,由于窗口函数是一个 switch-case 结构,这种结构在程序分支特别多时会因业务代码和框架代码混杂一起,不便于代码的阅读和维护。因此,按照可变代码隔离的原则,有必要对程序代码进行重构。为此,可利用 C 函数能把程序模块化的特点,对 Windows 程序窗口函数中的每个 case 程序段进行封装以形成一个消息处理函数,而在 case 中调用这个函数。

例 1-3　编制一个在鼠标左键按下时,可在窗口的用户区显示一个字符串"Hello!"的 Windows 程序,并尽可能地用函数将程序模块化。

程序代码如下:

```
//设计 Windows 程序必须包含的头文件----------------------------------------
#include<windows.h>
//定义全局变量--------------------------------------------------------------
HINSTANCE      hInst;
HWND           hWnd;
MSG            msg;
char lpszClassName [ ]="窗口";
char * ShowText;
//声明函数原型--------------------------------------------------------------
ATOM           MyRegisterClass(HINSTANCE hInstance);    //注册窗口函数
BOOL           Create(HINSTANCE, int);                  //程序实例初始化函数
int            Run( );                                  //消息循环函数

LRESULT CALLBACK WndProc(                               //窗口函数
       HWND, UINT,
       WPARAM, LPARAM);

void OnLButtonDown(                                     // WM_LBUTTONDOWN 消息处理函数
       HWND hWnd,
       UINT message,
       WPARAM wParam,
       LPARAM lParam);

void OnPaint(                                           // WM_PAINT 消息处理函数
       HWND hWnd,
       UINT message,
       WPARAM wParam,
       LPARAM lParam);

void OnDestroy(                                         // WM_DESTROY 消息处理函数
       HWND hWnd,
       UINT message,
       WPARAM wParam,
       LPARAM lParam);

//主函数--------------------------------------------------------------------
int APIENTRY WinMain(HINSTANCE hInstance,
```

```
                         HINSTANCE hPrevInstance,
                         LPSTR     lpCmdLine,
                         int       nCmdShow)
{


    MyRegisterClass(hInstance);                    //定义和注册窗口类型
    Create(hInstance, nCmdShow);                   //创建窗口
    ShowWindow(hWnd, nCmdShow);                    //显示窗口
    UpdateWindow(hWnd);                            //更新屏幕显示
    return Run();                                  //消息循环
}
```

//注册窗口类型函数的实现--

```
ATOM MyRegisterClass(HINSTANCE hInstance)
{
    WNDCLASS wc;
    wc.style=0;
    wc.lpfnWndProc=WndProc;
    wc.cbClsExtra=0;
    wc.cbWndExtra=0;
    wc.hInstance=hInstance;
    wc.hIcon=LoadIcon(NULL,IDI_APPLICATION);
    wc.hCursor=LoadCursor(NULL,IDC_ARROW);
    wc.hbrBackground= (HBRUSH)GetStockObject(WHITE_BRUSH);
    wc.lpszMenuName=NULL;
    wc.lpszClassName=lpszClassName;
    return RegisterClass(&wc);
}
```

//创建窗口函数的实现--

```
BOOL Create(HINSTANCE hInstance, int nCmdShow)
{
    hWnd=CreateWindow(lpszClassName,
                      "Windows",
                      WS_OVERLAPPEDWINDOW,
                      400,300,180,160,
                      NULL,
                      NULL,
                      hInstance,
                      NULL);
    return TRUE;
}
```

//消息循环函数的实现--

```
int Run()
{
    while (GetMessage(&msg, NULL, 0, 0))
```

```
        {
            TranslateMessage(&msg);
            DispatchMessage(&msg);
        }
        return msg.wParam;
}
//窗口函数的实现--------------------------------------------------------------
LRESULT CALLBACK WndProc(HWND hWnd, UINT message,
WPARAM wParam, LPARAM lParam)
{
        switch (message)
        {
        case WM_LBUTTONDOWN:
            OnLButtonDown(hWnd, message, wParam, lParam);
            break;
        case WM_PAINT:
            OnPaint(hWnd, message,wParam, lParam);
            break;
        case WM_DESTROY:
            OnDestroy(hWnd, message, wParam, lParam);
            break;
        default:
            return DefWindowProc(hWnd, message, wParam, lParam);
        }
        return 0;
}
//鼠标左键单击消息处理函数的实现------------------------------------------------
void OnLButtonDown(HWND hWnd, UINT message,
                WPARAM wParam, LPARAM lParam)
{
        ShowText="Hello!";
        InvalidateRect(hWnd,NULL,1);
}
//重绘窗口用户去消息处理函数的实现----------------------------------------------
void OnPaint(HWND hWnd, UINT message,
                WPARAM wParam, LPARAM lParam)
{
        PAINTSTRUCT ps;
        HDC hdc;
        hdc = BeginPaint(hWnd, &ps);
        TextOut(hdc,50,50,ShowText,6);
        EndPaint(hWnd, &ps);
}
//销毁窗口消息处理函数的实现----------------------------------------------------
```

```
void OnDestroy(HWND hWnd, UINT message,
               WPARAM wParam, LPARAM lParam)
{
    PostQuitMessage(0);
}
//-----------------------------------------------------------------------------
```

由上面的程序代码中可以看出，程序由两大部分组成：主函数部分和窗口函数部分。主函数由 5 个函数组成，窗口函数由 4 个函数组成，使得应用程序的结构更加清晰明了。

另外，在这这个程序里还用到了 InvalidateRect（ ）、BeginPaint（ ）、TextOut（ ）和 EndPaint（ ）等几个 API 函数。

Windows 规定，向窗口用户区输出图形必须在窗口函数 WM_PAINT 消息所对应的程序段中执行，而系统会在两种情况下产生 WM_PAINT 消息：一种是在窗口在屏幕上刚显示的瞬间；另一种是在窗口发生更新消息时。在上面鼠标左键按下消息处理代码段中是用函数 InvalidateRect（ ）来产生一个 WM_PAINT 消息的。所以在程序运行之后，当鼠标左键在窗口用户区被用户按下的时刻，对应消息处理代码段调用了函数 InvalidateRect（ ）激发了一个 WM_PAINT 消息，然后在 WM_PAINT 消息处理程序段又调用了 BeginPaint（ ）、TextOut（ ）和 EndPaint（ ）等用来在窗口用户区进行绘图操作的 API 函数来实现了字符串的显示。

其中的函数 BeginPaint（ ）用于启动绘图，函数 TextOut（ ）用于在用户区绘制文字（Windows 把文字看作图形），函数 EndPaint（ ）用于结束绘图操作（关于绘图函数的说明见本书第 4 章）。

1.6.2 消息映射表

因窗口函数中的 switch…case 结构实质上实现的就是一个根据消息标识来查找消息处理代码的功能，故可用一个如图 1-16 的表和一段查表程序代替它，同时为了进一步实现代码的隔离，表中的每一项可以使用一个函数指针来指向消息处理函数，这样便形成了如图 1-16 所示的表，这个表便叫做消息映射表。

消息标识	消息处理函数指针
WM_LBUTTONDOWN	On_ButtonDown
WM_PAINT	On_Paint
WM_RESTROY	On_Restroy

图 1-16 消息映射表

在程序中，可以用数组或者链表来实现这个表。其数组元素（表项）为如下结构：

```
struct MSGMAP_ENTRY
{
    UINT nMessage;                              //消息标识
    void (*pfn)(HWND, UINT, WPARAM, LPARAM );  //消息处理函数指针
};
```

于是,作为消息映射表的数组应该为

```
struct MSGMAP_ENTRY   _messageEntres[ ] =
{
    WM_LBUTTONDOWN,     On_LButtondown,
    WM_PAINT,           On_Paint,
    WM_DESTROY,         On_Destroy,
};
```

有了上述消息映射表,窗口函数就可以修改成如下的样子:

```
LRESULT CALLBACK WndProc (HWND hWnd, UINT message,
                          WPARAM wParam, LPARAM lParam)
{
    int i;                                                      //循环变量
    int n = sizeof ( _messageEntres) / sizeof(_messageEntres[0] );   //循环次数

//以下 for 循环用传递来的消息标识查找匹配的处理函数,并执行它
    for (i = 0; i < n; i ++)
    {
        if (message == _messageEntres [ i ] . nMessage )
            ( * _messageEntres [ i ] . pfn ) ( hWnd, message, wParam, lParam));
    }
    return DefWindowProc ( hWnd, message, wParam, lParam );
}
```

显然,无论需要处理的消息是多是少,窗口函数的结构就是这种固定格式,而用户所需要做的工作就是编写消息处理函数及按如下格式将消息标识与消息处理函数对应填入 _messageEntres 数组。

```
struct MSGMAP_ENTRY   _messageEntres[ ] =
{
    WM_LBUTTONDOWN,     On_LButtonDown,
    WM_PAINT,           On_Paint,
    WM_DESTROY,         On_Destroy,
};
```

更进一步还可以把定义消息映射表_messageEntres[ ] 和向消息映射表填写表项的代码像例 1-4 那样封装成宏,使得整个程序代码更规整、漂亮。

例 1-4　用消息映射表实现的窗口函数。

代码如下:

```
//定义宏---------------------------------------------------------------------
#define DECLARE_MESSAGE_MAP ( ) \          //声明消息映射表的宏
struct MSGMAP_ENTRY   _messageEntres[ ];\
```

```
#define BEGIN_MESSAGE_MAP( ) \              //消息映射表的开始宏
struct MSGMAP_ENTRY  _messageEntres[ ] =\
{ \

#define ON_WM(messageID,msgFuc) \           //填写映射表项的宏
    messageID,msgFuc,
#define END_MESSAGE_MAP( ) \                //消息映射表的结束宏
};\
//定义消息映射表项的结构----------------------------------------------------------
struct MSGMAP_ENTRY
{
    UINT nMessage;
    void (* pfn)(HWND, UINT, WPARAM, LPARAM );
};

//声明消息处理函数原型----------------------------------------------------------
void On_LButtonDown(HWND, UINT, WPARAM, LPARAM);
void On_Paint(HWND, UINT, WPARAM, LPARAM);
void On_Destroy(HWND, UINT, WPARAM, LPARAM);

//消息映射表的声明----------------------------------------------------------
DECLARE_MESSAGE_MAP( )

//消息映射表的实现----------------------------------------------------------
BEGIN_MESSAGE_MAP( )
ON_WM(WM_LBUTTONDOWN,On_LButtonDown)
ON_WM(WM_PAINT,On_Paint)
ON_WM(WM_DESTROY,On_Destroy)
END_MESSAGE_MAP( )

//窗口函数----------------------------------------------------------
LRESULT CALLBACK WndProc(HWND hWnd, UINT message,
WPARAM wParam, LPARAM lParam)
{
int i;
    int n =sizeof ( _messageEntres)/sizeof(_messageEntres[0] );
    for (i =0; i <n; i ++)
    {
        if (message ==_messageEntres [ i ] . nMessage )
            ( * _messageEntres [ i ] . pfn )( hWnd, message, wParam, lParam);
    }
    return DefWindowProc(hWnd, message, wParam, lParam);
}
//鼠标左键单击消息处理函数的实现----------------------------------------------------------
```

```
void On_LButtonDown(HWND hWnd, UINT message,
            WPARAM wParam, LPARAM lParam)
{
    ShowText="Hello!";
    InvalidateRect(hWnd,NULL,1);
}
//重绘窗口用户去消息处理函数的实现----------------------------------------
void On_Paint(HWND hWnd, UINT message,
            WPARAM wParam, LPARAM lParam)
{
    PAINTSTRUCT ps;
    HDC hdc;
    hdc =BeginPaint(hWnd, &ps);
    TextOut(hdc,50,50,ShowText,6);
    EndPaint(hWnd, &ps);
}
//销毁窗口消息处理函数的实现----------------------------------------------
void On_Destroy(HWND hWnd, UINT message,
            WPARAM wParam, LPARAM lParam)
{
    PostQuitMessage(0);
}
//--------------------------------------------------------------------
```

从例题的代码中可以看到,只有黑体字的代码段是必须由用户编写的代码,而其他的都是固定的程序框架代码,从而可以想办法用 Windows 程序开发工具自动生成,以减少程序员的工作量。

鉴于 Windows 这种把消息发送者和消息处理者分开的做法的优点,本方法后来演化成了现在常用的一种设计模式——观察者模式。最简单的观察者模式示意图如图 1-17 所示。

图 1-17　最简单的观察者模式

在以后的年代里,Java 利用观察者模式实现了事件监听器模型,而 C♯ 则利用观察者模式演化出了独特的事件委托模型。

练 习 题

1-1 什么是 Windows API 函数？

1-2 查看 windows.h 文件，看一下 Windows 系统的句柄是什么数据类型的？

1-3 试说明以下是什么句柄。

(1) HWND

(2) HINSTANCE

(3) HDC

1-4 什么是事件？试举例说明。

1-5 如何显示和更新窗口？

1-6 什么是消息循环？

1-7 Windows 应用程序的主函数有哪 3 个主要任务？

1-8 说明 Windows 应用程序的主函数、窗口函数与 Windows 系统之间的关系。

1-9 在创建新 Win32 Application 工程时，在 Win32 Application Step-1 of 1 对话框中选中 A typical "Hello World!" Application 选项后并按下 Finish 按钮后，系统可以自动创建一个 Windows SDK 的示例程序，请运行该程序并分析这个应用程序的代码。

1-10 什么叫做可变代码？为什么要对可变代码进行隔离？试说明 Windows 所采用的代码隔离方法。

思 考 题

有人说，Windows 程序就是一个由中断驱动的程序，窗口函数是所有中断服务程序的入口，这个说法对不对？

第 2 章   Windows 应用程序的类封装

CHAPTER

在面向对象程序设计的思想还不成熟时,早期的程序员使用 C 语言和
Windows API 函数来设计 Windows 应用程序,用这种方法开发 Windows
应用程序极其艰苦、乏味。自面向对象程序设计的思想发展起来之后,情
况大为改观。人们用 C ++ 类把 Windows 的大多数 API 函数和对应的数
据进行了封装,并把这些类组织成微软基础类库(Microsoft foundation
class,MFC),从而使 Windows 应用程序设计的工作变得简单起来。

面向对象的程序设计方法,最具吸引力的优点就是可以把程序中的问
题分解成若干个对象,从而利用类这种数据类型,把数据和对数据的操作
封装在一起,形成一个个有实际意义的程序实体,把大型程序模块化。同
时利用类的继承性,可以使程序员快速地完成程序的设计任务。

本章主要内容:

- 模仿 MFC 用 C ++ 类对 Windows 主函数进行封装。
- 应用程序类 CWinApp 及其派生类。
- 窗口类 CFrameWnd 及其派生类。
- CCmdTarget 类。
- MFC 消息映射。

2.1   应用程序主函数的 C ++ 类封装

对例 1-2 程序的主函数进行分析后,就会知道,主函数的任务是创建并
显示窗体和实现消息循环。如果用面向对象的思想来考虑的话,主函数的
函数体可以看成是一个对象——应用程序类对象,而其中的窗体应该是嵌
入在这个应用程序类对象中的另一个对象——窗口类对象,而消息循环应
该是应用程序类对象的一部分。故此,为了形成程序框架,应该声明两个
类: 应用程序类和窗口类。

2.1.1 窗口类的声明

显然，窗口类应该具有窗口类型属性的定义、窗口类型的注册、窗口的创建和显示等与窗口相关的功能。同时在类中还应该有一个 HWND 类型的窗口句柄 hWnd，作为类的数据成员。因此，窗口类只要把窗口句柄及对窗口操作的 API 函数封装到一起就可以了。如果把这个类命名为 CFrameWnd，于是窗口类 CFrameWnd 的声明为：

```
//窗口类 CFrameWnd 的声明--------------------------------------------------
class CFrameWnd
{
public:
    HWND hWnd;
public:
    int RegisterWindow();
    void Create(LPCTSTR lpClassName,LPCTSTR lpWindowName);
    void ShowWindow(int nCmdShow);
    void UpdateWindow();
};


//窗口类的成员函数----------------------------------------------------------
int CFrameWnd::RegisterWindow()
{
    WNDCLASS wc;                        //定义窗口类结构
    wc.style=0;
    wc.lpfnWndProc=WndProc;
    wc.cbClsExtra=0;
    wc.cbWndExtra=0;
    wc.hInstance=hInstance;
    wc.hIcon=LoadIcon(NULL,IDI_APPLICATION);
    wc.hCursor=LoadCursor(NULL,IDC_ARROW);
    wc.hbrBackground=
            (HBRUSH)GetStockObject(WHITE_BRUSH);
    wc.lpszMenuName=NULL;
    wc.lpszClassName=lpszClassName;
    return RegisterClass(&wc);       //注册窗口类
}

void CFrameWnd::Create( LPCTSTR lpClassName,
                        LPCTSTR lpWindowName)
{
    RegisterWindow();
    hInst=hInstance;
    hWnd=CreateWindow(lpszClassName,
                    lpWindowName,
```

```
                        WS_OVERLAPPEDWINDOW,
                        CW_USEDEFAULT,
                        0,
                        CW_USEDEFAULT,
                        0,
                        NULL,
                        NULL,
                        hInstance,
                        NULL);
}

void CFrameWnd::ShowWindow(int nCmdShow)
{
    ::ShowWindow(hWnd, nCmdShow);
}

void CFrameWnd::UpdateWindow()
{
    ::UpdateWindow(hWnd);
}
//--------------------------------------------------------------------------
```

代码中函数 UpdateWindow( )和 ShowWindow( )前面的符号"::"是域作用符,如果在符号的前面是空白则表明其后的函数是系统函数。因为这里的两个函数是 Windows 的两个 API 函数,UpdateWindow( )和 ShowWindow( )不属于任何类,所以在这里用域作用符说明它们是系统函数。

2.1.2　应用程序类的声明

如果把主函数中的整个函数体作为一个对象,并把它叫做应用程序,则还应该声明一个应用程序类,并命名为 CWinApp。

在应用程序类中,除了应该有一个窗口类的对象 m_pMainWnd 作为类的数据成员之外,这个类还应该有两个函数成员 InitInstance( )和 Run( )。成员函数 InitInstance( )通过调用窗口类的成员函数来完成窗口对象 m_pMainWnd 的注册、创建、显示等工作。而成员函数 Run( )则用来完成消息循环的工作。下面的代码就是应用程序类 CWinApp 的声明。

```
//应用程序类的声明--------------------------------------------------------------
class CWinApp
{
public:
    CFrameWnd * m_pMainWnd;
public:
    BOOL InitInstance(int nCmdShow);
```

```
    int Run();
    ~CWinApp();
};


//应用程序类成员函数--------------------------------------------------------
BOOL CWinApp::InitInstance(int nCmdShow)
{
    m_pMainWnd=new CFrameWnd;
    m_pMainWnd->Create(NULL,"封装的 Windows 程序");    //创建窗口
    m_pMainWnd->ShowWindow(nCmdShow);                  //显示窗口
    m_pMainWnd->UpdateWindow();                        //更新窗口显示
    return TRUE;
}


int CWinApp::Run()
{
    while(GetMessage(&msg, NULL, 0, 0))
    {
        TranslateMessage(&msg);
        DispatchMessage(&msg);
    }
    return msg.wParam;
}


CWinApp::~CWinApp(){ delete m_pMainWnd; }
//--------------------------------------------------------------------------
```

2.1.3　主函数封装后的程序

在上面这两个类的支持下，Windows 程序的设计就相当简单了：先定义一个 CWinApp 类的全局对象 theApp,然后在主函数中按照顺序逐个地调用对象 theApp 的成员函数。本书例 1-3 的程序经类封装后的代码为：

```
//程序员定义的 CWinApp 类的全局对象 theApp --------------------------------
CWinApp theApp;


//主函数--------------------------------------------------------------------
int APIENTRY WinMain(HINSTANCE    hInstance,
                     HINSTANCE    hPrevInstance,
                     LPSTR        lpCmdLine,
                     int          nCmdShow)
{
    int ResultCode=-1;
    theApp.InitInstance(nCmdShow);
```

```
        return ResultCode=theApp.Run();
}
//--------------------------------------------------------------------------------
```

例 2-1　对本书例 1-3 的程序用 C++ 类封装之后的完整程序清单。

```
//需要包含的头文件------------------------------------------------------
#include<windows.h>
//定义全局变量和函数----------------------------------------------------
HINSTANCE hInst;
HINSTANCE hInstance;
MSG msg;
char lpszClassName[]="window_class";
char * ShowText;
//声明函数原型----------------------------------------------------------
LRESULT CALLBACK WndProc(HWND, UINT,
                            WPARAM, LPARAM);       //窗口函数
void OnLButtonDown(HWND hWnd, UINT message,
                    WPARAM wParam, LPARAM lParam);
void OnPaint(HWND hWnd, UINT message,
                    WPARAM wParam, LPARAM lParam);
void OnDestroy(HWND hWnd, UINT message,
                    WPARAM wParam, LPARAM lParam);
//声明窗口类------------------------------------------------------------
class CFrameWnd
{
public:
    HWND hWnd;
public:
    int RegisterWindow();
    void Create(LPCTSTR lpClassName,
                LPCTSTR lpWindowName
                );
    void ShowWindow(int nCmdShow);
    void UpdateWindow();
};
//窗口类成员函数的实现--------------------------------------------------
int CFrameWnd::RegisterWindow()
{
    WNDCLASS wc;
    wc.style=0;
    wc.lpfnWndProc=WndProc;
    wc.cbClsExtra=0;
    wc.cbWndExtra=0;
    wc.hInstance=hInstance;
    wc.hIcon=LoadIcon(NULL,IDI_APPLICATION);
```

```
        wc.hCursor=LoadCursor(NULL,IDC_ARROW);
        wc.hbrBackground=(HBRUSH)GetStockObject(WHITE_BRUSH);
        wc.lpszMenuName=NULL;
        wc.lpszClassName=lpszClassName;
        return RegisterClass(&wc);
    }
    void CFrameWnd::Create(LPCTSTR lpClassName,
                             LPCTSTR lpWindowName)
    {
        RegisterWindow();
        hInst=hInstance;
        hWnd=CreateWindow(lpszClassName,
                          lpWindowName,
                          WS_OVERLAPPEDWINDOW,
                          CW_USEDEFAULT,
                          0,
                          CW_USEDEFAULT,
                          0,
                          NULL,
                          NULL,
                          hInstance,
                          NULL);
    }
    void CFrameWnd::ShowWindow(int nCmdShow)
    {
        ::ShowWindow(hWnd, nCmdShow);
    }
    void CFrameWnd::UpdateWindow()
    {
        ::UpdateWindow(hWnd);
    }


    //声明应用程序类-----------------------------------------------------------------------------
    class CWinApp
    {
    public:
        CFrameWnd * m_pMainWnd;
    public:
        BOOL InitInstance(int nCmdShow);
        int Run();
        ~CWinApp();
    };
    //应用程序类成员函数的实现 ---------------------------------------------------------------
    BOOL CWinApp::InitInstance(int nCmdShow)
    {
        m_pMainWnd=new CFrameWnd;
```

```
    m_pMainWnd->Create(NULL,"封装的 Windows 程序");
    m_pMainWnd->ShowWindow(nCmdShow);
    m_pMainWnd->UpdateWindow();
    return TRUE;
}
int CWinApp::Run()
{
    while(GetMessage(&msg, NULL, 0, 0))
    {
        TranslateMessage(&msg);
        DispatchMessage(&msg);
    }
    return msg.wParam;
}
CWinApp::~CWinApp(){ delete m_pMainWnd; }

//程序员定义的 WinApp 对象 theApp ------------------------------------------------
CWinApp theApp;
//主函数--------------------------------------------------------------------------
int APIENTRY WinMain(HINSTANCE     hInstance,
                     HINSTANCE     hPrevInstance,
                     LPSTR         lpCmdLine,
                     int           nCmdShow)
{
    int ResultCode=-1;
    theApp.InitInstance(nCmdShow);
    return ResultCode=theApp.Run();
}
//窗口函数的实现-----------------------------------------------------------------
LRESULT CALLBACK WndProc(HWND hWnd, UINT message,
WPARAM wParam, LPARAM lParam)
{
    switch(message)
    {
    case WM_LBUTTONDOWN:
        OnLButtonDown(hWnd, message, wParam, lParam);
        break;
    case WM_PAINT:
        OnPaint(hWnd, message,wParam, lParam);
        break;
    case WM_DESTROY:
        OnDestroy(hWnd, message, wParam, lParam);
        break;
    default:
```

```
            return DefWindowProc(hWnd, message, wParam, lParam);
    }
    return 0;
}
void OnLButtonDown(HWND hWnd, UINT message,
                WPARAM wParam, LPARAM lParam)
{
    ShowText="Hello!";
    InvalidateRect(hWnd,NULL,1);
}
void OnPaint(HWND hWnd, UINT message,
                WPARAM wParam, LPARAM lParam)
{
    PAINTSTRUCT ps;
    HDC hdc;
    hdc=BeginPaint(hWnd, &ps);
    TextOut(hdc,50,50,ShowText,6);
    EndPaint(hWnd, &ps);
}
void OnDestroy(HWND hWnd, UINT message,
                WPARAM wParam, LPARAM lParam)
{
    PostQuitMessage(0);
}
//------------------------------------------------------------------------
```

例 2-1 应用程序运行后的结果如图 2-1 所示。

从程序中可以看出，如果把窗口类 CFrameWnd
和应用程序类 CWinApp 预先定义后，内置在一个类库
中。那么，其他程序设计人员就可以直接使用这些类
来定义对象，而没有必要自己再来声明类。更进一步，
如果再制作一个程序的自动创建器（程序设计向导），
把主函数也自动创建出来，那么程序员的工作就剩
下两项了，即定义一个应用程序类的全局对象
theApp 和编写窗口函数。显然，这样就可以大大地
减轻程序设计人员的工作量。

图 2-1   例 2-1 应用程序运行结果

2.2   派生类的应用

从例 2-1 可以看到，如果 Windows 应用程序设计所需要的类由系统提供，主函数由
程序向导生成，那么程序员的工作量确实是少多了，但是其代价是程序设计的灵活性也变
差了，很难实现一些应用程序的个性化要求。例如，要改变窗口标题栏的文本，则需要改

写系统提供的窗口类成员函数,显然这不是一个好方法。因此,必须想一个既不改动系统提供的代码,又能解决问题的办法。

解决这个问题的一个有效途径,就是利用 C++ 类的继承性和多态性,让程序员在现有类的基础上派生自己的类。这样,程序员就可以在派生类中根据自己的需要添加数据成员和函数成员,也可以通过对基类的函数进行重新定义(重写)的手段来满足不同的需要。

2.2.1　应用程序类的派生类

1. 虚函数的应用

为了程序员可以在派生类中重新定义基类的某些成员函数,在基类中应该把这些成员函数声明为虚函数,即充分利用 C++ 类的多态性来解决用户的多样性要求。例如,可以把应用程序类 CWinApp 的成员函数 InitInstance 声明为虚函数。这样,程序员就可以在 CWinApp 的派生类中通过重写 InitInstance 的方法来满足某些特殊要求。

例 2-2　用 CWinApp 的派生类 CMyApp 编写的程序。

把例 2-1 中的代码做以下修改:

```
// CWinApp 类的声明-----------------------------------------------------------
class CWinApp
{
public:
    CFrameWnd * m_pMainWnd;
public:
    virtual BOOL InitInstance (int nCmdShow);      //声明为虚函数
    int Run ( );
    ~CWinApp ( );
};
//由 CWinApp 类派生 CMyApp 类----------------------------------------------
class CMyApp:public CWinApp
{
public:
    BOOL InitInstance(int nCmdShow);                 //重新定义 InitInstance 函数
};
//重新定义的成员函数 InitInstance -----------------------------------------
CMyApp::InitInstance(int nCmdShow)
{
  m_pMainWnd=new CFrameWnd;
  m_pMainWnd->Create(NULL,"用新的 InitInstance 函数的程序");
  m_pMainWnd->ShowWindow(nCmdShow);
  m_pMainWnd->UpdateWindow( );
  return TRUE;
}
//用类 CMyApp 定义全局程序对象 theApp -----------------------------------
```

```
CMyApp theApp;
```

修改后程序的运行结果见图 2-2。在图中可以看到，窗口标题栏的文本与例 2-1 运行后窗口标题栏的文本不同。

2. 获得应用程序对象指针的函数

在前面已经看到，为了在主函数中使用应用程序类的对象，程序员必须在主函数之前定义一个应用程序类派生类的全局对象：theApp。本来标识符的定义应该是程序员的权力，不应该受什么限制，即不应该限定为theApp。但是，MFC 希望程序的主函数能由系统自动生成，而自动生成的标识符是不可能变化的。

图 2-2　例 2-2 应用程序运行结果

为解决这个问题，在应用程序类 CWinApp 的声明中，增加一个数据类型为 CWinApp * 的数据成员 m_pCurrentApp。并在类的构造函数中，把指向对象的 this 指针赋予这个数据成员。即这个类一旦创建了对象，则在对象中就有了一个指向自己的指针，这样就可以通过这个指针给对象起别名。具体做法为：

在 CWinApp 的声明中增加如下代码。

```
class CWinApp
{
Public:
    CWinApp * m_pCurrentApp;                //定义指针
public:
    CWinApp();                              //构造函数
……
};
CWinApp::CWinApp(){ m_pCurrentApp=this;}   //在构造函数中给指针赋值
```

这样，当程序员定义了一个应用程序对象（例如对象名为 MyApp）后，m_pCurrentApp 就指向这个对象。为了能获得这个对象，则应该再设计一个能获得应用程序类对象指针的全局函数 AfxGetApp( )：

```
CWinApp * AfxGetApp()
{
    return MyApp.m_pCurrentApp;
}
```

这样，如果在自动生成的主函数中定义的 CWinApp * 类型的指针名称为 pApp，则令 pApp=AfxGetApp( )，这样用户定义的对象 MyApp 在主函数中就变为 pApp，当然在主函数就用 theApp 来调用对象的各个成员函数了。但是要记住，pApp 是个指针，不是对象名，所以在调用对象成员时，在标识 pApp 的后面用"—>"，不是用"."。改编后的主函数代码如下：

```
//程序员定义的 WinApp 的对象 MyApp ------------------------------------------------------
CWinApp MyApp;
```

```
//主函数-----------------------------------------------------------------
int APIENTRY WinMain(HINSTANCE    hInstance,
                     HINSTANCE    hPrevInstance,
                     LPSTR        lpCmdLine,
                     int          nCmdShow)
{
    CWinApp * pApp;
    pApp=AfxGetApp();
    int ResultCode=-1;
    pApp->InitInstance(nCmdShow);
    return ResultCode=pApp->Run();
}
```

2.2.2 窗口类的派生类

既然使用派生类有如上诸多好处,于是派生窗口类也就是顺理成章的事情了。这个问题留给读者自己去做,在这里只说明在使用窗体派生类对象时应注意的问题。

由于在应用程序类 CWinApp 中定义的窗体对象 m_pMainWnd 是 CFrameWnd 类型的,而现在要用 CFrameWnd 的派生类来定义窗体对象。因此,在应用程序类派生类中的 InitInstance 函数中,需要先定义一个窗体的派生类对象,然后再把它赋给 m_pMainWnd。

例 2-3 应用了窗体和应用程序类的派生类的完整程序清单。

```
//需要包含的头文件------------------------------------------------------
#include <windows.h>
//定义全局变量和函数----------------------------------------------------
HINSTANCE hInst;
HINSTANCE hInstance;
MSG msg;
char lpszClassName [ ]="window_class";
char * ShowText;
//声明函数原型----------------------------------------------------------
LRESULT CALLBACK WndProc(HWND, UINT,
                  WPARAM, LPARAM);    //窗口函数
void OnLButtonDown(HWND hWnd, UINT message,
                  WPARAM wParam, LPARAM lParam);
void OnPaint(HWND hWnd, UINT message,
                  WPARAM wParam, LPARAM lParam);
void OnDestroy(HWND hWnd, UINT message,
                  WPARAM wParam, LPARAM lParam);
//窗口类----------------------------------------------------------------
class CFrameWnd
{
public:
```

```
    HWND hWnd;
public:
    int RegisterWindow( );
    void Create(LPCTSTR lpClassName,
            LPCTSTR lpWindowName
            );
    void ShowWindow(int nCmdShow);
    void UpdateWindow( );
};
//窗口类的成员函数-----------------------------------------------------------------------
int CFrameWnd::RegisterWindow( )
{
    WNDCLASS wc;
    wc.style=0;
    wc.lpfnWndProc=WndProc;
    wc.cbClsExtra=0;
    wc.cbWndExtra=0;
    wc.hInstance=hInstance;
    wc.hIcon=LoadIcon(NULL, IDI_APPLICATION);
    wc.hCursor=LoadCursor(NULL,IDC_ARROW);
    wc.hbrBackground=(HBRUSH)GetStockObject(WHITE_BRUSH);
    wc.lpszMenuName=NULL;
    wc.lpszClassName=lpszClassName;
    return RegisterClass(&wc);
}
void CFrameWnd::Create(LPCTSTR lpClassName,
                        LPCTSTR lpWindowName)
{
    RegisterWindow( );
    hInst=hInstance;
    hWnd=CreateWindow (lpszClassName,
                    lpWindowName,
                    WS_OVERLAPPEDWINDOW,
                    CW_USEDEFAULT,
                    0,
                    CW_USEDEFAULT,
                    0,
                    NULL,
                    NULL,
                    hInstance,
                    NULL);
}
void CFrameWnd::ShowWindow(int nCmdShow)
{
```

```
        ::ShowWindow(hWnd, nCmdShow);
}
void CFrameWnd::UpdateWindow()
{
        ::UpdateWindow( hWnd );
}


//应用程序类-------------------------------------------------------------------------------
class CWinApp
{
public:
        CWinApp * m_pCurrentWinApp;
public:
        CWinApp();
        ~CWinApp();
public:
        CFrameWnd * m_pMainWnd;
public:
        virtual BOOL InitInstance(int nCmdShow);
        int Run();
};


CWinApp::CWinApp()
{ m_pCurrentWinApp=this; }


BOOL CWinApp::InitInstance(int nCmdShow)
{
    m_pMainWnd=new CFrameWnd;
    m_pMainWnd->Create(NULL,"封装的 Windows 程序");
    m_pMainWnd->ShowWindow(nCmdShow);
    m_pMainWnd->UpdateWindow();
    return TRUE;
}
int CWinApp::Run()
{
    while (GetMessage(&msg, NULL, 0, 0))
    {
        TranslateMessage(&msg);
        DispatchMessage(&msg);
    }
    return msg.wParam;
}
CWinApp::~CWinApp() { delete m_pMainWnd; }
//程序员派生的窗口类------------------------------------------------------------------
```

```
class CMyWnd:public CFrameWnd
{
};

//由程序员自 CWinApp 类派生的 CMyApp 类----------------------------------------
class CMyApp:public CWinApp
{
public:
    BOOL InitInstance(int nCmdShow);
};
//派生类 CMyApp 的成员函数----------------------------------------
CMyApp::InitInstance(int nCmdShow)
{
    CMyWnd * pMainWnd;
    pMainWnd=new CMyWnd;      //应用窗体的派生类定义窗体对象
    pMainWnd->Create(NULL,"应用窗体的派生类的程序");
    pMainWnd->ShowWindow(nCmdShow);
    pMainWnd->UpdateWindow();
    m_pMainWnd=pMainWnd;      //把 CMyWnd 类的对象赋给 m_pMainWnd
    return TRUE;
}

//程序员定义的 CWinApp 的对象 MyApp----------------------------------------
CMyApp MyApp;

//全局函数 AfxGetApp()----------------------------------------
CWinApp * AfxGetApp()
{
    return MyApp.m_pCurrentWinApp;
}

//主函数----------------------------------------
int APIENTRY WinMain(HINSTANCE    hInstance,
                     HINSTANCE    hPrevInstance,
                     LPSTR        lpCmdLine,
                     int          nCmdShow)
{
    int ResultCode=-1;
    CWinApp * pApp;
    pApp=AfxGetApp();
    pApp->InitInstance(nCmdShow);
    return ResultCode=pApp->Run();
}
//窗口函数的实现----------------------------------------
LRESULT CALLBACK WndProc(HWND hWnd, UINT message,
WPARAM wParam, LPARAM lParam)
```

```
{
    switch(message)
    {
    case WM_LBUTTONDOWN:
        OnLButtonDown(hWnd, message, wParam, lParam);
        break;
    case WM_PAINT:
        OnPaint(hWnd, message,wParam, lParam);
        break;
    case WM_DESTROY:
        OnDestroy(hWnd, message, wParam, lParam);
        break;
    default:
        return DefWindowProc(hWnd, message, wParam, lParam);
    }
    return 0;
}
void OnLButtonDown(HWND hWnd, UINT message,
                   WPARAM wParam, LPARAM lParam)
{
    ShowText="Hello!";
    InvalidateRect( hWnd,NULL,1 );
}
void OnPaint( HWND hWnd, UINT message,
                   WPARAM wParam, LPARAM lParam )
{
    PAINTSTRUCT ps;
    HDC hdc;
    hdc=BeginPaint(hWnd, &ps);
    TextOut(hdc,50,50,ShowText,6);
    EndPaint(hWnd, &ps);
}
void OnDestroy(HWND hWnd, UINT message,
                   WPARAM wParam, LPARAM lParam )
{
    PostQuitMessage(0);
}
//--------------------------------------------------------------------------------
```

2.3　窗口函数的封装——消息映射

在 Windows 程序运行过程中,程序必须对用户或者系统所发生的消息进行相应的处理。所以,程序在从消息队列中取得消息后,必须能找到消息所对应的处理程序。在 Windows SDK 程序中,用窗口函数的 switch-case 结构来查找消息处理程序,而 MFC 程序则希望把每个 case 中的消息的处理程序段作为一个函数——消息处理函数，把它们封装在各个类中。

2.3.1 消息处理函数的简单封装

对消息处理函数封装的最简单方法，就是在窗口类中声明一个成员函数 AfxWndProc( )，然后把窗口函数 WndProc( ) 中的全部代码移放到 AfxWndProc( ) 中，最后在全局的窗口函数 WndProc( ) 中调用 AfxWndProc( )。AfxWndProc( ) 与原窗口函数 WndProc( ) 的关系及消息的流动如图 2-3 所示。

图 2-3　AfxWndProc( ) 函数与原窗口函数的关系

但这样做有一个问题，即只有封装了窗口函数的窗口类或它的派生类才具有或者继承了消息的处理能力，这和人们的愿望不大一致，因为在 Windows 应用程序中应该具有消息处理能力的类还有按钮类、对话框类、滚动条类等多种类。所以，最好把窗口函数封装在另一个类中，这样，凡是希望具有处理消息能力的类，则都可以由它来派生。

MFC 用 CCmdTarget 类封装窗口函数，而其他希望具有消息处理能力的类则以 CCmdTarget 类为基类来派生。

例 2-4　在例 2-3 程序的基础上，对消息处理函数进行简单封装的例子。

为了节省篇幅和清楚起见，在以下代码中，凡是与例 2-3 程序代码没有大的区别的，都略掉了，完整的程序清单可到清华大学出版社网站去下载。

```
//CCmdTarget-------------------------------------------------------------------
class CCmdTarget
{
public:
    int AfxWndProc(HWND, UINT, WPARAM, LPARAM);
    void On_LButtonDown(HWND, UINT, WPARAM, LPARAM);
    void On_Paint(HWND, UINT, WPARAM, LPARAM);
    void On_Destroy(HWND, UINT, WPARAM, LPARAM);
};
int CCmdTarget::AfxWndProc(HWND hWnd, UINT message,
            WPARAM wParam, LPARAM lParam)
```

```
{
    switch(message)
    {
        case WM_LBUTTONDOWN:
            On_LButtonDown(hWnd, message, wParam, lParam);
            break;
        case WM_PAINT:
            On_Paint(hWnd, message,wParam, lParam);
            break;
        case WM_DESTROY:
            On_Destroy(hWnd, message, wParam, lParam);
            break;
        default:
            return DefWindowProc(hWnd, message, wParam, lParam);
    }
    return 0;
}


void CCmdTarget::On_LButtonDown(HWND hWnd, UINT message,
                    WPARAM wParam, LPARAM lParam)
{
    ShowText="Hello! Hello!";
    InvalidateRect(hWnd,NULL,1);
}
void CCmdTarget::On_Paint(HWND hWnd, UINT message,
                    WPARAM wParam, LPARAM lParam)
{
    PAINTSTRUCT ps;
    HDC hdc;
    hdc=BeginPaint(hWnd, &ps);
    TextOut(hdc,50,50,ShowText,14);
    EndPaint(hWnd, &ps);
}
void CCmdTarget::On_Destroy(HWND hWnd, UINT message,
                    WPARAM wParam, LPARAM lParam)
{
    PostQuitMessage(0);
}


//窗口类---------------------------------------------------------------------
class CFrameWnd:public CCmdTarget{略};
//应用程序类------------------------------------------------------------------
class CWinApp{略};
//程序员派生的窗口类 CMyWnd -----------------------------------------------------
```

```
class CMyWnd:public CFrameWnd
{
};
//程序员派生的应用程序类 CMyApp ------------------------------------
class CMyApp:public CWinApp{略};
//全局对象与函数------------------------------------------------
CMyApp MyApp;                    //应用程序对象
CWinApp * AfxGetApp(){略}  //获得应用程序对象指针的全局函数
//主函数-------------------------------------------------------
int APIENTRY WinMain(HINSTANCE      hInstance,
                     HINSTANCE      hPrevInstance,
                     LPSTR          lpCmdLine,
                     int            nCmdShow)
{略}
//窗口函数-----------------------------------------------------
LRESULT CALLBACK WndProc (HWND hWnd, UINT message,
                     WPARAM wParam, LPARAM lParam)
{
    CWinApp * pApp=AfxGetApp();
    return pApp->m_pMainWnd->AfxWndProc(hWnd,
                     message, wParam,lParam);
}
//-------------------------------------------------------------
```

程序运行结果如图 2-4 所示。

其实，在 CCmdTarget 类中只有成员函数 AfxWndProc( )就可以了，其他那些具体处理某种消息的处理函数都应该是派生类的事，这里不过是要让这个例子有东西在显示器上显示，说明窗口函数的这种封装方法可行才这样做罢了。

再就是读者常常会有这样的疑问：为什么不直接把原窗口函数封装到 CCmdTarget 类中，而在类中另外再声明一个函数呢？原因很简单，接受消息的窗口函数应该与主函数一样是一个系统调用的回调函数，即它应该是一个全局函数，所以不能把原函数作为任何类的成员函数来封装，如果这样做了，系统会找不到它的。

图 2-4　例 2-4 应用程序运行结果

2.3.2　消息映射

前面对窗口函数封装方法虽然可行，但也有很多问题，其中主要的问题有两个：一个是消息处理函数通常并不在 CCmdTarget 类中，而是在它的某个派生类中；另一个是程序代码的可读性较差。当然对于第一个问题可以用虚函数来解决，但需要维护一个庞大的虚函数表，至于可读性就得另想办法了。

为了解决上述问题,可以使用第 1 章例 1-4 中所介绍的消息映射表的方法。

1. 类的消息处理函数

首先,MFC 要求程序员在声明有消息处理的类时,除了该类要以 CCmdTarget 类或其派生类为基类来派生之外,还要求对每一个需要响应的消息都要在类中声明如下形式的消息处理函数。

```
afx_msg void 消息处理函数名();
```

例如,希望某个类可以处理 3 个消息:WM_LBUTTONDOWN、WM_PAINT 和 WM_DESTROY,则在该类中就应该声明这 3 个消息处理函数。

```
afx_msg void OnLButtonDown();
afx_msg void OnDraw();
afx_msg void OnDestroy();
```

当然最后还要实现它们。

2. 类的消息映射表

与本书第 1 章例 1-4 所介绍的方法类似,在 MFC 中,消息映射表项的结构为 AFX_MSGMAP_ENTRY。AFX_MSGMAP_ENTRY 结构如下:

```
struct AFX_MSGMAP_ENTRY
{
    UINT nMessage;        //Windows 消息标识
    UINT nCode;
    UINT nID;
    UINT nLastID;
    UINT nSig;
    AFX_PMSG pfn;         //消息响应函数指针
};
```

如果类需要响应消息,则需要在类中声明一个 AFX_MSGMAP_ENTRY 类型的数组 _messageEntries[ ]来作为消息映射表。类的消息映射表如图 2-5 所示。

图 2-5　类的消息映射表

与第 1 章例 1-4 一样，MFC 也用一组宏来实现类消息映射表的声明和表项的填写（实现）。但由于 MFC 的消息映射表比较复杂，所以这些宏也就复杂得多。

3. 消息映射表

在 MFC 中，可以响应消息的类是由 CCmdTarget 为基类派生出来若干个类，这些类组成了一个类族。这个类族中的每个类都可以响应消息，这也就是说，类族中的每个类都有可能有一个类消息映射表。这就意味着 CCmdTarget 类中窗口函数的 for 循环在进行消息检索的时候，它面对的应该是所有派生类消息映射表组成的一个总表，为此类族中的各个类应该具有把自己的消息映射表添加到总表上的能力。

现在已经知道，每个类的消息映射表是一个数组，那么总表应该是什么样子呢？显然，应该是链表。于是，为了能形成总表，MFC 要求在每一个属于 CCmdTarget 类族的类中都设置一个链表节点，该节点有两个指针：一个叫做 lpEntries，指向本类消息映射表 _messageEntries；另一个叫做 pBaseMap，指向基类节点，从而使这些节点链成了一个单向链表，而链表上的每个节点都挂接了一个类的消息映射表。这样，CCmdTarget 类族中所有类的消息映射表就通过这个单向链表形成一个总表。CCmdTarget 类族的消息映射总表如图 2-6 所示，图中类的继承关系为 A 类派生了 B 类，B 类派生了 C 类，图中的虚线框为单向链表。

由于这个总表描述了整个应用程序的消息和消息处理函数的对应关系，所以这个大表在 MFC 中叫做程序消息映射表，简称为消息映射表。

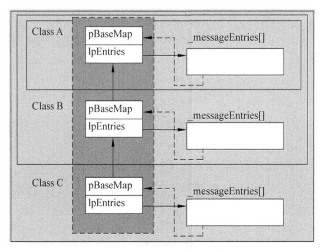

图 2-6   类族消息映射表的结构

有了这样一个消息映射表，则无论 CCmdTarget 类族中哪个类的对象接收到消息，都可以在总表中寻找消息处理函数，绝不会有任何遗漏。作为例子见图 2-7，这个例子表示了在有继承关系的两个类中依靠消息映射表寻找消息处理函数的工作过程。图 2-7 中虚线表示的是 B 类对象接收消息，且消息对应的消息处理函数在 B 的基类 A 类消息映射表的情况；而实线表示的是 B 类对象接收到消息，而消息对应的消息处理函数就在 B 类消息映射表的情况。

图 2-7　B 类接收消息后调用消息处理函数的过程

从图 2-7 中还可以看到这样一个有趣的事实：如果 B 类和 A 类都有消息所对应的处理函数的话，窗口函数执行的一定是 B 类中的消息处理函数，而不会再去执行 A 类消息处理函数，显然这就是 C++ 中虚函数的功能。那么窗口函数在消息映射总表中没有找到消息所需的处理函数怎么办呢？当然，交给系统的默认窗口函数来处理。

需要读者注意的是，MFC 在解决类似消息映射表这种包含在类中，但又具有全局意义的信息时，多次使用了这种表结构。可以说这是 MFC 的一个特点，也是读者需要借鉴之处。

2.3.3　消息映射表的声明和实现

根据上面的叙述，程序员在设计一个需要响应消息的类时，必须在类中声明一个消息映射表，而且要在类的外部实现该消息映射表（填写表的各项内容）。

为了简化程序员的工作，MFC 与第 1 章例 1-4 一样，把完成上述功能的代码封装在了若干个宏中。但是，由于这些宏不仅要把系统中各种类型的消息及其处理函数指针尽可能规范统一地填写到类消息映射表的各个表项中，而且还要负责建立链表的节点，把类的消息映射表链接到总表中，故此，MFC 的消息映射宏所承担的任务远远比第 1 章例 1-4 中的宏要复杂。这里仅介绍它们的应用，关于它们的详细情况，请参见本书的附录 C。

1. 宏 DECLARE_MESSAGE_MAP

这个宏使用在类的声明中，用来声明消息映射表。

2. 宏 BEGIN_MESSAGE_MAP

这个宏在使用类声明外，用来定义链表节点和填写链表节点中的数据，其格式为：

```
BEGIN_MESSAGE_MAP(类名称,基类名称)
```

3. ON_××××

这个宏使用在宏 BEGIN_MESSAGE_MAP( ) 的后面，依次填写类消息映射表中的各个表项。

MFC 把消息主要分为标准消息、命令消息和"Notification 消息"三大类。

标准消息的消息标识为 WM_××××形式，在使用宏来定义消息映射时其宏的形式为 ON_WM_××××，其对应的消息处理函数是系统默认的，其名称为 OnXXX。

对于标准窗口消息，程序员需要把窗口消息的宏定义写在 ON_后面，例如：

```
ON_WM_LBUTTONDOWN()
```

这个宏没有参数，系统会自动把该消息的标识 WM_LBUTTONDOWN 和对应的消息处理函数名 afx_msg OnLButtonDown 添入类消息映射表的相应位置。

表 2-1 给出了部分标准消息的消息处理函数。

表 2-1　部分标准消息的消息处理函数

消　息　宏	消息处理函数	消息的含义
ON_WM_CHAR( )	afx_msg OnChar	键盘输入字符
ON_WM_CLOSE( )	afx_msg OnClose	窗口关闭
ON_WM_CREATE( )	afx_msg OnCreate	窗口建立
ON_WM_DESTROY( )	afx_msg OnDestroy	窗口销毁
ON_WM_LBUTTONDOWN( )	afx_msg OnLButtonDown	鼠标左键按下
ON_WM_LBUTTONUP( )	afx_msg OnLButtonUp	鼠标左键释放
ON_WM_MOUSEMOVE( )	afx_msg OnMouseMove	鼠标移动

命令消息 WM_COMMAND 是来自菜单、工具条按钮、加速键等用户接口对象的 WM_COMMAND 通知消息，属于应用程序自己定义的消息，系统没有标准的标识和默认的消息处理函数，所以用宏来实现命令消息映射时，其格式与标准消息有所不同。其一般格式为：

```
ON_COMMAND(<消息标识>, <对应的消息处理函数>)
```

例如：

```
ON_COMMAND( IDM_FILENEW,    OnFileNew )
ON_COMMAND( IDM_FILEOPEN,   OnFileOpen )
ON_COMMAND( IDM_FILESAVE,   OnFileSave )
```

Notification 消息是由按钮、文本编辑框等控件产生的消息，由于控件的种类很多，因此实现消息映射宏的格式也不尽相同。例如，对于按钮控件（Button）的单击事件消息映射的实现宏为：

```
ON_BN_CLICKED(<消息标识>, <对应的消息处理函数>)
```

对于组合框控件（ComboBox）的双击事件消息映射的实现宏为：

```
ON_CBN_DBLCLK(<消息标识>, <对应的消息处理函数>)
```

对于文本编辑框控件(Edit)的双击事件消息映射的实现宏为:

```
ON_EN_DBLCLK(<消息标识> , <对应的消息处理函数>)
```

4. END_MESSAGE_MAP

消息处理函数表的结束宏,是表示消息映射表结束的标志。

例 2-5　用 MFC 类库设计的含有消息映射的 Windows 应用程序。

(1) 在 Visual C++ 环境中,选择菜单 File|New 选项,在 New 对话框的 Projects 选项卡中,选择 Win32 Application 选项,建立工作空间。

(2) 再在 Visual C++ 环境中,选择菜单 File|New 选项,在 New 对话框的 Files 选项卡中选择建立一个 C++ 源文件。

(3) 在源文件中输入如下代码:

```cpp
//需要包含的头文件-----------------------------------------------------
#include<afxwin.h>
//由 CFrameWnd 派生的 CMyWnd 类--------------------------------------
class CMyWnd:public CFrameWnd
{
private:
    char * ShowText;                    //声明一个字符串为数据成员
public:
    afx_msg void OnPaint();             //声明 WM_PAINT 消息处理函数
    afx_msg void OnLButtonDown();       //鼠标左键按下消息处理函数
    DECLARE_MESSAGE_MAP()               //声明消息映射
};
//消息映射的实现-----------------------------------------------------
BEGIN_MESSAGE_MAP(CMyWnd,CFrameWnd)
    ON_WM_PAINT()
    ON_WM_LBUTTONDOWN()
END_MESSAGE_MAP()
//WM_PAINT 消息处理函数的实现-------------------------------------
void CMyWnd::OnPaint()
{
    CPaintDC dc(this);
    dc.TextOut(20,20,ShowText);
}
//WM_LBUTTONDOWMT 消息处理函数的实现--------------------------------
void CMyWnd::OnLButtonDown()
{
    ShowText="有消息映射表的程序";          //当鼠标按下时输入字符串
    InvalidateRect(NULL,TRUE);             //通知更新
}
//程序员由 CWinApp 派生的应用程序类-----------------------------------
class CMyApp:public CWinApp
```

```
{
public:
    BOOL InitInstance();
};
BOOL CMyApp::InitInstance()
{
    CMyWnd * pMainWnd=new CMyWnd;
    pMainWnd->Create(0,"MFC");
    pMainWnd->ShowWindow(m_nCmdShow);
    pMainWnd->UpdateWindow();
    m_pMainWnd=pMainWnd;
    return TRUE;
}
//定义 CMyApp 的对象 MyApp----------------------------
CMyApp MyApp;
//--------------------------------------------------
```

（4）在编译程序之前，需要选用菜单 Project |
Settings 选项，打开 Project Setting 对话框，在其中选
择使用 MFC 类库（动态、静态都可以）。

例 2-5 应用程序运行后结果如图 2-8 所示。

图 2-8　例 2-5 应用程序的运行结果

小　结

- CWinApp 类是 MFC 对 Windows 主函数的封装，通过派生 CWinApp 可以得到自己的应用程序类，在应用程序类中主要实现了全局初始化操作（如注册窗口类等），应用程序类创建了主窗口后便进入了消息循环。
- 应用程序的主窗口一般都是 CFrameWnd 的派生类，可以通过派生该类得到自己的主窗口类。
- Windows 应用程序的窗口函数封装到 CCmdTarget 类中，所有希望响应消息的类都应该以 CCmdTarget 为基类来派生。
- MFC 是用消息映射表来实现消息与消息响应函数之间的映射的。MFC 通过宏来声明和实现消息映射表。MFC 的这种表驱动的机制使消息处理结构变得更加清晰、明了。
- 例 2-5 是本书第一个真正使用 MFC 类库编写的 Windows 应用程序，在编写这种程序时，包含的头文件为 afxwin.h。

练　习　题

2-1　在窗口类 CFrameWnd 中需要封装哪些成员？
2-2　应用程序类 CWinApp 应该具备哪些主要功能？

2-3　在 MFC 程序设计中,如果要建立拥有自己风格的主窗口,应该重写什么函数?

2-4　什么是消息映射表?

2-5　查看 MFC 的源代码,理解 MFC 的消息映射机制。

思　考　题

能否将窗口封装成多个类? 如果可以的话,应该怎样做?

第 **3** 章

CHAPTER

MFC 应用程序框架

如果把设计 Windows 应用程序框架所需要的 API 函数和数据封装成类，便可以利用类的继承性实现代码的重用，并在派生过程中对它进行必要的改造，从而快速地获得所需要的类，提高应用程序框架的开发效率。MFC 正是满足上述要求的一个类库，它有一组专门的类，可以快速创建应用程序的框架。

本章主要内容：

* MFC 的基本应用程序框架类。
* Windows 应用程序的文档/视图结构。
* 文档/视图结构的应用程序框架类。
* 对象的动态创建。

3.1　早期的应用程序框架及其 MFC 类

早期的 MFC，就像第 2 章所介绍的那样，在应用程序类中嵌入一个窗口类对象就构成了程序的框架。尽管这种应用程序框架比较简单，但是它体现了 MFC 程序的主体结构，并且它的一些类仍然是当前复杂应用程序框架的基本类，因此，从学习的角度来说，了解早期的 MFC 应用程序框架仍然是必要的。

3.1.1　早期的应用程序框架

早期 MFC 应用程序框架结构与第 2 章例 2-3 的程序结构基本相同。应用程序框架由两个对象组成：应用程序类 CWinApp 的派生类对象和窗口类 CFrameWnd 的派生类对象，后者作为一个成员对象嵌在前者之中，如图 3-1 所示。图中，CMyApp 是应用程序类 CWinApp 的派生类；而 CMyWnd 是窗口类 CFrameWnd 的派生类。

在应用程序主函数 WinMain( )中，CWinApp 派生类的对象 theApp 通过调用自己的各个成员函数来完成程序的初始化及消息循环等一系列工作。在 CWinApp 成员函数 InitInstance( )中形成应用程序的主窗口对象 pMainWnd（类 CMyWnd 的对象），在完成窗口的创建和显示后，主窗口对象 pMainWnd 将被赋给 CWinApp 的成员 m_pMainWnd。

图 3-1　MFC 程序的基本结构

3.1.2　MFC 的窗口类

窗口类 CFrameWnd 是一个重要的类，它的对象通常就是应用程序的主窗口。因此，作为程序设计人员，必须对它和它的基类有一个比较清楚的了解。

在 MFC 类库中的类大多都有一个较长的族系，窗口类 CFrameWnd 也一样，它由基类 CObject 经 CCmdTarget、CWnd 派生而来，它与它的基类之间的继承关系见图 3-2。

1. CObject 类

仔细观察 MFC 类的层次结构可以发现，在类族中有相当一部分类的共同基类是 CObject 类。

图 3-2　窗口类在类族中的位置

CObject 类为其派生类不仅提供了程序调试诊断信息输出通用功能，并且还对运行期对象类型识别（RTTI）、对象的动态创建、对象的序列化提供了相应的支持。因此，凡是需要具有上述功能的类，必须以 CObject 或其派生类为基类来派生（CObject 类的详细信息请参见附录 E）。

2. CCmdTarget 类

为了支持消息处理,MFC 以 CObject 类为基类派生了 CCmdTarget 类,并在这个类中封装了窗口函数,因此凡是希望具有处理 Windows 消息的能力的类都必须以 CCmdTarget 类或其派生类为基类来派生。

3. CWnd 类

Windows 把应用程序窗口界面上的许多图形元素,例如,控制栏、对话框、视图、属性页和控件等,都看作是子窗口。为了对这些窗口类提供应有的通用属性和方法。MFC 以 CCmdTarget 类为基类派生了 CWnd 类。所以,凡是以窗口形式(方形)为外观并且可以响应消息的类(例如,按钮类 CButton、滚动条类 CScrollBar 等),它们的基类都是 CWnd 类。CWnd 类的部分成员函数见表 3-1。

表 3-1　CWnd 类的部分成员函数

函　　　数	说　　　明
Create( )	创建一个子窗口
EnableWindow( )	使窗口的鼠标和键盘输入有效
ModifyStyle( )	改变窗口的样式
MoveWindow( )	改变窗口的位置和大小
PreCreateWindow( )	在程序显示窗口之前改变窗口的样式
SetWindowText( )	设置窗口标题的文本
ShowWindow( )	显示或隐藏窗口

4. CFrameWnd 类

应用程序窗口类 CFrameWnd 是一个特殊的 CWnd 类,它或它的派生类对象要承担应用程序主窗口的任务,所以它除了需要 CWnd 类的一些通用功能之外,还需要一些特殊功能,因此它由 CWnd 类派生。由于按钮、滚动条、菜单条这些子窗口都放置在主窗口之上,所以它也是其他子窗口对象的容器。

3.1.3　CWinApp 类

MFC 希望把程序的主函数的函数体部分也作为一个对象来处理,为此提供了应用程序类 CWinApp,它在 MFC 类族中的位置见图 3-3。由图中可见,CWinApp 类具有 CObject 类和 CCmdTarget 类的全部特性。为了支持 Windows 多线程工作方式,MFC 在 CCmdTarget 和 CWinApp 类之间构建了一个线程类 CWinThread。这个线程类 CWinThread 中封装了一些用于线程管理的功能函数。

值得程序设计人员注意的是,MFC 把原来在 CWinApp 类中定义的 CWnd * 类型的数据成员

图 3-3　应用程序类在类族中的位置

m_pMainWnd(程序的主窗口对象)放在 CWinThread 类中来定义了，所以在 CWinApp 类声明中看不到这个对象。

除此之外，CWinApp 类中还有三个可以重写的虚成员函数 InitApplication( )、InitInstance( )和 Run( )。其中，成员函数 InitInstance( )是为程序创建窗口和显示窗口所设置的。因此在设计程序时，必须在 CWinApp 类的基础上派生出自己的应用程序类，并对函数 InitInstance 进行重写，以实现对窗口的不同的要求。例如：

```
class MyApp:public CWinApp            //由 CWinApp 派生自己的应用程序类
{
public:
    BOOL InitInstance( );
};
MyApp theApp;
BOOL MyApp::InitInstance( )           //重写 InitInstance
{
    由程序员编写的窗口创建代码；
}
```

3.2　最简单的 MFC 程序实例

为了更清楚地了解 MFC 的应用程序框架类及开发这种应用程序的步骤，下面给出了一个实例。

3.2.1　程序的编写

例 3-1　使用早期 MFC 应用程序框架类设计的一个最简单的 Windows 应用程序，它只创建了一个窗口。

具体设计步骤如下：

(1) 选择 VC++ 的菜单 File|New 选项，打开 New 对话框。选择 Projects 选项卡。在左下小窗口中选择 Win32 平台，在 Project name(工程名)文本框中添入工程名称，例如 MyApp，然后在 Location 文本框中选择工作目录，再选择工程类型为 Win32 Application (见图 3-4)，最后单击 OK 按钮。这样就在编程环境中建立了一个空的工作空间。

(2) 第二次选择 VC++ 的菜单 File|New 选项，使用 Files 选项卡，在 File 文本框中添入文件名称(MyApp)，选择 Add to project 复选项。然后在右窗口中选择文件类型 C++ Source File，最后单击 OK 按钮，这样 VC++ 就提供了一个空白的 C++ 源文件，参见图 3-5。

(3) 在文件中写入如下代码。

```
#include <afxwin.h>
//由 CWinApp 派生的应用程序类声明
class MyApp : public CWinApp
```

图 3-4　创建工作空间

图 3-5　向工程加入源文件

```
{
public:
    BOOL InitInstance( );                    //声明 InitInstance( )函数
};
//定义应用程序类的全局对象
MyApp theApp;
//InitInstance 函数的实现
MyApp::InitInstance( )
{
    CFrameWnd * pMainWnd=new CFrameWnd;      //创建窗口框架类的对象
    pMainWnd->Create(NULL, "Basic MFC Application");
    pMainWnd->ShowWindow(m_nCmdShow);        //显示窗口
    pMainWnd->UpdateData( );
    m_pMainWnd=pMainWnd;
    return TRUE;
}
```

（4）选择菜单 Project | Settings 选项，在出现的 Project Settings 对话框中，打开
Setting For 下拉列表，在表中选择 All Configurations。在 General 选项卡的 Microsoft
Foundation Classes 下拉列表中选择 Use MFC in a Static Library 来指定工程使用静态
MFC 类库，如图 3-6 所示。

图 3-6　设置工程选项

（5）按下 Ctrl＋F5 键，系统将会编译、链接并运行该程序。这个程序运行后将会出
现一个窗口。

3.2.2　程序主函数的代码

在前面的源文件中，没有看到主函数，那么主函数哪里去了呢？主函数是自动生成
的。其代码为：

```
AFXAPI AfxWinMain( HINSTANCE hInstance,
                   HINSTANCE hPrevInstance,
                   LPTSTR lpCmdLine,
                   int nCmdShow)
{
        ASSERT(hPrevInstance==NULL);
        int nReturnCode=-1;
        CWinThread * pThread=AfxGetThread();
        CWinApp * pApp=AfxGetApp();        //获得程序的指针
        if (!AfxWinInit(hInstance, hPrevInstance, lpCmdLine, nCmdShow))
            goto InitFailure;
        if (pApp!=NULL && !pApp->InitApplication())
            goto InitFailure;

        if (!pThread->InitInstance())    //初始化
        {
            if (pThread->m_pMainWnd!=NULL)
            {
```

```
            TRACE0("Warning: Destroying non-NULL m_pMainWnd\n");
            pThread->m_pMainWnd->DestroyWindow( );
        }
        nReturnCode=pThread->ExitInstance( );
        goto InitFailure;
    }
    nReturnCode=pThread->Run( );          //消息循环
InitFailure:
#ifdef _DEBUG
//Check for missing AfxLockTempMap calls
    if (AfxGetModuleThreadState( )->m_nTempMapLock !=0)
    {
        TRACE1("Warning: Temp map lock count non-zero (%ld).\n",
        AfxGetModuleThreadState( )->m_nTempMapLock);
    }
    AfxLockTempMaps( );
    AfxUnlockTempMaps(-1);
#endif
    AfxWinTerm( );
    return nReturnCode;
}
```

其中,重要的语句为 CWinApp * pApp＝AfxGetApp( ),它的作用是获得由用户定义的应用程序类 MyApp 的对象 theApp;然后使用该对象由用户重写的初始化函数 InitInstance( ),并在这个函数中创建和显示程序的窗口;最后,使用 MyApp 对象的成员函数 Run( )进入消息循环。再就是要注意到主函数的名称变为 AfxWinMain。

3.3　应用程序的文档/视图结构

目前,用 MFC 设计的 Windows 应用程序几乎都采用文档/视图结构。这种新程序框架与原先简单程序框架相比,其最重要的区别是原来的应用程序主窗口对象被拆分成窗口框架类 CFrameWnd 对象、视图类 CView 对象和文档类 CDocument 对象三个对象。

由于文档/视图结构的应用程序比较复杂,因此很少有人自己去编写程序框架的代码,而是利用 Visual C++ 环境提供的应用程序设计向导 MFC AppWizard 自动生成,程序员的工作就是在这个框架的基础上根据需要来添加自己的代码。

3.3.1　文档/视图结构的基本概念

从简单应用程序框架的介绍中可以知道,窗口对象的任务极其繁重:它既要管理窗口本身的一些事务(例如,窗口的最大化、最小化、关闭、响应主菜单命令等),又要管理应用程序的数据,同时还要负责数据的显示和接受用户区的消息及处理等任务。随着应用程序规模的扩大,这个矛盾就更为突出。所以,为了减轻窗口对象的负担,分工更为明确,每个对象的任务更为专业，MFC 把早期窗口类的功能分解成 3 个部分：数据存储、管理部分，数据显示与用户交互部分，管理窗口框的大小、标题、菜单条、状态条的窗框部分。进而形成了 3 个类，即文档类 CDocument、视图类 CView 和窗口框架类 CFrameWnd。

现在，窗口框架类 CFrameWnd 只承担应用程序窗口边框那部分任务，而把程序窗口的用户区那部分功能单独分割出来构建了一个新的类 CView——视图类，由它的对象来完成数据的显示、用户区消息的响应和处理等工作；至于程序数据的存储、运算和管理等工作则交给了文档类 CDocument 对象。

在应用程序中，上面所说的 3 个对象由一个叫做文档模板的对象来统一创建和管理，使它们能够形成一个相互配合、相互协调的实体。这样，它们的分工合作就形成了一个 CDocument 对象在后台，作为应用程序的数据库；CFrameWnd 对象和 CView 对象在前台，作为应用程序界面的"后库前店"结构。

这种把数据的存储与数据的显示分开的结构，带来的最大好处是能够使一份文档（数据）可以由多个视图从不同的角度显示，从而能形成"一库多店"的结构，使得应用程序结构更加轻灵，界面更为人性化。

上面 3 个类对象之间的关系类似于房屋的窗户，窗口框架类 CFrameWnd 相当于窗框，视图类 CView 相当于窗框上的玻璃，而文档类 CDocument 就相当于室内的物品。在房屋的外面，透过玻璃可以窥见室内的部分物品。作为房屋，它可以有多个窗户从不同的角度来查看房屋中的同一物品。应用程序对象、文档模板对象、窗口框架对象、视图对象和文档对象之间的关系见图 3-7。

图 3-7　框架窗口类、视图类、文档类、文档模板、应用程序类之间的关系

应用程序类对象则是上述所有对象的容器和消息传递中心。

3.3.2　单文档界面和多文档界面结构

有两种类型的文档/视图结构程序：单文档界面（SDI）应用程序和多文档界面（MDI）应用程序。

在单文档界面程序中，用户在一个时刻只能操作一个文档，Windows 下的 NotePad 记事本程序（如图 3-8 所示）就是一个单文档界面程序的例子。在这种应用程序中，打开文档时会自动关闭当前文档，若文档修改后尚未保存，会提示是否保存所做的修改。这种程序相对比较简单，常见的应用程序有终端仿真程序和诸如杀毒软件等一些工具程序。

图 3-8　Windows 的 NotePad 记事本程序界面

多文档界面应用程序允许同时打开和操作多个文档，而且可以是不同类型的文档，如图 3-9 所示。多文档应用程序提供一个 File 菜单，用于新建、打开、保存文档。与单文档应用程序不同的是，它往往还提供一个 Close（关闭）菜单项，用于关闭当前打开的文档。

图 3-9　多文档应用程序界面

多文档应用程序还提供一个 Windows 菜单，用以对所有打开的子窗口进行管理，这个菜单包括了对子窗口的新建、关闭、层叠、平铺等操作选项。关闭一个窗口时，窗口内的文档也被自动关闭。

从图 3-9 中可以看到，多文档程序除了需要一个应用程序框架窗口外，每个文档还需要一个文档框架窗口（子窗口）。

3.4 文档类 CDocument 的派生类

程序员在用 MFC AppWizard 生成应用程序框架时，MFC AppWizard 会自动以文档类 CDocument 为基类，为应用程序派生一个类名称中含有工程名的文档类，这个派生文档类的主要代码如下（例如，工程名为 My）：

```
class CMyDoc : public CDocument
{
protected:
    CMyDoc( );
    DECLARE_DYNCREATE(CMyDoc)
public:
    virtual BOOL OnNewDocument( );
    virtual void Serialize(CArchive& ar);
    virtual ~ CMyDoc( );
    DECLARE_MESSAGE_MAP( )
};
```

可以看到，这个类基本就是一个框架，但它是应用程序的数据库，是程序员定义程序数据和对这些数据进行操作的成员函数的地方。

文档类的派生类中还准备了两个用户可以重写的虚函数，其中比较重要的是 Serialize( )函数。当用户用菜单对文件进行新建、打开、保存等操作时，应用程序会自动调用这个函数，它既负责由文件（存储在永久存储介质中的数据）读取数据，也负责向文件存储数据（参见第 9 章）。所以这个函数也是程序设计人员编码较多的地方。

例 3-2   在文档类中定义数据成员及其成员函数的实例。

```
class CMyDoc : public CDocument
{
private:
    int Array[3];                          //定义一个整型数组
protected:
    CMyDoc( );
    DECLARE_DYNCREATE(CMyDoc)
public:
    void SetMem(int i,int x);              //给数组元素赋值的成员函数
    int GetMem(int i);                     //获取数组元素值的成员函数
public:
```

```
virtual BOOL OnNewDocument();
virtual void Serialize(CArchive& ar);
virtual~CMyDoc();
DECLARE_MESSAGE_MAP()
};
CMyDoc::CMyDoc()
{
    for(int i=0;i<3;i++) Array[i]=0;          //数组元素赋初值
}
void CMyDoc::SetMem(int i,int x)              //给数组元素赋值的成员函数
{
    Array[i]=x;
}
int CMyDoc::GetMem(int i)                     //获取数组元素值的成员函数
{
    return Array[i];
}
```

　　由于文档类派生自 CCmdTarget 类,故它可以接收来自菜单或工具条发来的命令消息(WM_COMMAND 消息)。

3.5　视图类 CView 的派生类

　　视图类 CView 对象没有自己的边框,它的作用是为框架窗口提供用户区。听起来比较抽象,实际上就是把原来窗口框架类承担数据显示和接受用户对用户区操作(消息映射)的代码单独分出来,形成了一个单独的类。它的对象是应用程序与用户进行交互的界面,也是程序员编写代码最多的地方。

　　如果使用 MFC AppWizard 来创建应用程序,向导会为程序员自动生成一个含有工程名的 CView 类的派生类。例如,工程名为 My,则向导派生的视图类名称就叫做CMyView,这个类主要代码为:

```
class CMyView : public CView
{
protected:
    CMyView();
    DECLARE_DYNCREATE(CMyView)
public:
    CMyDoc * GetDocument();
    virtual void OnDraw(CDC * pDC);
    virtual BOOL PreCreateWindow(CREATESTRUCT& cs);
    protected:
     ⋮
public:
```

```
    virtual~CMyView( );
protected:
    DECLARE_MESSAGE_MAP( )
};
```

视图类有几个重要的成员函数 GetDocument( )、OnDraw( )和 PreCreateWindow( )，其中最重要的是前两个函数 GetDocument( )和 OnDraw( )。

1. GetDocument( )函数

GetDocument( )函数用于获得文档类对象的指针，因此它是视图类对象与文档类对象进行联系的通道。这个函数是视图类对象获取文档数据的重要手段，在程序设计时，视图类对象必须通过它来访问文档类对象中的数据。所以也有人把这个函数叫做"店到库的后门"。

2. OnDraw( )函数

这是一个消息处理函数，它的作用是用来更新视图的显示。系统向这个函数传递了一个指向 CDC 类对象的指针。如果把窗口用户区看成是一张画布，把 OnDraw( )函数看作是程序用来做画的画室，那么 CDC 类对象就是作画所需要使用的工具箱，它提供了画笔、画刷、调色板等绘图工具，程序员可以使用这些工具把来自文档的数据显示到窗口的画布（窗口用户区）上。

这个函数也叫做重画函数，因为当应用程序窗口出现及其大小发生变化时，系统会自动调用 OnDraw( )函数，对窗口进行重画。除此之外，其他对象也可通过发出更新视图命令的方法来产生重画消息以调用 OnDraw( )函数。

例 3-3   在 CMyView 类中的函数 OnDraw( )中，把例 3-2 在文档类中定义数组元素 Array[1]赋值为 100，并利用窗口显示时会调用函数 OnDraw( )的特点，在用户区以 Array[1]的值为边长画一个正方形。

```
//CMyView::OnDraw( )的代码为
CMyView::OnDraw(CDC * pDC)
{
    CMyDoc * pDoc=GetDocument( );                //获得文档对象
    pDoc->SetMem(1,100);                        //调用文档对象的成员函数进行赋值
    CRect rt(40,40,                             //定义一个矩形类对象
            40+pDoc->GetMem(1),40+pDoc->GetMem(1));
    pDC->Rectangle(&rt);                        //调用 CDC 类成员函数画矩形
}
```

3.6   窗口框架类 CFrameWnd 的派生类

如果使用 MFC AppWizard 来创建应用程序，向导会为程序员自动从 CFrameWnd 类派生一个叫做 CMainFrame（程序主窗口框架）的派生类。派生类 CMainFrame 的主要代码如下：

```
class CMainFrame : public CFrameWnd
{
protected:
    CMainFrame();
    DECLARE_DYNCREATE(CMainFrame)
public:
    virtual ~ CMainFrame();
protected:
    DECLARE_MESSAGE_MAP()
};
```

从上面的代码中看不出什么东西来,之所以会这样,是因为程序的数据部分已交由文档类对象负责,与用户交互的消息处理和显示已交由视图类对象负责,那么它的事情当然就不多了。所以对于一般用户来说,MFC AppWizard 自动生成的这个派生类已经由其基类继承了相当完善的功能,足够一般应用程序使用,也就没有什么工作需要用户再做的了。

当然,它还为高级程序员提供了一些可以使用的方法。为了使读者有一个概念,把 CFrameWnd 的部分代码列举如下:

```
class CFrameWnd : public CWnd
{
    DECLARE_DYNCREATE(CFrameWnd)
public:
    ⋮
    BOOL Create(…);
    CWnd * CreateView(…);                          //定义视图对象
    virtual CDocument * GetActiveDocument();        //取得活动文档对象指针
    CView * GetActiveView() const;                  //取得活动视图对象指针
    void SetActiveView(…);                          //设置活动视图对象
    virtual CFrameWnd * GetActiveFrame();           //取得活动框架对象指针
    void SetTitle(LPCTSTR lpszTitle);               //设置标题
    CString GetTitle() const;                       //获取标题
    ⋮
    CControlBar * GetControlBar(UINT nID);          //获取控制条
    ⋮
//命令处理函数
public:
    afx_msg void OnContextHelp();
    afx_msg void OnUpdateControlBarMenu(CCmdUI * pCmdUI);
    afx_msg BOOL OnBarCheck(UINT nID);
    //Windows 消息处理函数
    afx_msg void OnDestroy();
    afx_msg void OnClose();
```

```
afx_msg void OnInitMenu(CMenu *);
afx_msg void OnInitMenuPopup(CMenu *, UINT, BOOL);
  ⋮
afx_msg void OnHScroll(…);
afx_msg void OnVScroll(…);
afx_msg void OnSize(…);
  ⋮
DECLARE_MESSAGE_MAP()
friend class CWinApp;
};
```

3.7 文档模板类 CDocTemplate

为了把视图对象、框架窗口对象和文档对象组装在一起并统一管理，MFC 使用了一个叫 做 文 档 模 板 的 抽 象 类 CDocTemplate。CDocTemplate 的两个派生类：单文档模板类 CSingleDocTemplate 和多文档模板类 CMultiDoc-Template，一个用于单文档界面程序，一个用于多文档界面程序。

文档模板的类继承关系见图 3-10。

图 3-10 文档模板的类继承关系

单文档模板类的部分代码为：

```
class    CSingleDocTemplate    :
public CDocTemplate
{
     DECLARE_DYNAMIC(CSingleDocTemplate)

     //构造函数
public:
     CSingleDocTemplate(UINT nIDResource,              //程序资源标识
                        CRuntimeClass * pDocClass,      //文档
                        CRuntimeClass * pFrameClass,    //窗口框架
                        CRuntimeClass * pViewClass      //视图
                        );
  ⋮
protected:
     CDocument * m_pOnlyDoc;                            //文档指针
};
```

多文档模板类的部分代码为：

```
class CMultiDocTemplate : public CDocTemplate
```

```
{
    DECLARE_DYNAMIC(CMultiDocTemplate)
//构造函数
public:
    CMultiDocTemplate(UINT nIDResource,
                      CRuntimeClass * pDocClass,
                      CRuntimeClass * pFrameClass,
                      CRuntimeClass * pViewClass
                      );
    ⋮
protected:     //standard implementation
    CPtrList m_docList;          //文档链表
};
```

这两个派生类之间的重要区别就在于 CSingleDocTemplate 中只有一个文档指针,而在 CMultiDocTemplate 中是一个文档链表,也就是说,单文档界面应用程序每次只能打开一个文档,而多文档界面应用程序则可以同时打开多个文档。

如果是使用 MFC AppWizard 创建应用程序,向导会根据程序员的要求自动生成一个合适的文档模板对象,程序员一般不需要对它进行修改。

3.8　应用程序类的派生类

3.8.1　应用程序类派生类的代码

作为应用程序,还需要一个应用程序类对象作为上述各类对象的容器,并实现应用程序的初始化和消息循环。当使用 MFC AppWizard 生成程序时,向导会为程序员自动生成一个 CWinApp 的派生类。例如,一工程名为 My 的应用程序类的代码如下所示。

```
class CMyApp : public CWinApp
{
public:
    CMyApp();
public:
    virtual BOOL InitInstance();
    afx_msg void OnAppAbout();
    DECLARE_MESSAGE_MAP()
};
```

应用程序对象在程序运行之前由系统创建,其中的 OnAppAbout( )是在应用程序用户单击菜单【帮助】|【关于】选项时的消息处理函数。InitInstance( )是进行程序初始化工作的虚函数,程序设计人员可以通过改写进行自己的初始化工作。

由程序设计向导生成的成员函数 CMyApp∷InitInstance( )的部分代码如下:

```
BOOL CMyApp∷InitInstance()
```

```
{
    ⋮
    CSingleDocTemplate * pDocTemplate;              //声明文档模板指针
    pDocTemplate=new CSingleDocTemplate(            //创建文档模板对象
        IDR_MAINFRAME,                             //文档模板使用的资源 ID
        RUNTIME_CLASS(CMyDoc),                     //创建文档对象
        RUNTIME_CLASS(CMainFrame),                 //创建 SDI 框架窗口对象
        RUNTIME_CLASS(CMyView));                   //创建视图对象
    AddDocTemplate(pDocTemplate);                  //将文档模板加入模板链表
    ⋮
    m_pMainWnd->ShowWindow(SW_SHOW);
    m_pMainWnd->UpdateWindow();
    return TRUE;
}
```

当程序启动之后，应用程序对象首先创建文档模板，并且在文档模板的构造函数中传递了四个参数：第一个参数是文档模板使用的资源 ID，剩下的其余 3 个参数都是由宏 RUNTIME_CLASS( ) 来创建的对象。它们分别是文档对象、框架窗口对象和视图对象，是由文档模板统一管理的 3 个内嵌对象。

MDI 应用程序可以有多个文档模板，它们被连接成一个链表。所以当创建了一个文档模板对象之后，还需要调用函数 AddDocTemplate( ) 将该模板加入模板链表。请读者自行阅读 MDI 应用程序中函数 InitInstance( ) 的代码。

如果把上面的代码与早期的 MFC 程序的代码比较一下，就会看到，函数中的粗体字代码相当于第 2 章例 2-3 应用程序窗口定义的代码：

```
MyWnd * pMainWnd=new MyWnd;
pMainWnd->CreateWin();
```

即在文档/视图框架程序中，文档模板对象就相当于早期 MFC 程序中的窗口对象，只不过文档模板作为管理者把现在的文档对象、视图对象和窗口框架对象装到了一起。

3.8.2　程序员的主要工作

如果使用 MFC AppWizard 创建程序框架，向导会自动提供程序所应有的派生类，并同时定义应用程序类的全局对象和生成主函数。因此程序员的工作主要是如下几个方面：

（1）重写 CWinApp 派生类的虚函数 InitInstance( )。在这个函数中，按自己的需要创建和显示窗口。

（2）在 CDocument 的派生类中，声明程序所需的数据和对这些数据进行必要操作的接口函数。

（3）在 CView 类的派生类中编写处理消息的代码。如果在消息处理中需要文档中的数据，则应该调用该类的成员函数 GetDocument( ) 来获取文档对象，然后通过文档对

象的接口函数对文档中的数据进行操作。

(4) 在 CView 类的派生类的 OnDraw( )函数中编写窗口重绘时的代码。

(5) 用宏实现类的消息映射表。

3.9　MFC 文档/视图应用程序框架中各个对象的关系

从前面的叙述中可以知道,文档/视图应用程序框架的构成是比较复杂的,因此,正确理解程序各个部分之间的关系和沟通方法是设计程序的关键。

3.9.1　应用程序各对象创建的顺序

应用程序对象是全局对象,它在程序启动之前由系统创建。应用程序启动之后,程序的主函数首先调用应用程序对象的初始化函数 InitInstance( ),并在该函数中创建文档模板对象。在函数 InitInstance( )中创建单文档模板对象的代码如下:

```
CSingleDocTemplate * pDocTemplate;          //声明文档模板指针
pDocTemplate=new CSingleDocTemplate(        //创建文档模板对象
        IDR_MAINFRAME,                      //文档模板使用的资源 ID
        RUNTIME_CLASS(CMyDoc),              //创建文档对象
        RUNTIME_CLASS(CMainFrame),          //创建主 SDI 框架窗口对象
        RUNTIME_CLASS(CMyView)              //创建视图对象
        );
AddDocTemplate(pDocTemplate);               //将文档模板加入链表
```

在函数 InitInstance( )中创建多文档模板对象的代码如下:

```
CMultiDocTemplate * pDocTemplate;           //声明文档模板指针
pDocTemplate=new CMultiDocTemplate(         //创建文档模板
        IDR_MYTYPE,                         //加载文档资源
        RUNTIME_CLASS(CMyDoc),              //创建文档对象
        RUNTIME_CLASS(CChildFrame),         //创建子窗口对象
        RUNTIME_CLASS(CMyView)              //创建视图对象
        );
AddDocTemplate(pDocTemplate);               //将文档模板加入链表
//创建多文档主窗口
CMainFrame * pMainFrame=new CMainFrame;     //创建应用程序主窗口
if (!pMainFrame->LoadFrame(IDR_MAINFRAME))  //加载资源
        return FALSE;
m_pMainWnd=pMainFrame;                      //主窗口对象赋予指针 m_pMainWnd
```

在用文档模板构造函数创建文档模板对象的时候,在文档模板构造函数的参数列表中除了传递所需要的资源 ID 之外,还用 MFC 的宏 RUNTIME_CLASS( )传递了文档类、框架窗口类和视图类的类信息表,然后由模板类的构造函数根据资源和类信息表动态地创建文档、视图、窗口框架 3 个对象。其中,视图对象是由框架窗口对象创建并管理的。

应用程序各对象的创建顺序如图 3-11 所示。

图 3-11　应用程序创建各对象的顺序

最后，应用程序创建文档模板对象并将其加入由应用程序对象维护的文档模板链表。

3.9.2　应用程序各对象之间的联系

1. 以文档为中心的结构

一个应用程序只有一个应用程序类 CWinApp 或其派生类的对象。如果是多文档结构的应用程序，则应用程序对象必须维护一个文档模板链表对多个文档模板进行管理，应用程序每新建或打开一个文档就会创建一个文档模板并将其加入文档模板链表。应用程序对象与文档模板链表之间的关系如图 3-12 所示。

在文档模板中，文档模板委托一个 CDocManager 类对象来负责文档对象和窗口框架的管理工作。其中的每个文档对象都有一个指向其所属文档模板的指针，并且每个文档对象还要管理一个链表，这个链表的每一个节点都指向与该文档相关联的视图对象。

图 3-12　应用程序与文档模板对象链表

框架窗口对象作为视图对象的容器，也有一个由它管理的视图对象链表，并有一个指向当前活动视图对象的指针。

视图对象为了能和与之关联的文档对象沟通，每个视图对象都有一个指向与其关联的文档指针，视图对象可以通过调用自己的成员函数 GetDocument( ) 获取这个指针，并通过这个指针对文档对象中的数据和函数进行访问或调用。

文档模板、文档对象、框架窗口对象、视图对象之间关系的示意图如图 3-13 所示。

从图 3-13 中可以知道，这是一个以文档为中心的结构。

图 3-13　文档模板、文档对象、框架窗口对象、视图之间关系示意图

2. 应用程序框架对象之间的联系方法

MFC 应用程序框架的各个对象都从各自的基类继承了一些获得其他对象指针的方法,从而可以使各对象通过这些指针与其他对象的成员来互相联系。

例如,视图对象可以使用其基类 CView 的成员函数 GetDocTemplate( )获得文档模板对象;可以使用 GetDocument( )获得与其关联的文档对象;可以使用 GetParentFrame( )获得所属的框架窗口对象。

框架窗口对象可以使用继承来的 GetActiveView( )获得活动视图对象,使用 GetActiveDocument( )获得活动视图的文档。

文档对象可以使用继承来的 GetFirstViewPosition( )和 GetNextView( )获得视图链表中的视图对象。

再例如,视图对象可以通过调用 CDocument∷UpdateAllViews( )向与这个视图关联的文档发送一个消息,使所有与这个文档相关联的视图对象进行显示更新。文档对象可以通过调用 CView∷OnUpdate( )去更新一个视图对象的显示。框架窗口对象可以调用 CView∷OnActivateView( )使一个视图对象为活动视图等。

SDI 应用程序框架对象之间的联系方法如图 3-14 所示,MDI 应用程序框架对象之间的联系方法如图 3-15 所示。

例 3-4　一个可以在视图对象中显示文档数据成员 m_Text 和文档标题的应用程序。代码如下:

```
class CMFCexp3_4Doc : public CDocument
{
    ⋮
public:
    char * m_Text;                              //在文档的派生类中定义一个字符指针
};
CMFCexp3_4Doc∷CMFCexp3_2Doc( )
```

图 3-14　SDI 应用程序框架各对象之间的联系方法

图 3-15　MDI 应用程序框架各对象之间的联系方法

```
{
    m_Text="Hello!";                              //在文档构造函数中初始化字符指针
}
//视图对象的 WM_PAINT 消息响应函数
void CMFCexp3_4View::OnDraw(CDC * pDC)
{
    CMFCexp3_4Doc * pDoc=GetDocument();            //获取与视图关联的文档指针
    pDC->TextOut(50,50,pDoc->m_Text,6);            //显示字符指针的数据
    pDC->TextOut(190,50,pDoc->GetTitle());         //显示文档标题
}
```

在这个例子中用到了视图对象的方法 GetDocument( ) 和文档对象的方法 GetTitle( )，
程序运行结果如图 3-16 所示。

图 3-16　例 3-4 应用程序运行结果

图 3-17　文档/视图程序消息流动顺序

3.9.3　文档/视图应用程序消息的传递

Windows 管理所有已经打开的窗口,把消息或事件发送给目标窗口。文档/视图应用程序消息的传递顺序和方向如图 3-17 所示。

3.10　对象的动态创建

3.10.1　问题的提出与解决

虽然由 MFC AppWizard 自动生成的文档类派生类是一个通用框架,但一旦用户在类中定义了成员数据和成员函数以后,那么这个文档对象就有了专门用途,这就像商店的仓库一样,存放货物的品种一旦被决定并安装好货架之后,那么这个仓库也就有了专门用途。同样,在 MFC 应用程序中,一旦一个文档含有了用户定义的数据和操作方法,那么这个文档也就是一个具有专门用途的文档了。尽管一个文档模板对象可以管理多个文档,但有一个条件:这些文档必须是同一类型的。也就是说,一个设计完毕的应用程序中的文档模板是有专门用途的。例如,用 Word 不能打开 Photoshop 的文件,当然 Photoshop 也不能打开 Word 的文件。

但是 MFC 的 MDI 程序却希望能打开多种类型的文件,于是 MDI 程序可以建立多个文档模板。但随之而来的一个问题是,程序启动后,MDI 程序应该建立哪种类型的文档模板对象呢? 最简单的办法当然是把程序所有的文档模板对象都创建出来,但这不是一个好办法,理想的办法应该是程序向用户提出询问,当得到答案后,再按要求来创建模板对象。图 3-18 和图 3-19 为一个具有文本文档和位图文档两种模板的应用程序在用户试图新建或打开一个文件时,程序所发出的询问(一个多文档应用程序的实例请见附录 E)。

这就是说,程序应在运行中根据获得的文档类型(文档的扩展名)来建立不同的模板,也就是要求它构造的函数有如下功能。

```
CMultiDocTemplate(
        IDR_MYTYPE,                    //加载资源
        char * ClassNme1,              //文档类名
```

```
        char * ClassNme2,                //子窗口类名
        char * ClassNme3                 //视图类名
)
{
    ⋮

    ClassNme1 * pDocument=new ClassNme1;  //动态创建文档对象
    ClassNme2 * pChildWnd=new ClassNme2;  //动态创建子窗口对象
    ClassNme3 * pView=new ClassNme3;      //动态创建视图对象
    ⋮
}
```

图 3-18　在新建文档时程序会询问所建文档的类型

图 3-19　在试图打开一个文件时程序也会提出相应的询问

　　但是很遗憾,函数中的粗体字部分在 C++ 中是非法代码(为加深理解读者可以自行做一个试验)。

　　于是,MFC 就要求应用程序设计人员在程序设计时应该为每个需要动态创建对象的类定义一个可以创建本类对象的创建函数。例如,CMyWnd 类的对象创建函数应该如下:

```
CObject * CreateObject(){return new CMyWnd; }
```

然后再制作一个全局表,凡是需要动态创建对象的类都在这个表中占一项,把类名称和对象创建函数关联起来,即如图 3-20 所示那样每项有两个记录:类名称和一个指向 CreateObject( )函数的指针 m_pfnCreateObject。

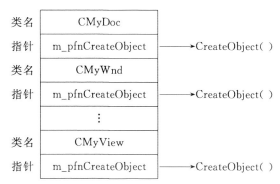

图 3-20　类名与对象创建函数关联(映射)表

这样,当程序获得类名后,就可以根据类名在表中找到与其对应的 CreateObject( )函数指针,并通过这个指针调用对象构建函数来创建对象。

按照面向对象程序设计原则:数据和函数属于哪个类的,就由哪个类来管理。于是,图 3-20 这个表的每一项就如图 3-21 所示被封装到它所属的类中,并用指针形成一个链表。

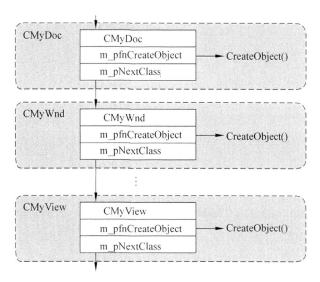

图 3-21　类中的类名与类对象构建函数映射表

例 3-5　下面是一个 Win32 Console 程序,这个程序中的 Myclass 类是一个带有对象创建函数的类,该程序演示了程序是如何根据从键盘获得的类名来动态创建 Myclass 类对象的。

这个程序首先定义了一个 CRuntimeClass 来充当图 3-20 所示的映射表项,该结构见下面代码的相关部分（程序中把这个表项叫做类信息表）。然后在 Myclass 类声明中声明了这个表 classMyclass，并在类声明外给它填写了具体表项。另外，在 Myclass 类中还声明了对象构建函数 CreateObject( )和获得类信息表项的方法 GetRuntimeClass( )并在类外实现了它们。

另外，为了模仿 MFC 类的继承关系，这里还定义了一个 CObject 类，并声明了一个虚函数 SayHello( )，请读者注意这个虚函数的作用。

完整的程序代码如下：

```
#include <iostream.h>
#include"string.h"
class CObject;
//类信息表结构------------------------------------------------
struct CRuntimeClass
{
    char * m_lpszClassName;                      //类名
    CObject * (_stdcall * m_pfnCreateObject)();   //对象构建函数指针
    CObject * _stdcall CreateObject();            //对象构建函数的声明
};
//CObject 类声明及实现------------------------------------------
class CObject
{
public:
    virtual void SayHello() { cout<<"Hello CObject \n"; }
};
//派生类 Myclass 及实现-----------------------------------------
class Myclass:public CObject
{
public:
    virtual void SayHello() { cout<<"Hello Myclass \n"; }
public:
    //对象动态创建的声明---------------------------------------
    static CRuntimeClass classMyclass;        //定义 CRuntimeClass 变量作为信息表
    static CRuntimeClass * GetRuntimeClass();   //获得类信息表指针的函数
};
//对象动态创建的实现-------------------------------------------
//对象构建函数的实现
CObject * _stdcall CreateObject()
{
    return new Myclass;
}
//填写类信息表
    CRuntimeClass Myclass::classMyclass={
```

```
    "Myclass",                                    //类名
    CreateObject };
//获得类信息表指针函数的实现
CRuntimeClass * Myclass::GetRuntimeClass( )
{
return &Myclass::classMyclass;
}


//主函数------------------------------------------------------------------------
void main (void)
{
    char _lpszCLS[10];
    cout<<"请输入类名:";
    cin>>_lpszCLS;
    CRuntimeClass * p=Myclass::GetRuntimeClass( );
    if(!strcmp(p->m_lpszClassName,_lpszCLS) )
    {
        CObject * _stdcall pp=p->m_pfnCreateObject( );
    pp->SayHello( );
    }
    else
    {
        cout<<"No"<<endl;
    }
}
```

运行结果如图 3-22 所示。

(a) 正确创建对象时的结果　　　　(b) 不正确创建对象时的结果

图 3-22　例 3-5 运行结果

如果把 Myclass 类声明为如下形式：

```
class Myclass:public CObject
{
private:
    int m_X;                            //添加一个数据成员
public:
    Myclass(int x){m_X=x;}              //添加一个用于初始化数据成员的构造函数
```

```
    virtual void SayHello ( ) { cout << "Hello Myclass \n"; }
public:
    //对象动态创建的声明-------------------------------------------------
    static CRuntimeClass classMyclass;          //定义 CRuntimeClass 变量作为信息表
    static CRuntimeClass * GetRuntimeClass ( ); //声明获得类信息表指针的函数
};
```

则会发现该程序编译通不过,原因是对象构建函数要求调用类的无参数构造函数,所以作为能够动态创建对象的类,必须要有一个无参数的构造函数。也就是说,如果类中含有其他构造函数时,用户必须为类声明并定义一个无参数的构造函数。例如把上面的代码改成如下形式。

```
class Myclass:public CObject
{
private:
    int m_X;
public:
    Myclass(int x){m_X= x;}
    Myclass(){}                                  //添加一个无参数的构造函数
    virtual void SayHello ( ) { cout < <  "Hello Myclass \n"; }
public:
//对象动态创建的声明----------------------------------------------------------------
    static CRuntimeClass classMyclass;          //定义 CRuntimeClass 变量作为信息表
    static CRuntimeClass * GetRuntimeClass ( ); //声明获得类信息表指针的函数
};
```

3.10.2 类信息表及其声明和实现

其实,MFC 程序在不同的场合下还经常用到类的其他信息,于是 MFC 就把这些信息统统都放在上面所说的映射表项中,并把它叫做类信息表。

在 MFC 中,一个类的类信息表是一个 CRuntimeClass 结构变量,该结构与对象动态创建及与表结构有关成员列举如下:

```
struct CRuntimeClass
{
    LPCSTR m_lpszClassName;                      //类名称
        ⋮
    CObject * (PASCAL * m_pfnCreateObject)( );   //动态创建对象函数指针
    CObject * _stdcall CreateObject( );          //对象构建函数的声明
    void Store(CArchive& ar) const;              //向文件存储类信息表
    static CRuntimeClass * PASCAL Load(          //自文件读取类信息表
            CArchive& ar, UINT * pwSchemaNum);
    CRuntimeClass * m_pBaseClass;                //指向基类信息表的指针
    CRuntimeClass * m_pNextClass;                //指向下一个链表项的指针
};
```

由结构的最后两个域可以知道,MFC 在这里再次使用链表结构,把各个类的类信息表组成了一个总表。即把每个类的类信息表作为一个链表节点,然后通过指针 m_pNextClass 把它们链接起来,从而组织了一个如图 3-23 所示的大的类信息表。

图 3-23　类信息链表的结构

与处理消息映射表的方法类似,MFC 用宏 DECLARE_DYNCREATE 封装了类信息表的声明代码,而用宏 IMPLEMENT_DYNCREATE 封装了类信息表及其链表的实现代码。故此,在设计具有动态创建对象能力的类时,必须要在类中使用这两个宏。例如:

```
class A:public B
{
public:
    DECLARE_DYNCREATE(A)          //类信息表的声明
       ⋮
};
IMPLEMENT_DYNCREATE(A,B)          //类信息表及其链表的实现
```

另外在这里附带说明一下,用类信息表中指向基类信息表的指针 m_pBaseClass 又可以实现一个或多个链表,但这个链表是类的类族谱系表。也就是说,类信息表有两个作用,如果沿着 m_pNextClass 指针对表进行查询,则该表是类信息表;而沿着 m_pBaseClass 指针对表进行查询,则该表是类族谱系表。这个类族谱系表便于程序来辨别一个对象是属于哪个类族的,即所谓的运行期对象类型识别,这部分内容请参见附录 F。

3.10.3　对象类信息表的提取

为了使程序在运行时能根据类名到类信息链表中获得该类的信息表,MFC 把例 3-5 中主函数用来取得对象所属类的类信息表指针部分的代码封装成了宏 RUNTIME_CLASS(类名)。RUNTIME_CLASS 宏定义如下:

```
#define RUNTIME_CLASS(class_name) \
    ((CRuntimeClass * )(&class_name::class##class_name))
```

例如,应用程序创建文档模板对象时,在其构造函数的参数中就使用了这个宏,分别创建了文档、框架窗口和视图类对象。其代码如下:

```
pDocTemplate=new CSingleDocTemplate(
    IDR_MAINFRAME,
```

```
RUNTIME_CLASS(CMyDoc),            //动态创建文档对象
RUNTIME_CLASS(CMainFrame),        //动态创建主 SDI 框架窗口
RUNTIME_CLASS(CMyView));          //动态创建视图对象
```

小 结

- 应用程序类、窗口框架类、视图类、文档类构成了应用程序的框架，框架的功能是通过各类之间的协调工作实现的。
- MFC 采用文档/视图结构来实现数据和数据表示的分离，文档视图的分离有利于数据和数据表示的单独改变。
- MFC 用类信息表存储了动态创建类对象时所需要的信息。
- 在类中使用宏 DECLARE_DYNCREATE 和 IMPLEMENT_DYNCREATE 使类具有动态创建对象的能力。
- 定义一个具有动态创建对象能力类时，必须在该类中定义一个无参数的构造函数。
- 在应用程序中，使用宏 RUNTIME_CLASS 来获得类信息表。

练 习 题

3-1 学习使用 Visual C++ 的帮助文件并了解 CObject 类。

3-2 归纳 3.1 节中各类的功能及继承关系。

3-3 简述构成文档/视图结构应用程序框架的 4 个 MFC 派生类，并说出它们的功能。

3-4 在文档/视图结构的应用程序中，视图类对象是如何获取文档类对象中数据的？

3-5 在 MFC 对程序窗口功能的划分中受到了什么启发？

3-6 什么叫类信息表？它在对象动态创建中起什么作用？

3-7 MFC 所说的对象动态创建与 C++ 中的对象动态创建有什么区别？对象动态创建的核心是什么？

思 考 题

能否在文档和视图类之间再封装一个专门对数据进行处理的类？

第4章 图 形

CHAPTER

Windows 是一种图形界面的操作系统,它把包括文本在内的所有数据都显示为屏幕上的图像。因此,图形的处理是 Windows 程序设计的重要问题。Windows 是依靠图形设备接口(GDI)和设备描述环境(device context,DC)对图形进行支持的。

本章主要内容:

- Windows 的设备描述环境和图形设备接口。
- MFC 的 CDC 类。
- MFC 的画笔、画刷、字体。

4.1 DC 和 GDI

4.1.1 设备描述环境

计算机图形显示设备品种繁多,原理和结构差别巨大,要求程序设计人员拥有所有图形显示设备的知识和编程能力是不现实的。为此,Windows 为图形显示设备进行了软件封装,形成了一个统一的虚拟图形显示设备,从而使程序可以在这个虚拟设备上进行绘图,而虚拟设备图形转换为物理设备图形的任务则由系统去完成。在 Windows 中,这个虚拟图形设备表现为一个叫做图形设备描述表的数据结构,它描述了虚拟图形设备的属性,所以也叫做图形设备描述环境,简称为 DC。

也就是说,从应用程序的角度来看,DC 就是系统提供的一个画板,程序可以通过改变其属性的办法来进行绘图。

图形设备描述环境与应用程序、图形显示设备、设备驱动程序之间的关系如图 4-1 所示。

图 4-1 图形设备描述表的基本概念

4.1.2　Windows 的 GDI

Windows 把用于改变 DC 属性的操作，即与绘图相关的操作都制作成函数，这些函数的集合就叫做图形设备接口（graphical device interface，GDI）。例如，GDI 中有可以绘制椭圆的函数 Ellipse( )、绘制文本的函数 DrawText( )、绘制矩形的函数 Rectangle( )等。

除了这些绘图函数之外，GDI 还有一套用于绘图的工具，参见表 4-1。

表 4-1　GDI 中的绘图工具

对象名称	说　　明
Pen（画笔）	用来绘制线条的对象
Brush（画刷）	用来填充图形内颜色和图案的对象
Front（字体）	用来决定文本字符样式的对象
Bitmap（位图）	保存位图格式图像的对象
Palette（调色板）	绘图时可以使用的颜色集

应用程序如果需要向某个图形设备绘图，则应该先获得（创建）这个图形设备的 DC，然后再取得并使用合适的绘图工具对 DC 进行绘图工作。

为了方便，Windows 系统在初始化时为程序提供了一套默认的绘图工具，所以程序在获得了合适的 DC 后，就可以使用这些默认工具开始绘图工作。例如，Windows 系统在初始化时为应用程序提供了一支画笔，由于这支默认画笔的颜色是黑色，所以这时用 GDI 的绘图函数绘制的线条都是黑色的。

如果程序认为默认绘图工具不适用的话，则需创建其他工具来替换默认工具。但要记住，Windows 要求绘图环境在任何时候都应该存有一套完整的绘图工具。这意味着不能从绘图环境中删除工具，只能用一个工具替换另一个工具。

4.2　CDC 类

显然，在面向对象程序设计思想中，把 DC 和 GDI 函数封装到一起形成一个类是合理的，故此 MFC 就有了 CDC 类。表 4-2 列出了 CDC 类中一些常用的成员函数。

表 4-2　CDC 类中的一些常用的成员函数

函　　数	说　　明
Arc( )	画圆弧
BitBlt( )	把一个 DC 中的位图复制到另一个 DC 中
Ellipse( )	画椭圆
FillRect( )	用参数指定的画刷来填充矩形

续表

函　　数	说　　明
LineTo( )	从当前位置画直线到参数指定的位置
MoveTo( )	从当前位置把画笔移动到参数指定的位置
Rectangle( )	画矩形
RoundRect( )	画圆角矩形
SelectObject( )	把参数所指定的绘图工具选入绘图环境
SelectStockObject( )	把参数所指定的库存绘图工具选入绘图环境
SetTextColor( )	设置文本颜色
StretchBlt( )	把一个 DC 中的位图复制到另一个 DC 中,但可以改变位图的长宽比
TextOut( )	绘制字符串

　　MFC 从通用的 CDC 类派生了几种特定的设备描述环境类,见图 4-2,各个派生类的作用见表 4-3。

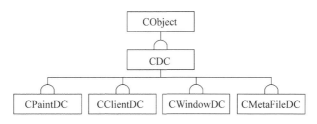

图 4-2　MFC 设备描述环境类层次结构

表 4-3　几个派生的 CDC 类

类　　名	说　　明
CClientDC	窗口客户区的设备描述环境,但应用在 WM_PAINT 消息之外的消息处理函数中
CMetaFileDC	图元文件的设备描述环境,在创建可以回放的图像时使用
CPaintDC	窗口用户区的设备描述环境,在 OnDraw( )函数中来处理 WM_PAINT 消息
CWindowDC	在整个窗口内(不只是用户区)绘图的设备描述环境

　　CPaintDC 是所有 CDC 类中最常用的一个类,它代表了应用程序窗口的客户区,它只能使用在 CView 类的 OnDraw( )函数中。OnDraw( )函数的声明为:

```
OnDraw(CDC * pDC);
```

　　这个函数的参数 pDC 就是指向 CPaintDC 对象的指针,在 OnDraw 的函数中可以使用 CDC 类的成员函数对这个对象进行绘图操作。

　　系统每次创建应用程序窗口及窗口需要刷新时会产生 WM_PAINT 消息,系统接收到这个消息就会自动调用 OnDraw( )函数。应用程序也可以调用相关函数来激活

OnDraw( )，所以程序中所有对窗口客户区进行绘图的代码都应该写在这个函数中。

例 4-1 使用 CDC 类的 TextOut( )函数输出字符串。

（1）用 MFC AppWizard 创建一个名称为 MFCexp4_1 的单文档应用程序框架。

（2）在视图类中的 OnDraw( )函数中添加语句：pDC－＞TextOut(50,50,"输出字符串")，即视图类 OnDraw( )函数中的代码为：

```
void CMFCexp4_1View::OnDraw(CDC * pDC)
{
    CMFCexp4_1Doc * pDoc=GetDocument();
    pDC-> TextOut(50,50,"输出字符串");
    //输出字符串的语句
}
```

例 4-1 程序运行结果如图 4-3 所示。

图 4-3　例 4-1 程序运行结果

4.3　CPen 类

画笔是绘图的基本工具，在 MFC 中画笔是 CPen 类的对象，它用来在 DC 上完成绘制线条的任务。初始化时，系统自动提供了一支黑色的默认画笔。如果程序设计人员对这个默认的画笔不满意，可以自己创建画笔来替换它，见图 4-4。

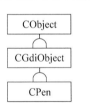

图 4-4　画笔在 MFC 类层次结构的位置

所谓自定义画笔，就是程序员自己创建的 CPen 类对象。创建画笔对象时，需要使用 CPen 类的构造函数，它的原型为：

```
CPen(int style, int width, COLORREF color);
```

其中，参数 style 用来定义画笔样式，该参数可取的值和所对应的画笔样式见表 4-4；参数 width 用来设置画笔宽度，这个宽度的计量单位为像素；参数 color 用来设置画笔颜色，颜色用 RGB 值来描述。

RGB 是 Windows 中用红、绿、蓝分色定义颜色的宏：

```
COLORREF RGB(
    BYTE bRed,          //红色(0-255)
    BYTE bGreen,        //绿色(0-255)
    BYTE bBlue          //蓝色(0-255)
);
```

在创建了画笔之后，如果要使用它，则需在使用之前调用 CDC 的成员函数 SelectObject( )用自定义的画笔替换原有的画笔。SelectObject( )函数的原型为：

```
CPen * SelectObject( CPen * pPen );
```

其参数为欲载入画笔的指针，返回值为原来画笔的指针。为保存原画笔以便在新画笔使用后，恢复原画笔，在程序中应按如下形式编写代码。

表 4-4 画笔的样式

样 式	说 明
PS_SOLID	实线画笔
PS_DASH	虚线画笔
PS_DOT	点线画笔
PS_DASHDOT	点划线画笔
PS_DASHDOTDOT	双点划线画笔
PS_NULL	笔画不可见的画笔
PS_INSIDEFRAME	在一个图形内画边线的画笔

*表中所列画笔的样式中，除了实线之外，其他样式只在画笔参数 width＝1 时有效。

```
CPen newPen(PS_SOLID,width,color);              //创建新画笔
CPen * oldPen=pDC->SelectObject(&newPen);       //加入新画笔,保存旧画笔
```

在使用新画笔绘制线条之后，如果要恢复原画笔，则使用如下代码把保存在指针 oldPen 中的旧画笔重新载入。

```
pDC->SelectObject(oldPen);
```

例 4-2 一个绘制多个线条的应用程序。

(1) 用 MFC AppWizard 创建一个名称为 MFCexp4_2 的单文档应用程序框架。

(2) 在视图类的函数 OnDraw( )中输入如下代码。

```
void CMFCexp4_2View::OnDraw(CDC * pDC)
{
    CMFCexp4_2Doc * pDoc=GetDocument();
    ASSERT_VALID(pDoc);
    //TODO: add draw code for native data here
    int red=0,green=0,blue=0;
    int width=2;
    int row=20;
    for(int s=0;s<8;s++)
    {
        int color=RGB(red,green,blue);
        CPen newPen(PS_SOLID,width,color);
        CPen * oldPen=pDC->SelectObject(&newPen);
        pDC->MoveTo(20,row);
        pDC->LineTo(300,row);
        pDC->SelectObject(oldPen);
        red+=32;
        green+=16;
        blue+=8;
        width+=2;
```

```
        row+=30;
    }
}
```

程序运行结果见图 4-5。

例 4-3 演示画笔样式的程序。

（1）用 MFC AppWizard 创建一个名称为 MFCexp4_3 的单文档应用程序框架。

（2）在视图类的函数 OnDraw 中输入如下代码。

```
void CMFCexp4_3View::OnDraw(CDC * pDC)
{
    CMFCexp4_3Doc * pDoc=GetDocument();
    ASSERT_VALID(pDoc);
    //TODO: add draw code for native data here
    int style[]={PS_SOLID,PS_DASH,PS_DOT,
            PS_DASHDOT,PS_DASHDOTDOT};
    int row=20;
    for(int s=0;s<5;s++)
    {
        CPen newPen(style[s],1,RGB(0,0,0));
        CPen * oldPen=pDC->SelectObject(&newPen);
        pDC->MoveTo(20,row);
        pDC->LineTo(300,row);
        pDC->SelectObject(oldPen);
        row+=30;
    }
}
```

程序运行结果见图 4-6。

图 4-5　例 4-2 程序的运行结果

图 4-6　例 4-3 程序的运行结果

4.4 CBrush 类

画刷是 CBrush 类的对象，是对封闭图形内部用颜色或图案进行填充的工具（见图 4-7）。

在使用画刷之前，要创建 CBrush 类对象，构造函数的原型为：

```
CBrush(COLORREF color);
```

和

```
CBrush(int style,COLORREF color);
```

图 4-7 画刷在 MFC 类层次
结构的位置

其中，参数 style 决定画刷的样式，color 决定画刷的颜色。参数 style 的可选值见表 4-5。

表 4-5 style 的可选值

填充样式	说　　明
HS_BDIAGONAL	以自左下角至右上角的 45°斜线填充
HS_CROSS	以十字交叉线填充
HS_DIAGCROSS	以互相交叉的 45°线填充
HS_FDIAGONAL	以自左上角至右下角的 45°斜线填充
HS_HORIZONTAL	以水平线填充
HS_VERTICAL	以垂直线填充

与使用画笔一样，在创建了画刷之后，如果要使用该画刷，则应该使用 CDC 的成员函数：

```
CBrush * SelectObject( CBrush * pBrush );
```

把画刷选入设备描述环境，并要定义一个画刷指针，用来保存该函数返回的旧画刷指针。

例 4-4 画刷的应用。

(1) 用 MFC AppWizard 创建一个名称为 MFCexp4_4 的单文档应用程序框架。

(2) 在视图类的函数 OnDraw( )中输入如下代码：

```
void CMFCexp4_4View::OnDraw(CDC * pDC)
{
    CMFCexp4_4Doc * pDoc=GetDocument( );
    ASSERT_VALID(pDoc);
    //TODO: add draw code for native data here
    int red=0,green=0,blue=0;
    int row=20;
    for(int s=0;s<6;s++)
```

```
    {
        int clr=RGB(red,green,blue);
        CBrush newBrush(clr);
        CBrush * oldBrush=pDC->SelectObject(&newBrush);
        pDC->Rectangle(20,row,200,row+20);
        pDC->SelectObject(oldBrush);
        red+=34;green+=16;blue+=4;
        row+=30;
    }

    int styles[]={HS_BDIAGONAL,HS_CROSS,
                  HS_DIAGCROSS,HS_FDIAGONAL,
                  HS_HORIZONTAL,HS_VERTICAL};
    row=20;

    for(s=0;s<6;s++)
    {
        CBrush newBrush(styles[s],RGB(0,0,0));
        CBrush * oldBrush=pDC->SelectObject(&newBrush);
        pDC->Rectangle(220,row,400,row+20);
        pDC->SelectObject(oldBrush);
        row+=30;
    }
}
```

程序运行结果见图 4-8。

图 4-8　例 4-4 程序的运行结果

例 4-5　使用 CDC 默认的画刷和画笔绘制一个矩形。

（1）用 MFC AppWizard 创建一个名称为 MFCexp4_5 的单文档应用程序框架。

（2）在视图类的函数 OnDraw( )中输入如下代码：

```
void CMFCexp4_5View::OnDraw(CDC * pDC)
{
```

```
CMFCexp4_5Doc * pDoc=GetDocument( );
ASSERT_VALID(pDoc);
//TODO: add draw code for native data here
CRect rect(30,30,300,300);
pDC->Rectangle(&rect);
}
```

程序运行结果见图 4-9。

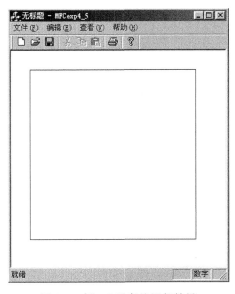

图 4-9　例 4-5 程序的运行结果

4.5　绘 图 模 式

在 Windows 中,绘图的最终效果可以通过设定不同的绘图模式来修饰。设置绘图模式的 CDC 成员函数为:

```
SetROP2(int nDrawMode);
```

其中,参数 nDrawMode 为绘图模式,返回值为原来的绘图模式。常用的绘图模式见表 4-6。

表 4-6　常用的绘图模式

绘图模式	说　　　明
R2_BLACK	无论画笔颜色如何,只用黑色绘图
R2_WHITE	无论画笔颜色如何,只用白色绘图
R2_NOP	无论画笔颜色如何,只用无色绘图

绘图模式	说　明
R2_NOT	用与背景色相反的颜色绘图
R2_NOTCOPYPEN	用与画笔色相反的颜色绘图
R2_COPYPEN	用画笔颜色绘图
R2_XORPEN	把画笔色与背景色进行异或(XOR)运算后的颜色绘图

4.6　文本和 CFont 类

在 Windows 中，文本是作为图形来显示的，因此用户必须与设备描述环境打交道，并且还要处理与字体有关的一些问题。

4.6.1　显示文本

1. 文本的显示

显示文本要使用 CDC 类的成员函数 TextOut( )，它的原型为：

```
BOOL TextOut( int x, int y, const CString& str );
```

其中，参数 x 为文本显示在应用程序窗口用户区的水平位置；y 为文本的垂直位置；str 为要显示的字符串，它是一个 CString 类的对象。

2. 设置文本颜色

在默认情况下，文本颜色为黑色。如果要用其他颜色显示文本，则可以使用 CDC 类的成员函数 SetTextColor( )来进行文本颜色的设置。函数 SetTextColor( )的原型为：

```
virtual COLORREF SetTextColor( COLORREF crColor );
```

其中，参数 crColor 为文本颜色的 RGB 值，函数的返回值为原来的颜色。

与其相对应的，CDC 类还有一个可以获得当前文本颜色的函数。

```
COLORREF GetTextColor( ) const;
```

一般情况下，文本的背景颜色为白色。当然，在需要时也可以使用 CDC 类的成员函数 SetBkColor( )来设置文本的背景颜色。

```
virtual COLORREF SetBkColor( COLORREF crColor );
```

其中，参数 crColor 是文本背景颜色的 RGB 值，函数的返回值为原来的背景颜色。与这个函数相对应的，CDC 类还有一个获得当前背景颜色的成员函数。

```
COLORREF GetBkColor( ) const;
```

例 4-6　文本颜色的设置。

（1）用 MFC AppWizard 创建一个名称为 MFCexp4_6 的单文档应用程序框架。

（2）在视图类的 OnDraw( )函数中输入如下代码。

```
void CMFCexp4_6View::OnDraw(CDC * pDC)
{
    CMFCexp4_6Doc * pDoc=GetDocument( );
    ASSERT_VALID(pDoc);
    //TODO: add draw code for native data here
    pDC->TextOut(30,30,"文本的颜色");
    pDC->SetTextColor(RGB(255,0,0));
    pDC->TextOut(130,30,"文本的颜色");
    pDC->SetTextColor(RGB(255,255,255));
    pDC->SetBkColor(RGB(0,0,255));
    pDC->TextOut(230,30,"文本的颜色");
}
```

程序运行结果见图 4-10。

3. 设置文本字符的间距

在需要改变文本字符之间的间隔（间距）时，可以使用 CDC 类的成员函数：

```
int SetTextCharacterExtra( int nCharExtra );
```

其中，参数 nCharExtra 要设置的文本字符的额外间隔，该参数是以像素为单位的。函数的返回值为字符的原间距。

与设置字符间距函数相对应的，CDC 类还有一个获取当前字符间距的函数。

```
int GetTextCharacterExtra( ) const;
```

图 4-10 例 4-6 程序的运行结果

图 4-11 例 4-7 的程序运行结果

例 4-7 文本字符间距的设置。

（1）用 MFC AppWizard 创建一个名称为 MFCexp4_7 的单文档应用程序框架。

（2）在视图类 OnDraw( )函数中输入如下代码。

```
void CMFCexp4_7View::OnDraw(CDC * pDC)
{
    CMFCexp4_7Doc * pDoc=GetDocument( );
    ASSERT_VALID(pDoc);
```

```
    //TODO: add draw code for native data here
    for(int s=0;s<5;s++)
    {
        pDC->SetTextCharacterExtra(s*4);
        pDC->TextOut(20,20+s*20,"文本字符的间距");
    }
}
```

程序运行结果见图 4-11。

4. 设置文本的对齐方式

在实际应用中，常常需要以不同的对齐方式显示文本，例如要左对齐文本或右对齐文本，当然，有时也需要把文本显示在窗口中间。为了实现文本的不同对齐要求，MFC 在 CDC 类中提供了一些专门用来实现文本对齐方式的函数。

进行文本对齐的函数为：

```
UINT SetTextAlign( UINT nFlags );
```

其中，参数 nFlags 的值可以为 TA_LEFT（左对齐）、TA_CENTER（中间对齐）、TA_RIGHT（右对齐）、TA_TOP（顶部对齐）、TA_BOTTOM（底部对齐）和 TA_BASELINE（以基线对齐）。前 3 个值用于水平方向对齐，后 3 个值用于垂直对齐。

例 4-8 文本的水平对齐。

（1）用 MFC AppWizard 创建一个名称为 MFCexp4_8 的单文档应用程序框架。

（2）在视图类的 OnDraw( )函数中输入如下代码。

```
void CMFCexp4_8View::OnDraw(CDC*pDC)
{
    CMFCexp4_8Doc*pDoc=GetDocument();
    ASSERT_VALID(pDoc);
    //TODO: add draw code for native data here
    //左对齐
    pDC->SetTextAlign(TA_LEFT);
    pDC->TextOut(220,20,"AAAAAAAAA");
    pDC->TextOut(220,40,"HHHHH");
    pDC->TextOut(220,60,"SSSSSSSSSSSSSSSS");
    //中间对齐
    pDC->SetTextAlign(TA_CENTER);
    pDC->TextOut(220,80,"AAAAAAAAA");
    pDC->TextOut(220,100,"HHHHH");
    pDC->TextOut(220,120,"SSSSSSSSSSSSSSSS");
    //右对齐
    pDC->SetTextAlign(TA_RIGHT);
    pDC->TextOut(220,140,"AAAAAAAAA");
    pDC->TextOut(220,160,"HHHHH");
```

```
    pDC->TextOut(220,180,"SSSSSSSSSSSSSSSS");
}
```

程序运行结果见图 4-12。

图 4-12 例 4-8 程序运行的结果

4.6.2 字体和 CFont 类

1. 获得字体的信息

为了准确显示文本,常常需要获得所选字体的信息。Windows 用一个 TEXTMETRIC 结构类型的数据来存储字体的信息。

TEXTMETRIC 结构的定义为:

```
typedef struct tagTEXTMETRIC
{
    int tmHeight;
    int tmAscent;
    int tmDescent;
    int tmInternalLeading;
    int tmExternalLeading;
    int tmAveCharWidth;
    int tmMaxCharWidth;
    int tmWeight;
    BYTE tmItalic;
    BYTE tmUnderlined;
    BYTE tmStructOut;
    BYTE tmFirstChar;
    BYTE tmLastChar;
    BYTE tmDefaultChar;
    BYTE tmBreakChar;
    BYTE tmPitchAndFamily;
    BYTE tmCharSet;
```

```
        int tmOverhang;
        int tmDigitizedAspectX;
        int tmDigitizedY;
    }TEXTMETRIC;
```

结构中很多成员的含义，对于大多数读者来说是很陌生的，但所幸的是在大多数情况下，不必与 TEXTMETRIC 结构的成员打交道。

程序调用 CDC 类的成员函数 GetTextMetrics( )可以获得当前字体的信息：

```
BOOL GetTextMetrics( LPTEXTMETRIC lpMetrics ) const;
```

其中，参数 lpMetrics 是用户定义的一个 TEXTMETRIC 结构类型数据的指针。如果要在视图类 OnDraw( )函数中使用该函数获得字体信息，则方法如下：

```
TEXTMETRIC tm;
pDC->GetTextMetrics(&tm);
```

2. 字体的创建和 CFont 类

与画笔、画刷一样，CFont 类的对象是绘制文字的工具，其使用方法也与画笔和画刷类似，也要定义字体对象，创建并保存原来的字体，在文本输出工作结束后恢复原字体。创建字体对象的原型为：

```
BOOL CreateFont( int nHeight,          //字体的逻辑高度
        int nWidth,                    //字体的逻辑宽度
        int nEscapement,               //出口矢量与 x 轴的角度
        int nOrientation,              //字符基线与 x 轴的角度
        int nWeight,                   //字体磅值
        BYTE bItalic,                  //该值非 0 为斜体字
        BYTE bUnderline,               //该值非 0 则在字符下面加下画线
        BYTE cStrikeOut,               //该值非 0 则在字符上加删除线
        BYTE nCharSet,                 //字体的字符集
        BYTE nOutPrecision,            //输出精度
        BYTE nClipPrecision,           //剪裁精度
        BYTE nQuality,                 //输出质量
        BYTE nPitchAndFamily,          //调距和字体族
        LPCTSTR lpszFacename );         //字体的字型名
```

3. 使用预存的字体

字体设置是比较烦琐的一项工作，要经过多次的调整和验证，才能最后确定下来。所以，常常希望能把已经确定的字体设置保存下来，以便以后使用。为此，系统提供了一个专门用来存储字体设置的结构 LOGFONT，其定义为：

```
typedef struct tagLOGFONT {
  LONG lfHeight;
  LONG lfWidth;
  LONG lfEscapement;
  LONG lfOrientation;
```

```
    LONG lfWeight;
    BYTE lfItalic;
    BYTE lfUnderline;
    BYTE lfStrikeOut;
    BYTE lfCharSet;
    BYTE lfOutPrecision;
    BYTE lfClipPrecision;
    BYTE lfQuality;
    BYTE lfPitchAndFamily;
    TCHAR lfFaceName[LF_FACESIZE];
} LOGFONT;
```

如果已经声明了一个 LOGFONT 类型的对象,则可以使用 CFont 类的成员函数 CreateFontIndirect( )来创建这个字体。其原型为:

```
BOOL CreateFontIndirect(const LOGFONT * lpLogFont );
```

4.7　CDC 的其他派生类

4.7.1　窗口用户区设备描述环境 CClientDC 类

与 CPaintDC 类一样,这是一个在窗口用户区进行绘图的设备描述环境,但 CPaintDC 类的对象只能在视图类的 OnDraw( )函数中使用,而 CClientDC 类的对象可以在除了 OnDraw( )函数之外的任何地方使用。

例 4-9　设计一个利用 CClientDC 绘图,在窗口单击鼠标左键之后,在窗口的用户区出现一个菱形图形的应用程序。

(1) 用 MFC AppWizard 创建一个名称为 MFCexp4_9 的单文档应用程序。

(2) 在视图类的 OnLButtonDown( )函数输入如下代码。

```
void CMFCexp4_9View::OnLButtonDown( UINT nFlags,
                    CPoint point)
{
    CClientDC dc(this);          //定义一个 CClientDC 的对象 dc
    CRect rc;                     //定义一个描述矩形的对象 rc
    GetClientRect(&rc);           //获得用户区的尺寸,并存入 rc
    //以下是绘制菱形的代码
    dc.MoveTo(0,(rc.bottom+rc.top)/2);
    dc.LineTo((rc.right+rc.left)/2,0);
    dc.LineTo(rc.right,(rc.bottom+rc.top)/2);
    dc.LineTo((rc.right+rc.left)/2,rc.bottom);
    dc.LineTo(0,(rc.bottom+rc.top)/2);
    CView::OnLButtonDown(nFlags, point);
}
```

程序运行并单击鼠标后的结果见图 4-13。

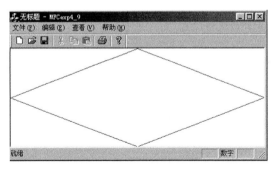

图 4-13　例 4-9 程序的运行结果

4.7.2　图元文件设备描述环境 CMetaFileDC 类

在应用程序中，有一些图形是需要经常重复显示的。这样的图形最好事先绘制好形成一个文件，并存储在内存中，当用到它时直接打开就可以了，这种图形文件叫做图元文件。

制作图元文件需要一个特殊的设备描述环境 CMetaFileDC 类。它也是由 CDC 类继承来的，因此它包含了 CDC 类的所有绘图方法。

一般情况下，人们是在视图类的 OnCreate( ) 函数中创建图元文件。具体做法为，先定义一个 CMetaFileDC 类的对象，然后用该类的 Create( ) 函数创建它，该函数的原型为：

```
BOOL Create(LPCTSTR lpszFilename=NULL);
```

其参数 lpszFilename 是该图元文件的文件名。

接下来使用由 CDC 继承来的绘图方法绘制图元文件，最后使用 Close( ) 函数结束绘制并保存该图元文件到类的数据成员中（该数据成员的类型应为 HMETAFILE）。

当需要显示该图元文件时，使用 CDC 类的成员函数 PlayMetaFile( )。该函数的原型为：

```
BOOL PlayMetaFile( HMETAFILE hMF );
```

但要注意的是，当不再使用该图元文件时，要用函数 DeleteMetaFile( ) 将其删除。

例 4-10　图元文件的使用。

（1）用 MFC AppWizard 创建一个名称为 MFCexp4_10 的单文档应用程序。

（2）在视图类声明中，声明一个图元文件的数据成员。

```
class CMFCexp4_10View : public CView
{
 ⋮
public:
    HMETAFILE m_hMetaFile;          //声明一个图元文件的数据成员
 ⋮
};
```

（3）在创建视图对象的 OnCreate( )函数中输入创建图元文件的代码。

```
int CMFCexp4_10View::OnCreate(LPCREATESTRUCT lpCreateStruct)
{
    if (CView::OnCreate(lpCreateStruct)==-1)
        return-1;
    CMetaFileDC metaFileDC;
    metaFileDC.Create();                    //创建图元设备环境
    //以下是绘制图元文件的代码
    metaFileDC.Rectangle(20,20,400,200);
    metaFileDC.MoveTo(20,20);
    metaFileDC.LineTo(400,200);
    metaFileDC.MoveTo(400,20);
    metaFileDC.LineTo(20,200);
    m_hMetaFile=metaFileDC.Close();         //将图元文件赋予数据成员
    return 0;
}
```

（4）在鼠标左键按下消息响应函数中输入显示图元文件的代码。

```
void CMFCexp4_10View::OnLButtonDown(UINT nFlags, CPoint point)
{
    CClientDC clientDC(this);
    clientDC.PlayMetaFile(m_hMetaFile);  //显示图元文件
    CView::OnLButtonDown(nFlags, point);
}
```

（5）在程序结束销毁窗口时删除图元文件的代码。

```
void CMFCexp4_10View::OnDestroy()
{
    CView::OnDestroy();
    ::DeleteMetaFile(m_hMetaFile);          //删除图元文件
}
```

程序运行结果见图 4-14。

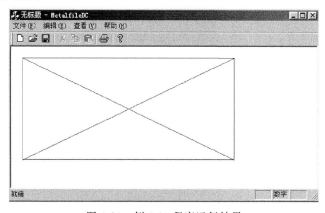

图 4-14　例 4-10 程序运行结果

小　结

- Windows 提供了图形用户接口使用户得以在窗口中绘图。
- 在 MFC 中使用 CDC 类的派生类向窗口和打印机等输出设备绘图。每个设备环境中都包含画笔、画刷、位图、调色板、字体等 GDI 对象。
- 可以通过创建 GDI 对象并将其选入设备环境来完成所需要的绘图操作。

练　习　题

4-1　为什么要使用 DC？

4-2　在 MFC 中 CDC 的派生类有哪几个？试说出它们的作用。

4-3　如何把绘图工具载入设备描述环境？

4-4　如何使用 CDC 类提供的绘图方法绘图？

4-5　编写一个应用程序，使用 CDC 类的 TextOut 函数输出一字符串。

4-6　编写一个单文档应用程序，程序启动后在用户区显示一个方形，当用鼠标左键单击用户区后，该方形会变为圆形，如果再单击则又变回方形。

4-7　编写一个应用程序，该程序运行后在用户区绘制一个圆形，每单击鼠标左键一次则圆的颜色会变化一次。

思　考　题

有人说，图形设备环境就是外面装了一个软件壳的图形显示设备，这个说法对不对？

第 **5** 章

CHAPTER

MFC 的通用类

在 MFC 中,仍然可以使用 Windows 及 C 的所有数据类型。但是,为了把数据与对数据的操作方法封装到一起,MFC 定义了一些和数据相关的类,习惯上人们把这些类叫做通用类。

本章主要内容:

- 简单数据类(CPoint、CSize、CRect)。
- 字符串类(CString)。
- 集合数据类的基本概念及 CArray 类。
- 文档类和视图类之间的数据传递。

5.1 简单数据类

5.1.1 点类 CPoint

MFC 用 CPoint 类的对象来描述一个平面上的点。这个类常用的两个构造函数为:

```
CPoint(int initX,          //initX 为点的横坐标
       int initY );        //initY 为点的纵坐标

CPoint( POINT initPt );    //这是以 POINT 结构类型为参数的构造函数
```

POINT 结构的定义为:

```
typedef struct tagPOINT {
    LONG x;
    LONG y;
} POINT;
```

在 CPoint 类中有两个常用的成员函数:Offset(int xOffset, int yOffset)和 Offset(POINT point)。这两个函数的作用是把点对象进行移动,移动的距离分别为 xOffset 和 yOffset。

CPoint 类还重载了一些有用的运算符,见表 5-1。

表 5-1　CPoint 类重载的运算符

运　算　符	说　　明	运　算　符	说　　明
operator＋＝	给点补偿一个偏移（增加）	operator！＝	检查两个点是否不相等
operator－＝	给点补偿一个偏移（减少）	operator＝＝	检查两个点是否相等

5.1.2　矩形类 CRect

在 MFC 中，CRect 类对象用来描述一个矩形，这个矩形的形状如图 5-1 所示。

CRect 常用的两个构造函数为：

```
CRect( int l, int t, int r, int b );
CRect( const RECT& srcRect );
```

其中，RECT 是 Windows 定义的一个结构。

```
typedef struct _RECT {
    LONG left;
    LONG top;
    LONG right;
    LONG bottom;
} RECT;
```

(l,t)
(left,top)

(r,b)
(right,bottom)

图 5-1　矩形的坐标

CRect 类中常用的成员函数见表 5-2。

表 5-2　CRect 常用的操作

操　　作	说　　明	操　　作	说　　明
Width( )	返回矩形的宽度	BottomRight( )	返回矩形的右下角位置
Height( )	返回矩形的高度	CenterPoint( )	返回矩形的宽度中心位置
TopLeft( )	返回矩形的左上角位置		

CRect 类中常用的运算符见表 5-3。

表 5-3　CRect 常用的运算符

运　算　符	说　　明	运　算　符	说　　明
operator＋＝	给 CRect 加入一个偏移量	operator！＝	检查两个矩形是否不相等
operator－＝	给 CRect 减去一个偏移量	operator＝＝	检查两个矩形是否相等

5.1.3　尺寸类 CSize

在 MFC 中，用 CSize 类来描述一个矩形区域的大小，见图 5-2。

CSize 类常用的两个构造函数为：

```
CSize( int initCX, int initCY );
CSize( SIZE initSize );
```

其中,SIZE 是 Windows 定义的一个结构。

```
typedef struct tagSIZE {
    LONG cx;
    LONG cy;
} SIZE;
```

图 5-2　尺寸

5.1.4　字符串类 CString

MFC 把对字符串的处理方法封装在类 CString 中,从而对字符串提供了强有力的支持。

CString 常用的构造函数为:

```
CString( );
CString( const unsigned char * psz );
```

CString 类提供的部分方法和运算符见表 5-4。

表 5-4　CString 类提供的部分方法和运算符

方法和运算符	说　　明
Empty( )	强制使字符串的长度为 0
GetAt( )	返回给定位置的字符
GetLength( )	返回字符串中字符的个数(不包含终止符)
SetAt( )	在给定位置设置一个字符
operator[]	返回给定位置的字符(其作用与 GetAt 相同)
operator=	给字符串赋一个新值
operator+	连接两个字符串,形成一个新字符串
operator+=	把一个字符串追加在一个原有字符串的尾部

例 5-1　CString 类的应用实例。

(1) 用 MFC AppWizard 创建一个名称为 MFCexp5_1 的单文档应用程序框架。

(2) 在视图类的鼠标左键按下消息中输入如下代码。

```
void CMFCexp5_1View::OnLButtonDown( UINT nFlags, CPoint point)
{
    CString str1="This is an easy way to perform";
    CString str2="string concantenation!";
    CString str3=str1+" "+str2;
    AfxMessageBox(str3,MB_OK|MB_ICONINFORMATION);
    CView::OnLButtonDown(nFlags, point);
```

```
}
```

程序运行结果见图 5-3。

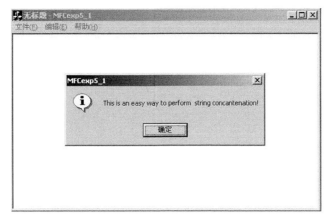

图 5-3　例 5-1 程序运行并响应单击鼠标左键后的结果

5.2　群体数据类

为了处理诸如数组、链表之类的群体数据，MFC 在头文件 afxtempl. h 中提供了基于模板的群体数据类和非基于模板的群体数据类。基于模板的群体数据类有 CArray、CList 和 CMap，它们在 MFC 类继承层次中的位置见图 5-4。本章只介绍 CArray 类，其他群体数据类，请读者参阅 Visual C ++ 的帮助文档。

图 5-4　群体类在 MFC 类继承层次中的位置

用 CArray 类对象可以创建数组，并提供很多对数组元素进行操作的成员函数。由于这是一个类模板，因此可以对任意数据类型的数据进行处理。CArray 类的声明如下：

```
template< class TYPE, class ARG_TYPE>
class CArray : public CObject;
```

其中，TYPE 参数是数组元素的数据类型，而 ARG_TYPE 是类成员函数形参的数据类型。

定义 CArray 类对象的语法如下：

CArray<数组元素的数据类型,成员函数形参的数据类型> 对象名;

例如：

```
CArray<CPoint,CPoint&>m_P;
```

即定义了一个数组对象 m_P,数组元素的数据类型为 CPoint,而数组对象成员函数的形参数据类型为 CPoint&。

为了方便用户对 CArray 类对象的操作,类中提供了丰富的成员函数,其中部分函数见表 5-5。

表 5-5　CArray 类的部分成员函数和重载的运算符

成 员 函 数	说　　明
int GetSize( ) const	返回数组的大小
void SetSize(int nNewSize)	设置数组的大小
void RemoveAll( )	清除数组的所有元素
TYPE GetAt(int nIndex)const	返回下标为 nIndex 元素的值
int Add(ARG_TYPE newElement)	在数组的尾部添加元素
int Append(const CArray& src)	在数组的尾部添加另一个数组
operator [ ](int nIndex) const	访问下标为 nIndex 的元素

例 5-2　编写一个应用程序,当按下鼠标左键时,在鼠标的光标位置会显示一个随机大小的矩形。

说明:首先定义一个用于存放矩形数据的数组 m_Rectag,然后用库函数 rand( ) 和相应的辅助计算产生描述矩形尺寸的 CRect 类型数据,并将数据存入数组中,最后在 OnDraw( ) 函数中显示该数组表示的矩形。

(1) 用 MFC AppWizard 创建一个名为 MFCexp5_2 的单文档应用程序框架。

(2) 在应用程序头文件 StdAfx.h 中加入包含命令。

```
#include <afxtempl.h>
```

(3) 在视图类的声明中定义一个存放 CRect 类型元素的数组 m_Rectag。

```
class CMFCexp5_2View : public CView
{
protected:
    CArray<CRect,CRect&>m_Rectag;
    ⋮
};
```

(4) 在视图类的构造函数中定义 m_Rectag 数组的大小。

```
CMFCexp5_2View::CMFCexp5_2View()
{
    m_Rectag.SetSize(256,256);
}
```

(5) 在视图类鼠标左键按下消息响应函数中,将每次单击鼠标产生的矩形数据存入数组。

```
void CMFCexp5_2View::OnLButtonDown(UINT nFlags, CPoint point)
{
    int r=rand( )%50+5;
    CRect Ret(point.x-r,point.y-r,point.x+r,point.y+r);
    m_Rectag.Add(Ret);
    InvalidateRect(Ret,FALSE);        //触发 OnDraw( )函数
    CView::OnLButtonDown(nFlags, point);
}
```

（6）在视图类的 WM_PAINT 消息响应函数中重画数组中的矩形。

```
void CMFCexp5_2View::OnDraw(CDC * pDC)
{
    for(int i=0;i<m_Rectag.GetSize( );i++)
        pDC->Rectangle(m_Rectag[i]);
}
```

程序运行结果见图 5-5。

图 5-5　例 5-2 程序运行结果

5.3　数据在文档/视图结构程序中的位置

前面已经说过,用 Visual C++ 的 MFC AppWizard 生成的程序,一般是文档/视图结构的。在这种程序结构中,文档对象和视图对象分工是十分明确的,文档对象存储、管理和维护数据,而视图对象显示和操作数据。所以,在文档/视图结构的应用程序中,要在文档类的声明中定义数据对象以及对它们的操作函数,在文档类的构造函数中初始化数据对象,而数据对象的显示则在视图类对象中完成。

为了在视图对象中对文档对象的成员进行访问,视图类提供了一个成员函数 GetDocument( ),它的原型为：

```
CDocument * GetDocument( ) const;
```

其返回值是文档对象的指针。

　　所以,对文档的数据操作之前,在视图对象中应该用视图类的成员函数 GetDocument( )
先获取文档对象的指针,然后再通过该指针对文档的成员进行访问。

　　例 5-3　用文档/视图结构程序完成例 5-2。

　　(1) 用 MFC AppWizard 创建一个名称为 MFCexp5_3 的单文档应用程序框架。

　　(2) 在应用程序头文件 StdAfx.h 中加入包含命令。

```
#include<afxtempl.h>
```

　　(3) 在文档类声明中定义数组类对象 m_Rectag。

```
class CMFCexp5_3Doc : public CDocument
{
    ⋮
public:
    CArray<CRect,CRect&>m_Rectag;
};
```

　　(4) 在文档类的构造函数中定义数组的大小。

```
CMFCexp5_3Doc::CMFCexp5_3Doc( )
{
    m_Rectag.SetSize(256,256);
}
```

　　(5) 在视图类的 OnLButtonDown 函数中设置指向文档的指针并通过该指针获取文
档的成员。

```
void CMFCexp5_3View::OnLButtonDown(UINT nFlags, CPoint point)
{
    CMFCexp5_3Doc * pDoc=GetDocument( );          //获取文档指针
    int r=rand( )%50+5;
    CRect Ret(point.x-r,point.y-r,point.x+r,point.y+r);
    pDoc->m_Rectag.Add(Ret);                      //向文档中数组添加元素
    InvalidateRect(Ret,FALSE);                    //触发 OnDraw( )函数
    CView::OnLButtonDown(nFlags, point);
}
```

　　(6) 在 OnDraw 函数中画出数组中的矩形。

```
void CMFCexp5_3View::OnDraw(CDC * pDC)
{
    CMFCexp5_3Doc * pDoc=GetDocument( );      //获取文档指针
    ASSERT_VALID(pDoc);
    for(int i=0;i<pDoc->m_Rectag.GetSize( );i++)
        pDC->Rectangle(pDoc->m_Rectag[i]);
}
```

小　　结

- 本章重点介绍了几个 MFC 编程中经常使用的简单通用数据类。主要通过讲解通用类的操作,使读者能够在编程过程中恰当地使用这些简单通用数据类。
- 本章还介绍了 MFC 中的群体数据类,群体数据类基本上都是通过模板类实现的。
- 视图类对象是用成员函数 GetDocument( )获得文档类对象指针的,然后视图对象就可以通过这个指针来访问文档对象中的数据。

练　习　题

5-1　解释下列语句的含义。

(1) CString s;

(2) CString s("Hello, Visual C ++ 6.0");

(3) CString s('A',100);

(4) CString s(buffer,100);

(5) CString s(anotherCString);

5-2　执行下列语句后,s 字符串中的内容是什么?

CString s(CString("Hello, world").Left(6)+CString("Visual C++").Right(3));

5-3　现有语句 CString s("My,name,is,C ++ ");若想将 s 字符串中的“,”号全部更换成“ ”,将如何编写语句?

5-4　CString 创建时只分配 128B 的缓冲区,如何分配更大的缓冲区?

5-5　编写一个满足下面要求的单文档界面应用程序。

(1) 单击左键显示“您已经单击左键了”。

(2) 单击右键显示“您已经单击右键了”。

5-6　编写一个单文档界面应用程序,该程序可以测试在鼠标左键按下时鼠标光标的位置是否处在某规定的矩形框内,如果不在该矩形内则计算机的扬声器会发出“叮”的声音,反之则会在用户区显示光标的位置。

5-7　编写一个单文档界面应用程序,该程序在用户区能以在两个矩形的相交矩形为外接矩形画一个椭圆。

思　考　题

有人说,通用类就是自带操作方法的数据,对不对?

第 **6** 章 Windows 应用程序界面的设计

凡是对 Windows 应用程序有一定了解的人都知道,Windows 应用程序界面具有大量的窗口和对话框。应用程序的窗口设计得好坏会直接影响到应用程序的质量。

本章主要内容:
- SDI 界面和 MDI 界面。
- SDI 界面窗口的样式。
- 拆分窗口及其显示的同步更新。
- 带有滚动条窗口的创建。

6.1 SDI 和 MDI 界面

用户使用应用程序时,如果程序一次只能打开一个文档,那么这种程序就叫做 SDI(单文档界面)程序,反之就叫做 MDI(多文档界面)程序。

MDI 界面的应用程序具有一个主窗口,用户可以在这个主窗口中打开若干个显示不同文档的小窗口,这些小窗口称做 MDI 子窗口。

事实上,MDI 应用程序是 Visual C++ 应用程序向导 MFC AppWizard 的默认选项。选用该选项生成的应用程序在运行后会显示两个窗口:一个框架窗口(父窗口)和一个处在框架窗口内部的小窗口(子窗口),见图 6-1。在程序运行时,选择菜单【窗口】|【新建】选项还可以在框架窗口中再生成若干个子窗口,见图 6-2。

MDI 框架窗口是 MFC 的 CMDIFrameWnd 派生类对象,而框架窗口中的子窗口则是 CChildFrame 派生类的对象。

图 6-1　基本 MDI 程序界面

图 6-2　可以在框架窗口中打开多个子窗口

6.2　SDI 界面窗口的样式

使用 MFC 可以设计多种样式的应用程序窗口。设计时，既可以在向导 MFC AppWizard 的各个对话框中以选项的方式确定程序的窗口样式，也可以在框架窗口类的成员函数 PreCreateWindow 中用代码来选择程序的窗口样式。

6.2.1　在 MFC AppWizard 中确定窗口样式

在使用 Visual C ++ 提供的应用程序向导 MFC AppWizard 生成程序框架时，有 3 个机会允许程序员选择应用程序窗口的样式。一是在 MFC AppWizard-Step 1（见图 6-3）时，可以选择 SDI、MDI 还是以对话框为界面的窗口样式；二是在 MFC AppWizard-Step 4（见图 6-4）时，可以通过选项来确定窗口上是否需要工具条、状态条以及何种外观等一些选择；三是在 MFC AppWizard-Step 4 中单击 Advanced 按钮后弹出的对话框中来选择窗口的样式，见图 6-5。

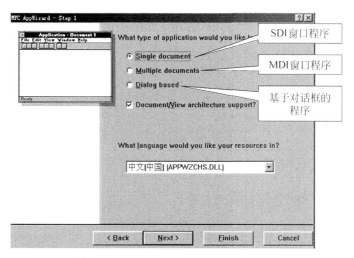

图 6-3　MFC AppWizard-Step 1 的选项

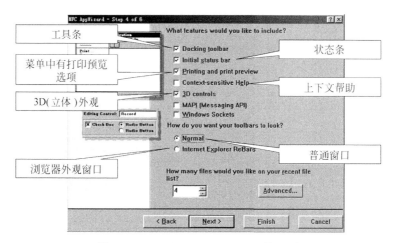

图 6-4　MFC AppWizard-Step 4 的选项

6.2.2　在函数 PreCreateWindow 中修改窗口的样式

在图 6-6 中可以看到，在由程序设计向导生成的程序的框架窗口类中，有一个成员函数 PreCreateWindow。这是一个在创建窗口前一刻被调用，并且可以重写的虚函数，因此可以在这个成员函数中对程序的窗口样式进行设定。

PreCreateWindow 函数的原型为：

图 6-5   Advanced Options 中的选项

图 6-6   框架窗口类的成员函数 PreCreateWindow( )

```
virtual BOOL PreCreateWindow( CREATESTRUCT& cs );
```

其中,参数 cs 是一个结构变量,该结构的定义为:

```
typedef struct tagCREATESTRUCT {
    LPVOID  lpCreateParams;
    HANDLE  hInstance;
    HMENU   hMenu;
    HWND    hwndParent;
    int   cy;           //窗口的高度
    int   cx;           //窗口的宽度
    int   y;            //窗口左上角的 y 值
    int   x;            //窗口左上角的 x 值
    LONG   style;       //窗口的样式
    LPCSTR  lpszName;
    LPCSTR  lpszClass;
    DWORD   dwExStyle;
} CREATESTRUCT
```

其中, style 的可取值见表 6-1。

表 6-1　style 的常数

style 的常数	说　　明
WS_BODER	创建带有边界线的窗口
WS_CAPTION	创建带有标题栏的窗口
WS_CHILD	创建一个子窗口
WS_CLIPCHILDREN	在父窗口上绘图时, 禁止程序在子窗口上绘图
WS_CLIPSIBLINGS	在一个子窗口上绘图时, 禁止程序在其他子窗口上绘图
WS_DISABLED	创建一个没有功能的窗口
WS_DLGFRAME	创建一个带有双线边界而没有标题栏的窗口
WS_GROUP	指定控制组中的第一个控制
WS_HSCROLL	创建带有水平滚动条的窗口
WS_MAXMIZE	创建最大化的窗口
WS_MAXMIZEBOX	创建带有最大化按钮的窗口
WS_MINIMIZE	创建最小化的窗口
WS_MINIMIZEBOX	创建带有最小化按钮的窗口
WS_OVERLAPPED	创建带有标题栏和边界线的窗口
WS_OVERLAPPEDWINDOW	组合了 WS_OVERLAPPED、WS_SYSMENU、WS_CAPTION、WS_THIKEFRAME、WS_MAXMIZEBOX、WS_MINIMIZEBOX
WS_POPUP	创建一个弹出式窗口
WS_POPUPWINDOW	组合了 WS_POPUP、WS_BODER 和 WS_SYSMENU 样式
WS_SYSMENU	创建带有控制菜单的窗口
WS_TABSTOP	指定可用制表键选择的控件
WS_THIKEFRAME	创建带有可伸缩框架的窗口
WS_VISIBLE	创建可见的窗口
WS_VSCRALL	创建带有垂直滚动条的窗口

例 6-1　使用框架窗口类的 PreCreateWindow 函数修改程序窗口的实例。

(1) 用 MFC AppWizard 创建一个名称为 MFCexp6_1 的单文档应用程序框架。

(2) 在应用程序框架类的 PreCreateWindow 中填写如下代码:

```
cs.cx=600;
cs.cy=400;
cs.x=100;
cs.y=100;
```

```
cs.style=WS_OVERLAPPED;
```

例 6-1 应用程序的运行结果见图 6-7。

图 6-7　例 6-1 程序运行结果

从图 6-7 中可见，由于在结构 cs 的 style 中没有包括 WS_MINIMIZEBOX 和 WS_MAXIMIZEBOX 样式，所以生成的窗口没有最大化、最小化和恢复按钮。同样，由于没有包含 WS_SYSMENU 和 WS_THICKFRAME 样式，故该窗口也没有系统菜单和可以伸缩的边框线。

若把程序中窗口样式设定语句改为：

```
cs.style=WS_OVERLAPPED|WS_VSCROLL;
```

则该程序的窗口上会出现一个垂直滚动条，如图 6-8 所示。

图 6-8　例 6-1 修改后的程序运行结果

6.2.3　可拆分为小窗口的 SDI 界面

在文档比较大时,为了能在不同的位置观察文档并能对其进行修改,常常需要程序能多建立几个窗口,即可以把一个大窗口拆分为几个小窗口。图 6-9 展示了可拆分窗口的程序界面,其中图 6-9(a)是可拆分窗口界面拆分前的情况,图 6-9(b)是拉动或双击拆分棒将窗口拆分为两个小窗口的情况。

(a) 拆分前　　　　　　　　　　　　　　　　(b) 拆分后

图 6-9　可拆分窗口的界面

在 MFC 中只有具有文档/视图结构的应用程序才可以设计可拆分窗口的界面,因为只有在这种结构中才能对同一个文档对象建立多个视图对象。

MFC 提供了多种方法来设计带有可拆分窗口界面程序,其中最简便的方法是在 MFC 提供的程序设计向导 MFC AppWizard 的第四步中,按下 Advanced 按钮,在随后打开的 Advanced Options 对话框中选择 Window Styles 选项卡,并在该选项卡中选择 Use split window 选项,见图 6-10。这样,由向导生成程序就会具有可拆分窗口的界面了。

图 6-10　在向导的选项中选择可拆分窗口的界面

6.3 拆分窗口的同步更新及更新效率

6.3.1 拆分窗口的同步更新

通过拆分窗口，可以使同一个文档具有多个显示窗口，每个窗口都是一个可以独立对文档进行操作的界面。也就是说，不管是在哪个窗口对文档进行操作，被改变的一定是同一个文档。于是，就要求应用程序的所有拆分窗口应该具有同步更新显示的能力。也就是说，在某个窗口改变了文档数据之后，其他窗口都应能立即显示修改后数据的变化。

为了实现上述功能，MFC 在文档类中设计了一个可以通知该文档除了 pSender 之外的所属全部窗口（视图）进行更新显示的函数 UpdateAllViews，这个函数的作用就是调用拆分窗口的 OnDraw 函数，从而对视图进行重绘。这个函数的原型为：

```
void UpdateAllViews(CView * pSender,      //该函数的调用者
                    LPARAM lHint=0L,
                    CObject * pHint=NULL );
```

UpdateAllViews 函数中的第一个参数 pSender 是用来指定哪个视图对象不需要进行更新的。如果在调用这个函数时，把函数中的第一个参数 pSender 设置为 NULL，而其他参数使用默认值，这个函数会把文档对象所对应的所有视图对象都进行显示更新。

例 6-2 可以同步更新所有窗口的应用程序。

说明：本例仍然实现例 5-3 程序的功能。为了实现具有可拆分窗口的程序界面，在使用程序向导创建应用程序时，在第 4 步中选择 Use split window。为了实现文档对象对应的所有拆分窗口的显示同步进行更新，在视图对象中要调用文档类的成员函数 UpdateAllViews。

下面只列出了视图类 OnLButtonDown 函数中的程序代码。

```
void CMFCexp6_2View::OnLButtonDown(UINT nFlags,
                                            CPoint point)
{
    CMFCexp6_2Doc * pDoc=GetDocument();          //获取文档指针
    int r=rand( )%50+5;
    CRect Ret(point.x-r,point.y-r,point.x+r,point.y+r);
    pDoc->m_Rectag.Add(Ret);                     //向文档中数组添加元素
    pDoc->UpdateAllViews(NULL);                  //使用了更新所有视图的函数
    CView::OnLButtonDown(nFlags, point);
}
```

程序运行结果见图 6-11。

在程序运行时，如果在某个窗口单击鼠标就会出现一个矩形，同时其他窗口也会同时显示该矩形。

6.3.2 提高拆分窗口更新效率的方法

如果一个文档对应的视图比较多而且需要显示的数据量又比较大的话，那么每次修

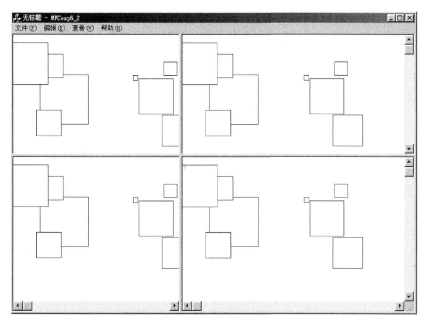

图 6-11　可同步更新的可拆分窗口

改文档都进行全部显示更新就会花费较多的时间,严重的时候会使显示器出现闪烁的现象。解决问题的办法就是在修改文档数据之后,只更新被修改的部分,而其余未被修改的部分就不更新了,这样就可以大大提高更新效率了。

1. 理解视图类的成员函数 InvalidateRect

有效提高拆分窗口显示更新效率的方法,是让程序只重绘必须重绘的部分。这样,就可以大大地减少绘图所需要的时间。这个需要重绘的区域也叫做无效显示区。无效显示区一般定义为一个矩形区域,见图 6-12。

从图 6-12 中可以知道,当程序需要新绘制一个圆形时,只要重新绘制矩形内部的图形就可以了,而没有把窗口中所有的图形都重绘一遍的必要。

在前面几章的程序例子中,当在视图中完成绘图的操作之后,都是用视图类的成员函数 InvalidateRect 来触发 OnDraw 函数对显示屏幕进行重绘的。函数 InvalidateRect(LPCRECT lpRect,BOOL bErase=TRUE)中的第一个参数 lpRect 就是用来指定无效区域的。因此对于本视图无效区域的重绘极为简单,只要在调用 InvalidateRect 函数时,把计算出的无效区域矩形传递给函数的第一个参数就可以了。其实,在例 5-2 中已经这样做了。

2. 理解文档类的成员函数 UpdateAllViews

上面已经讲到,可以在完成绘图操作之后,通过调用 InvalidateRect 函数对本视图的无效区域进行显示更新的方法来提高更新效率。但其余视图的更新还得由视图通过调用文档类的成员函数 UpdateAllViews 来进行通知。但是要把 this 指针传递给 UpdateAllViews 函数的第一个参数,这样函数 UpdateAllViews 就不会向调用 UpdateAllViews 函数的视图对象发出更新命令了。

图 6-12　无效显示区域的概念

如果按上面的意图来修改例 6-2,则修改部分的代码应该为:

```
void CMFCexp6_2View::OnLButtonDown(UINT nFlags,
                                        CPoint point)
{
    CMFCexp6_2Doc * pDoc=GetDocument();          //获取文档指针
    int r=rand()%50+5;
    CRect Ret(point.x-r,point.y-r,point.x+r,point.y+r);
    pDoc->m_Rectag.Add(Ret);                     //向文档中数组添加元素
    InvalidateRect(Ret,FALSE);                   //更新本视图对象的无效区域
    pDoc->UpdateAllViews(this);                  //更新其余视图
    CView::OnLButtonDown(nFlags, point);
}
```

那么能否把无效区域传递给其他视图上的 InvalidateRect 函数,而使其他视图也只对无效区域进行重绘呢? 这是可以的,但过程就要复杂一些了。

其实文档类的成员函数 UpdateAllViews 之所以能够通知与文档对象对应的所有视图进行显示更新,就是因为在 UpdateAllViews 函数中又调用了各个视图的成员函数 OnUpdate,这个函数是个虚函数,它的原型为:

```
void OnUpdate(CView * pSender, LPARAM lHint, CObject * pHint);
```

从函数的原型可以看到,这个函数的第 3 个参数 pHint 是一个 CObject 类的对象。再观察一下 UpdateAllViews 函数的原型就会发现,它的第 3 个参数也是一个 CObject 类的对象,这样就给传递无效区域提供了机会。程序员可以改写视图类的虚函数

OnUpdate,在 OnUpdate 函数中再调用视图类的成员函数 InvalidateRect,而把无效区域的信息通过 CObject 派生类对象依次传递到函数 InvalidateRect 中来,见图 6-13。

图 6-13　无效显示区域信息的传递

为此,程序员应该设计一个以 CObject 为基类的类,在该类中封装无效区域的相关数据及算法,然后创建这个类的对象,并以这个对象作为实参调用函数 UpdateAllViews,然后在函数 OnUpdate 中计算出无效区域的矩形后,再调用 InvalidateRect 函数来触发 OnDraw 对无效区域进行重绘,这样就可以大大提高重绘效率了。

例 6-3　编写一个带有可拆分窗口的 SDI 应用程序,当鼠标单击窗口用户区时,可以在鼠标位置出现一个直径随机大小的圆。要求使用无效区进行窗口显示的同步更新。

(1) 用 MFC AppWizard 创建一个名称为 MFCexp6_3 的单文档应用程序框架。

(2) 在程序的头文件 StdAfx. h 中包含头文件。

```
#include<afxtempl.h>
```

(3) 由 CObject 派生一个描述重绘区的类。

```
class CDrawRect:public CObject
{
public:
    CRect m_DrawRect;
};
```

(4) 在文档中定义数组。

```
class CMFCexp6_3Doc : public CDocument
{
⋮
public:
    CArray<CRect,CRect&>m_Rectag;
⋮
};
```

(5) 在文档的构造函数中定义数组的大小。

```
CMFCexp6_3Doc::CMFCexp6_2Doc( )
{
```

```
    m_Rectag.SetSize(256,256);
}
```

（6）在视图类中声明一个重绘区类的指针。

```
class CMFCexp6_3View : public CView
{
public:
    CDrawRect * m_ViewDrRect;
};
```

（7）在视图类中包含头文件。

```
#include"DrawRect.h"
```

（8）在视图类的构造函数中创建重绘区类的对象。

```
CMFCexp6_2View::CMFCexp6_2View()
{
    m_ViewDrRect=new CDrawRect;
}
void CMFCexp6_3View::OnLButtonDown(UINT nFlags,
                                  CPoint point)
{
    CMFCexp6_3Doc * pDoc=GetDocument();     //获取文档指针
    int r=rand()%50+5;
    CRect Ret(point.x-r,point.y-r,point.x+r,point.y+r);
    pDoc->m_Rectag.Add(Ret);                //向文档中数组添加元素
    m_ViewDrRect->m_DrawRect=Ret;           //将矩形参数赋予重绘区类成员
    InvalidateRect(Ret,FALSE);              //触发 OnDraw()函数
//传递无效区类对象
    pDoc->UpdateAllViews(this,0L,m_ViewDrRect);
    CView::OnLButtonDown(nFlags, point);
}
```

（9）改写视图类的虚函数 OnUpdate 并使用重绘区对象指定重绘区域。

```
void CMFCexp6_3View::OnUpdate(CView * pSender,
                LPARAM lHint, CObject * pHint)
{
    CDrawRect * pDrawRect=(CDrawRect * )pHint;
    InvalidateRect(pDrawRect->m_DrawRect,FALSE);
}
```

（10）在视图类的 OnDraw 函数中绘图。

```
void CMFCexp6_3View::OnDraw(CDC * pDC)
{
    CMFCexp6_3Doc * pDoc=GetDocument();     //获取文档指针
```

```
    ASSERT_VALID(pDoc);
    for(int i=0;i<pDoc->m_Rectag.GetSize();i++)
        pDC->Ellipse(pDoc->m_Rectag[i]);
}
```

6.4　创建带有滚动条的窗口

为了使程序员可以很方便地创建各种不同形式的程序界面，MFC 以 CView 类为基类派生了一些具有增强功能的派生类，关于这些派生类的说明见表 6-2。

表 6-2　CView 派生类的说明

类	说　　明
CEditView	实现像便签式多行正文编辑器的视图
CFormView	使用对话框控件模板资源来定义用户应用程序接口的滚动视图
CListView	支持重点在列表控件的文档/视图结构的视图
CRecordView	显示对话框控件中的数据库记录的视图
CRichEditView	支持重点在多功能编辑控件的文档/视图结构的视图
CScrollView	提供支持自动化滚动的视图
CTreeView	支持重点在树控件的文档/视图结构的视图

这些增强的视图类，都可以作为应用程序视图类的基类。以哪个增强类作为应用程序的视图基类，在程序设计时，需要在程序框架向导 MFC Wizard 的第 6 个对话框中来选择，见图 6-14。

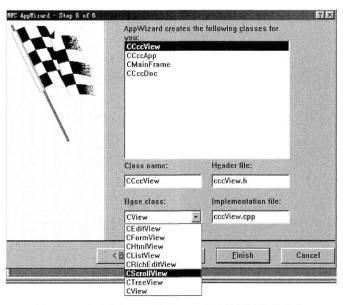

图 6-14　在 MFC Wizard-Step 6 中选择视图类的基类

如果在 MFC Wizard-Step 6 中选择 CScrollView 类为应用程序视图类的基类的话，那么这个视图类的对象就会自动带有滚动条，剩下的就是根据需要来设置滚动条参数的问题了。

在程序设计时，如果使用 MFC AppWizard 生成程序框架，并选择了增强类 CScrollView 作为应用程序视图类的基类。那么，在编程环境的 ClassView 窗口中就会看到，应用程序视图类中含有一个成员函数 OnInitialUpdate。这个函数是一个虚函数，它只在生成视图对象且与文档结合时，被程序框架调用一次，因此这是初始化滚动条参数的地方。为了对滚动条进行初始化，在这个函数中调用了函数 SetScrollSizes（参见图 6-15），该函数的原型为：

```
void SetScrollSizes(
    int nMapMode,                           //映射模式,一般为 MM_TEXT
    SIZE sizeTotal,                         //文档的尺寸
    const SIZE& sizePage=sizeDefault,       //每滚动一页的尺寸
    const SIZE& sizeLine=sizeDefault );     //每滚动一行的尺寸
```

图 6-15　虚函数 OnInitialUpdate( )

使用滚动条可以使视图在文档上面上下左右地滚动（移动），从而使视图可以根据需要显示文档的各个部分。图 6-16 表达了函数 SetScrollSizes 中各参数的含义。

例 6-4　把例 6-3 的程序界面改为一个带有滚动条的窗口，文档的宽为 3000，高为 2000，滚动页为 50，滚动行为 10。

说明：用增强的 CScrollView 类派生应用程序的视图类 CMFCexp6_4View，并重写虚函数 OnInitialUpdate，其代码如下：

```
void CMFCexp6_4View::OnInitialUpdate()
{
    CSize sizeTotal(3000,2000);
    CSize sizePage(50,50);
    CSize sizeLine(10,10);
    SetScrollSizes(MM_TEXT, sizeTotal,
                    sizePage, sizeLine);
}
void CMFCexp6_4View::OnLButtonDown(UINT nFlags, CPoint point)
```

图 6-16　函数 SetScrollSizes( )参数的含义

```
{
    CMFCexp6_4Doc * pDoc=GetDocument( );        //获取文档指针
    int r=rand( )%50+5;
    CRect Ret(point.x-r,point.y-r,point.x+r,point.y+r);
    pDoc->m_Rectag.Add(Ret);                    //向文档中数组添加元素
    m_ViewDrRect->m_DrawRect=Ret;               //将矩形参数赋予重绘区类成员
    Invalidate( );                              //触发本视图对象的 OnDraw( )函数 Rect
    CScrollView::OnLButtonDown(nFlags, point);
}
```

程序的其他部分照抄例 6-3 的代码。程序运行结果见图 6-17。

图 6-17　例 6-4 程序的运行结果

从图 6-17 中可以看到，在贴近窗口右侧的边框画几个出界的圆，然后使用水平滚动条使窗口向右侧滚动，则会完整地显示这些圆。

但是，如果只是简单地按上述方法编写处理滚动条的代码，还是会出现一些问题。如果先使用滚动条把窗口向右移动后，要在圆 1 的右上角 2 位置绘制一个圆 2，结果就会出现如图 6-18 所描述的情况：在鼠标单击的位置什么都没有出现，而在圆 1 的左上角却出现了圆 2。这是为什么呢？原来使用滚动条后，窗口已经发生向右的移动，从而使文档的坐标原点与视图的原点实际已不再重合。但是由于视图类不能对此变化进行自动修正，因而在绘图时，程序仍然把文档的坐标原点与视图的原点视为重合，因此出现了错误。

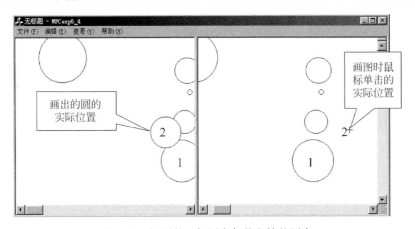

图 6-18　视图的坐标原点仍是文档的原点

为了解决这个问题，在绘图时就需要把视图的坐标转换为文档的坐标，而在显示文档数据时则需把文档的坐标再转换为视图的坐标。这时就需要使用 DC 类的成员函数 DPtoLP 和 LPtoDP 了。这两个函数的原型为：

```
void DPtoLP( LPPOINT lpPoints, int nCount=1 ) const;
void DPtoLP( LPRECT lpRect ) const;
void DPtoLP( LPSIZE lpSize ) const;
```

和

```
void LPtoDP( LPPOINT lpPoints, int nCount=1 ) const;
void LPtoDP( LPRECT lpRect ) const;
void LPtoDP( LPSIZE lpSize ) const;
```

其中，函数 DPtoLP 能把设备坐标（视图坐标）转换为逻辑坐标（文档坐标），而函数 LPtoDP 则刚好相反，是把逻辑坐标转换为设备坐标。因此要对程序中函数 OnLButtonDown( ) 和 OnUpdate( ) 的代码做如下修改。

```
//鼠标按下消息的处理函数
void CMFCexp6_4View::OnLButtonDown(UINT nFlags, CPoint point)
{
    CClientDC dc(this);                    //获得视图的 DC
```

```
    OnPrepareDC(&dc);                        //这是一个和坐标映射相关的函数
    dc.DPtoLP(&point);                       //在绘图之前把鼠标位置坐标转换为逻辑坐标
    CMFCexp6_4Doc * pDoc=GetDocument();      //获取文档指针
    int r=rand()%50+5;
    CRect Ret(point.x-r,point.y-r,point.x+r,point.y+r);
    pDoc->m_Rectag.Add(Ret);                 //向文档中数组添加元素
    m_ViewDrRect->m_DrawRect=Ret;            //将矩形参数赋予重绘区类成员
    dc.LPtoDP(&Ret);                         //显示数据之前把逻辑坐标转换为设备坐标
    InvalidateRect(Ret,FALSE);               //触发本视图的 OnDraw( )函数
    pDoc->UpdateAllViews(this,0L,m_ViewDrRect);
    CScrollView::OnLButtonDown(nFlags, point);
}
// OnUpdate 函数的代码
void CMFCexp6_4View::OnUpdate(CView * pSender,
                        LPARAM lHint, CObject * pHint)
{
    CDrawRect * pDrawRect=(CDrawRect * )pHint;
    CRect Ret;
    Ret=pDrawRect->m_DrawRect;
    CClientDC dc(this);                      //获得视图的 DC
    OnPrepareDC(&dc);
    dc.LPtoDP(&Ret);                         //显示数据之前把逻辑坐标转换为设备坐标
    InvalidateRect(Ret,FALSE);
}
```

小　结

- Windows 应用程序的界面有单文档界面和多文档界面的区别,目前多文档界面已不被人们所喜欢。
- 每次绘图操作结束后要调用视图类的成员函数 InvalidateRect( )启动 OnDraw( )函数以更新显示。
- 文档/视图类型的应用程序可以实现一个文档多个显示,但是在文档的内容发生改变的时候,要对所有的视图进行更新。
- 在需要时,应用程序的界面可以设计为带有滚动条的窗口形式。但在设计时要注意文档坐标与视图坐标之间的转换。

练　习　题

6-1　应用程序的界面有哪 3 种方式?

6-2　分别说明什么是 SDI 界面的程序和什么是 MDI 界面的程序?

6-3　在使用 Visual C ++ 提供的应用程序向导 MFC AppWizard 生成程序框架时,有

哪几个机会允许程序员选择应用程序窗口的样式？

6-4 使用框架窗口类 PreCreateWindow( )函数用坐标(200,200),(400,400)设计一个应用程序的窗口。

6-5 如何用 MFC 提供的程序设计向导实现具有可拆分窗口的界面程序？

6-6 文档类的成员函数 UpdateAllViews( )的作用是什么？

6-7 为什么拆分窗口的显示更新必须要同步？

6-8 什么是无效显示区？

6-9 如何提高拆分窗口同步更新的效率？

思　考　题

如何通过程序来关闭一个视图？

第 7 章 鼠标和键盘

CHAPTER

鼠标和键盘是计算机最常用的输入设备。当用户按动鼠标的按钮或者敲击键盘的按键时,在应用程序中都会产生相应的事件,如果应用程序中有该事件的响应程序,计算机就会执行该程序,从而完成用户所要求的任务。

本章主要内容:
- 鼠标的用户区消息和非用户区消息的处理。
- 鼠标消息的捕获。
- 处理键盘消息。

7.1 处理鼠标消息

无论任何时候,当用户移动鼠标或按动鼠标的按钮时都会产生事件,系统在捕获这些事件后会向应用程序发送相应的消息,如果应用程序中存在着这个消息的响应函数,系统则会调用这个函数完成相应的任务,否则就把这个消息交给系统进行默认处理。

根据产生鼠标消息时光标所处的位置,鼠标消息分为用户区鼠标消息和非用户区鼠标消息两类。如图 7-1 所示,在应用程序窗口中,用户经常操作的部分叫做用户区,而除此之外的区域叫非用户区。鼠标在用户区产生

图 7-1 用户区

的消息叫用户区鼠标消息,在非用户区产生的消息叫非用户区鼠标消息。

7.1.1 用户区鼠标消息

用户在应用程序窗口的用户区移动鼠标或按动鼠标时,就会产生用户区鼠标消息。表 7-1 列举了常用的用户区鼠标消息。

表 7-1 常用的用户区鼠标消息

鼠标消息	说　明	鼠标消息	说　明
WM_LBUTTONDBCLK	双击鼠标左键	WM_RBUTTONDBCLK	双击鼠标右键
WM_LBUTTONDOWN	按下鼠标左键	WM_RBUTTONDOWN	按下鼠标右键
WM_LBUTTONUP	释放鼠标左键	WM_RBUTTONUP	释放鼠标右键
WM_MOUSEMOVE	在用户区移动鼠标		

在 MFC 中,鼠标消息响应函数的原型一般为:

```
afx_msg void OnLButtonDown( UINT nFlags, CPoint point );
```

这是鼠标左键按下消息 WM_LBUTTONDOWN 的响应函数。其中,参数 point 传递了鼠标产生消息时鼠标光标在用户区上的位置;而 nFlags 参数与表 7-2 所示的常数掩码进行按位与运算后,可以表达鼠标按钮与键盘上的键同时按下的状态。

表 7-2 nFlags 参数可以使用的掩码

掩　码	nFlags 与掩码 AND 后,其值＝TRUE 的含义
MK_CONTROL	鼠标按钮被按下的同时,Ctrl 键亦被按下
MK_LBUTTON	鼠标按钮被按下的同时,鼠标左键亦被按下
MK_MBUTTON	鼠标按钮被按下的同时,鼠标中键亦被按下
MK_RBUTTON	鼠标按钮被按下的同时,鼠标右键亦被按下
MK_SHIFT	鼠标按钮被按下的同时,Shift 键亦被按下

例 7-1 编写可以在用户区中绘制一个矩形的应用程序,在按下鼠标左键后,这个矩形会把它的左上角移动到鼠标位置;而当按下 Shift 键的同时,按下鼠标左键,则矩形恢复原位置。

（1）用 MFC AppWizard 创建一个名称为 CMFCexp7_1 的单文档应用程序框架。

（2）在文档类的声明中添加一个数据成员 tagRec 来存储矩形。

```
class CMFCexp7_1Doc : public CDocument
{
⋮
public:
    CRect m_tagRec;
```

```
};
```

（3）在文档类的构造函数中，初始化数据成员。

```
CMFCexp7_1Doc::CMFCexp7_1Doc()
{
    m_tagRec.left=30; m_tagRec.top=30;
    m_tagRec.right=350; m_tagRec.bottom=300;
}
```

（4）在工程管理窗口的 Class Views 卡中，用鼠标右键单击 CMFCexp7_1View 类，在弹出的菜单中选择添加消息响应函数选项，见图 7-2。在随后的对话框中的左窗口选择 WM_LBUTTONDOWN，然后单击 Add and Edit 按钮，见图 7-3。

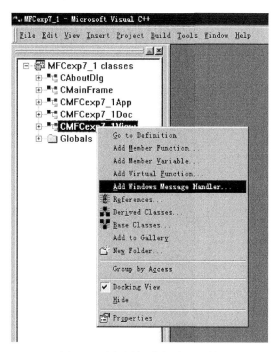

图 7-2　选择添加消息处理函数

这时，Visual C++ 自动设置了消息映射，同时也提供了这个消息的空函数。向这个空函数中添加代码。

```
void CMFCexp7_1View::OnLButtonDown(UINT nFlags, CPoint point)
{
    CMFCexp7_1Doc * pDoc=GetDocument();
    if(nFlags&MK_SHIFT)     //鼠标左键按下的同时,Shift 键是否按下
    {   pDoc->tagRec.left=30;
        pDoc->tagRec.top=30;
        pDoc->tagRec.right=350;
        pDoc->tagRec.bottom=300;
```

图 7-3　选择鼠标消息

```
        }
        else
        {
            pDoc->tagRec.left=point.x;
            pDoc->tagRec.top=point.y;
            pDoc->tagRec.right=point.x+320;
            pDoc->tagRec.bottom=point.y+270;
        }
        InvalidateRect(NULL,TRUE);
        CView::OnLButtonDown(nFlags, point);
    }
```

（5）编写 OnDraw 函数的代码。

```
void CMFCexp7_1View::OnDraw(CDC * pDC)
{
    CMFCexp7_1Doc * pDoc=GetDocument();
    ASSERT_VALID(pDoc);
    pDC->Rectangle(pDoc->m_tagRec);
}
```

例 7-2　一个测试鼠标移动消息的程序。

（1）用 MFC AppWizard 创建一个名称为 CMFCexp7_2 的单文档应用程序框架。

（2）在文档类声明中，添加一个点类的数据成员 m_Point。

```
class CMFCexp7_2Doc : public CDocument
{
    ⋮
public:
```

```
    CPoint m_Point;
};
```

（3）在视图类中添加鼠标移动消息响应函数，并输入如下代码：

```
void CMFCexp7_2View::OnMouseMove(UINT nFlags, CPoint point)
{
    CMFCexp7_2Doc * pDoc=GetDocument();
    pDoc->m_Point=point;
    InvalidateRect(NULL,FALSE);
    CView::OnMouseMove(nFlags, point);
}
```

（4）在视图类的 OnDraw 函数中添加如下代码：

```
void CMFCexp7_2View::OnDraw(CDC * pDC)
{
    CMFCexp7_2Doc * pDoc=GetDocument();
    ASSERT_VALID(pDoc);
    CPoint point(30,30);
    pDC->MoveTo(point);
    pDC->LineTo(pDoc->m_Point);
}
```

程序运行后，在窗口的用户区移动鼠标将出现如图 7-4 所示的效果。

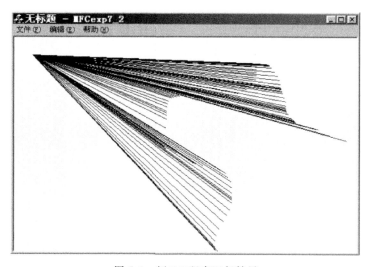

图 7-4　例 7-2 程序运行结果

从程序的运行结果中可以看到，在应用程序窗口的用户区移动鼠标时，将会在点(30，30)与鼠标当前位置之间绘制直线。但是，一旦鼠标移出了用户区就不会再绘制直线了，因为在这种情况下的鼠标消息是非用户区消息。

7.1.2 非用户区鼠标消息

当光标处在应用程序窗口的标题栏,或者它的控制按钮及窗口的边框时,应用程序也会接收到鼠标消息。这时光标虽然并未离开应用程序窗口,但是已经脱离了用户区,所以把这种消息叫做非用户区鼠标消息。表 7-3 列出了一些非用户区鼠标消息。

因为 Windows 系统对这些非用户鼠标消息都预置了默认的处理,因此用户的应用程序最好不要干涉这些理应由系统来处理的消息。

尽管 Windows 不希望用户使用非用户区鼠标消息,但在应用程序确实希望用非用户区鼠标消息来完成一些特殊任务时,也可以拦截并使用非用户鼠标消息。

因为 Windows 并不希望用户使用非用户消息,所以 Visual C++ 没有提供使用非用户鼠标消息的编程工具。如果非要使用非用户鼠标消息的话,则程序员必须用手工方法在程序中添加非用户区鼠标消息的消息映射宏和对应的消息响应函数。

表 7-3　非用户鼠标消息

消　息	说　明
WM_NCLBUTTONDBCLK	双击鼠标左键
WM_NCLBUTTONDOWN	按下鼠标左键
WM_NCLBUTTONUP	释放鼠标左键
WM_NCMOUSEMOVE	在用户区移动鼠标
WM_NCRBUTTONDBCLK	双击鼠标右键
WM_NCRBUTTONDOWN	按下鼠标右键
WM_NCRBUTTONUP	释放鼠标右键

例 7-3　编写一个程序,使鼠标的光标在标题栏或窗口边框上移动时,在用户区显示鼠标光标的位置。

程序说明：使用非用户区鼠标移动消息 WM_NCMOUSEMOVE,并在其响应函数中,编写显示代码。

（1）用 MFC AppWizard 创建一个名称为 CMFCexp7_3 的单文档应用程序框架。

（2）在主框架窗口类 CMainFrame 的声明中（注意,不是 CView 类的声明）,手工添加消息响应函数的声明。

```
afx_msg void OnNcMouseMove(UINT nHitTest,CPoint point);
```

（3）在主框架窗口类 CMainFrame 的实现文件的消息映射表中,添加消息映射。

```
BEGIN_MESSAGE_MAP(CMainFrame, CFrameWnd)
    ON_WM_NCMOUSEMOVE()
END_MESSAGE_MAP()
```

（4）在主框架窗口类 CMainFrame 的实现文件中,添加鼠标响应函数的实现。

```
void CMainFrame::OnNcMouseMove( UINT nHitTest,CPoint point)
{
    CClientDC clientDC(this);
    char s[20];
    wsprintf(s, "X=%d   Y=%d  ", point.x, point.y);
    clientDC.TextOut(20, 20, s);
    CFrameWnd::OnNcMouseMove(nHitTest,point);
}
```

运行程序,并在应用程序窗口的标题栏或者边框上移动鼠标光标,于是在用户区就会见到表示鼠标光标位置的坐标值会随着鼠标的移动而变化,一旦鼠标移出非用户区,则坐标值就不会改变了,因为这时鼠标已不处在非用户区,应用程序自然也就不会接收到非用户区消息,见图 7-5。

图 7-5　例 7-3 程序运行结果

7.1.3　鼠标消息的捕获

一般情况下,应用程序窗口是不会接收窗口之外的鼠标消息的。但在使用鼠标绘制图形,尤其是绘制直线时,经常会出现鼠标移出应用程序窗口外的情况。如果这时应用程序不能接收鼠标消息的话,将会使绘图工作不能继续进行。如果鼠标处在应用程序窗口之外,还希望可以接收鼠标消息的话,则必须设法捕获鼠标消息。Windows 为了这个目的,声明了一个专门用来捕获鼠标消息函数。

```
CWnd * SetCapture( );
```

函数 SetCapture 一旦被调用,则应用程序窗口将是鼠标消息去向的唯一目的地。

在捕获鼠标消息,并完成了所应该做的工作之后,应用程序应该及时释放鼠标,以使鼠标可以按系统预定的正常方式发送消息,否则将使鼠标的一些正常作用失效(例如,当用鼠标单击窗口的关闭按钮时,程序将不能被关闭)。释放鼠标要使用下面的这个函数。

```
BOOL ReleaseCapture( );
```

例 7-4　当鼠标左键按下时,可以捕获鼠标消息的程序。

程序说明:在鼠标左键按下消息中使用 SetCapture 函数捕获鼠标消息,这样只要用户在程序窗口用户区按下鼠标左键且不放开,那么当鼠标移动到窗口外,该应用程序的窗口仍然会接收到鼠标移动消息。当用户释放鼠标左键后,因为在这个消息的函数中使用了 ReleaseCapture 函数,故这时鼠标将被释放。

```
void CMFCexp7_4View::OnMouseMove(UINT nFlags, CPoint point)
{
    char str[50];
    CClientDC dc(this);
    dc.TextOut(20, 20, "WM_MOUSEMOVE");
    wsprintf(str, "X: %d   Y: %d   ", point.x, point.y);
    dc.TextOut(200, 20, str);
    CView::OnMouseMove(nFlags, point);
}

void CMFCexp7_4View::OnLButtonDown(UINT nFlags, CPoint point)
{
    SetCapture();           //捕获鼠标消息
    CView::OnLButtonDown(nFlags, point);
}
void CMFCexp7_4View::OnLButtonUp(UINT nFlags, CPoint point)
{
    ReleaseCapture();       //释放鼠标捕获
    CView::OnLButtonUp(nFlags, point);
}
```

程序运行结果见图 7-6。

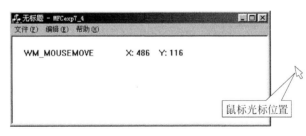

图 7-6　例 7-4 程序运行结果

7.2　处理键盘消息

当用户敲击键盘上的键时，也会向应用程序发送消息，从而在键盘消息响应函数中完成用户要求的工作。但是，与鼠标消息不同的是，当显示器上存在多个窗口时，应该确定由哪个窗口对应的应用程序接收键盘消息。Windows 规定，键盘消息总是传送给带有输入焦点的窗口，因为这个窗口代表的是正在活动的应用程序。这个窗口一般是屏幕上位置最靠前的窗口，它的特征是其标题栏是被点亮的，而不是灰色的。

7.2.1　按键的虚拟码

当按下键盘上的某个按键时，键盘的接口会产生与该键对应的编码，这个编码叫做键的扫描码。由于扫描码是与设备相关的(即不同类型的键盘其扫描码有可能不相同),所以为了方便程序设计,Windows 对每个按键定义了与设备无关的编码,这种编码就叫做虚拟码。有了这个虚拟码,Windows 程序员就可以不必理睬扫描码,而使用虚拟码来编写程序。键盘上部分按键的虚拟码见表 7-4。

表 7-4　键盘上部分按键的虚拟码

虚 拟 码	虚拟码所对应的按键	虚 拟 码	虚拟码所对应的按键
VK_ADD	数字小键盘上的＋键	VK_HOME	Home
VK_BACK	BackSpace	VK_INSERT	Insert
VK_CANCEL	Ctrl＋Break	VK_LEFT	向左的箭头键
VK_CAPITAL	Caps Lock	VK_MENU	Alt
VK_CONTROL	Ctrl	VK_MULTIPLY	数字小键盘上的"＊"键
VK_DECIMAL	数字小键盘上的"."键	VK_NUMPAD0～9	数字小键盘上的 0～9 键
VK_DELETE	Delete	VK_RETURN	Enter
VK_DIVIDE	数字小键盘上的"/"键	VK_RIGHT	向右的箭头键
VK_DOWN	向下的箭头键	VK_SHIFT	Shift
VK_ESCAPE	Esc	VK_UP	向上的箭头键
VK_F1～VK_F12	F1～F12		

例 7-5　设计一个程序,在用户区显示一个圆形,当分别按下键盘上的左箭头键或者右箭头键时,可以使这个圆形向左或者向右移动。

(1) 用 MFC AppWizard 创建一个名称为 CMFCexp7_7 的单文档应用程序框架。

(2) 在文档类声明中声明一个存放圆形外接矩形的数据成员。

```
class CMFCexp7_5Doc : public CDocument
{
    ⋮
public:
    CRect m_crlRect;
};
```

(3) 在文档类的构造函数中初始化 m_crlRect。

```
CMFCexp7_5Doc::CMFCexp7_5Doc()
{
    m_crlRect.left=30;  m_crlRect.top=30;
    m_crlRect.right=80;  m_crlRect.bottom=80;
}
```

(4) 因为左箭头键和右箭头键都不是字符键,因此在程序中要用虚拟键码识别这两个键。具体做法为:在 CMFCexp7_5View 中添加 WM_KEYDOWN 消息响应函数,并在函数中写入如下代码。

```
void CMFCexp7_5View::OnKeyDown(UINT nChar,
                              UINT nRepCnt,
                              UINT nFlags)
{
    CMFCexp7_5Doc * pDoc=GetDocument();
    CRect clientRec;
    GetClientRect(&clientRec);
    switch(nChar)
    {
    case VK_LEFT:
        if(pDoc->m_crlRect.left>0)
        {
            pDoc->m_crlRect.left-=5;
            pDoc->m_crlRect.right-=5;
        }
        break;
    case VK_RIGHT:
        if(pDoc->m_crlRect.right
                    <=(clientRec.right-clientRec.left))
        {
            pDoc->m_crlRect.left+=5;
            pDoc->m_crlRect.right+=5;
        }
        break;
    }
    InvalidateRect(NULL,TRUE);
    CView::OnKeyDown(nChar, nRepCnt, nFlags);
}
```

（5）在 OnDraw( )函数中写入如下代码。

```
void CMFCexp7_5View::OnDraw(CDC * pDC)
{
    CMFCexp7_5Doc * pDoc=GetDocument
();
    ASSERT_VALID(pDoc);
    pDC->Ellipse(pDoc->m_crlRect);
}
```

图 7-7 例 7-5 程序运行结果

程序运行后，用左箭头键可以使圆形向左移动，而使用右箭头键可以使圆形向右移动，见图 7-7。

7.2.2　一般按键消息

Windows 系统的一般按键消息,见表 7-5。

表 7-5　**Windows 的一般按键消息**

键 盘 消 息	说　　明
WM_CHAR	当敲击键盘上的字符键时,产生该消息
WM_KEYDOWN	任何键(包括字符键)被按下时都产生该消息。如果被按下的是字符键,在产生 WM_KEYDOWN 消息的同时还产生字符消息
WM_KEYUP	任何键(包括字符键)被释放时都产生该消息

在每一种按键消息中,还含有一些附加的按键信息,它们都被作为消息响应函数中的参数来传递。

对应表 7-5 的 3 种消息,MFC 定义了 3 个消息响应函数,它们分别是:

```
void OnChar(UINT nChar,UINT nRepCnt,UINT nFlags);
void OnKeyDown(UINT nChar,UINT nRepCnt,UINT nFlags);
void OnKeyUp(UINT nChar,UINT nRepCnt,UINT nFlags);
```

在上面的函数中,如果被按的键是字符键,则参数 nChar 是字符所对应的 ASCII 码,否则是键对应的虚拟键码;参数 nRepCnt 为重复按键的次数;参数 nFlags 是一个 32 位的数,其中每一位所表达的含义见表 7-6。

表 7-6　**参数 nFlags 中各位的含义**

位	含　　义
0~15	按键的重复次数
16~23	按键的扫描码
24	扩展键标志(0:无扩展键;1:有扩展键,例如一个功能键或者一个数字小键盘上的键)
25~28	由 Windows 内部使用
29	Alt 键标志(0:没有按下 Alt 键;1:按下 Alt 键)
30	前面的按键状态标志(0:一次按键;1:重复按键)
31	键被按下或松开的标志(0:键被按下;1:键被松开)

例 7-6　给例 7-5 程序增加一个功能,当分别按下 R 键或者 L 键时,可以使用户区的圆形向右或向左移动。

程序说明:由于使用的是字符键,因此要使用键盘的字符消息。于是把例 7-5 程序代码全部改为例 7-6 的代码,并在视图类中,添加键盘的字符消息响应函数,在函数中输入如下代码。

```
void CMFCexp7_6View::OnChar(UINT nChar, UINT nRepCnt, UINT nFlags)
```

```
{
    CMFCexp7_6Doc * pDoc=GetDocument();
    CRect clientRec;
    GetClientRect(&clientRec);        //获得窗口用户区的尺寸
    switch(nChar)
    {
    case 'L':
        if(pDoc->m_crlRect.left>0)
        {
            pDoc->m_crlRect.left-=50;
            pDoc->m_crlRect.right-=50;
        }
        break;
    case 'R':
        if(pDoc->m_crlRect.right
                <=(clientRec.right-clientRec.left))
        {
            pDoc->m_crlRect.left+=50;
            pDoc->m_crlRect.right+=50;
        }
        break;
    }
    InvalidateRect(NULL,TRUE);
    CView::OnChar(nChar, nRepCnt, nFlags);
}
```

运行这个程序就会看到，按下键盘上的 L 键，显示的圆形会快速向左移动；而按下 R 键时，圆形会快速向右移动。

7.2.3　系统按键消息

系统按键消息是用户按下 Alt 键的同时，又按下了其他相关输入键时产生的消息。系统按键消息一般不由应用程序来处理，而由系统直接处理。如果应用程序处理了这些系统按键消息，则需在消息处理函数中调用 DefWindowsProc 函数，以便不影响 Windows 系统对它们的处理。系统按键消息见表 7-7。

表 7-7　系统按键消息

消　息	说　明
WM_SYSKEYDOWN	按下系统键时产生的消息
WM_SYSKEYUP	释放系统键时产生的消息
WM_SYSCHAR	系统字符消息
WM_SYSDEADCHAR	系统死字符消息

7.3　应用程序窗口的焦点

前面已经讲过,不论显示器的屏幕存在着几个窗口,在某个具体时刻只有一个窗口才能接收键盘消息,这样的窗口叫做具有输入焦点的窗口。把一个没有输入焦点的窗口变为有输入焦点的窗口非常容易,只要用鼠标单击一下该窗口就可以了,如果用鼠标单击一下窗口以外的任何位置,则这个窗口就会失去输入焦点。

当应用程序的窗口获得输入焦点时,会发出 WM_SETFOCUS 消息;而当窗口失去输入焦点时,会发出 WM_KILLFOCUS 消息。

例 7-7　编写一个应用程序,当应用程序的窗口获得输入焦点时,按下键盘上的任意键,程序会发出"叮"的声音;而当应用程序的窗口失去输入焦点后,按下键将不会发出任何声音。

(1) 用 MFC AppWizard 创建一个名称为 CMFCexp7_7 的单文档应用程序框架。

(2) 为了清楚地知道窗口是否获得了输入焦点,在用户区显示相应的信息。为此,在文档类声明中声明一个字符指针 str。

```
class CMFCexp7_7Doc : public CDocument
{
    ⋮
public:
    char * m_pStr;
};
```

(3) 在视图类的 OnSetFocus 函数、OnKillFocus 函数和 OnDraw 函数中添加如下代码。

```
void CMFCexp7_7View::OnSetFocus(CWnd * pOldWnd)
{
    CView::OnSetFocus(pOldWnd);
    CMFCexp7_7Doc * pDoc=GetDocument();
    pDoc->m_pStr="获得了输入焦点。";
    InvalidateRect(NULL,TRUE);
}
void CMFCexp7_7View::OnKillFocus(CWnd * pNewWnd)
{
    CView::OnKillFocus(pNewWnd);
    CMFCexp7_7Doc * pDoc=GetDocument();
    pDoc->m_pStr ="失去了输入焦点。";
    InvalidateRect(NULL,TRUE);
}
void CMFCexp7_7View::OnDraw(CDC * pDC)
{
    CMFCexp7_7Doc * pDoc=GetDocument();
```

```
    ASSERT_VALID(pDoc);
    pDC->TextOut(20,20,pDoc->m_pStr);
}
```

（4）在按键按下消息响应函数 OnKeyDown 中添加如下代码。

```
void CMFCexp7_7View::OnKeyDown(UINT nChar,
                               UINT nRepCnt,
                               UINT nFlags)
{
    MessageBeep(1);      //此函数可以使计算机发出"叮"的响声
    CView::OnKeyDown(nChar, nRepCnt, nFlags);
}
```

程序运行后，即出现图 7-8（a）所示的窗口，在其用户区中显示字符串"获得了输入焦点。"。如果用鼠标单击窗口以外区域，在窗口的标题栏变为灰颜色的同时，窗口的用户区会显示字符串"失去了输入焦点。"，见图 7-8（b）。

在窗口获得焦点后，如果按下键盘上的任意键，计算机会发出"叮"的声音。

(a)　　　　　　　　　　(b)

图 7-8　例 7-7 程序运行结果

小　　结

- 在应用程序的界面上，可以通过对鼠标左击、右击、移动等事件的处理来响应用户的鼠标输入。
- 鼠标消息有用户区鼠标消息和非用户区鼠标消息两种，在应用程序中主要使用用户区鼠标消息。
- 可以用消息捕获函数来捕获窗口外的鼠标消息，以完成某些特殊的操作。
- 可以通过处理字符消息、按键等键盘消息对用户的键盘操作进行响应。
- 在计算机的显示器屏幕上，如果有多个窗口存在的话，则具有焦点的窗口所对应的应用程序是具有接收用户消息能力的程序，这个程序叫做"正在活动状态的应用程序"。
- 可以用鼠标单击窗口使它具有焦点，当应用程序的窗口获得输入焦点时，会发出 WM_SETFOCUS 消息；而当窗口失去输入焦点时，会发出 WM_KILLFOCUS 消息。

练　习　题

7-1　鼠标消息分哪两类,它们之间有什么区别?

7-2　常用的用户区鼠标消息有哪些?

7-3　在程序设计中,如何使用非用户区鼠标消息?

7-4　如何安全地接收应用程序窗口以外的鼠标消息?

7-5　什么样的窗口才能接收键盘消息?

7-6　为什么在 Windows 应用程序中不直接使用键盘的扫描码,而使用与键盘无关的虚拟码? 怎样理解 Windows 中设备无关性这个概念,设备无关性对编写应用程序有什么作用?

7-7　键盘消息分为哪几类? 哪些键只产生按键消息,不产生字符消息?

7-8　在程序中如何确定窗口何时具有输入焦点,何时失去输入焦点?

7-9　编写一个 Windows 应用程序,要求在窗口的用户区中绘制一个圆,当单击左键时,该圆放大;单击右键时,该圆缩小;按下 Ctrl 键的同时移动鼠标,则该圆会随鼠标的移动而移动。

7-10　编写一个 Windows 应用程序,将应用程序窗口的用户区均分为 16 个不同的区域,当鼠标光标移动到不同的区域中会出现不同的形状。

7-11　试编写一个能满足如下要求的 Windows 应用程序。

(1) 在窗口中绘制一个像 OICQ 中的表情符号那样的小人脸,当用户在窗口用户区中按下鼠标左键时,小人的脸会变为黑色的哭泣的脸;而当释放左键时,小人的脸又变为红色的笑脸。

(2) 当在窗口用户区中按下鼠标左键并拖动鼠标将其移出窗口以外时,释放鼠标左键,小人的脸又会变为红色的笑脸。

7-12　编写一个 Windows 应用程序,在窗口用户区中绘制一个矩形,用键盘上的上、下、左、右光标键可以使该矩形分别向这 4 个方向移动,当按 Home 键时该矩形会从左上角方向增大,当按 End 键时该矩形会从右下角方向缩小,当单击鼠标左键时该矩形会恢复到原始尺寸。

7-13　编写一个可以实现下述功能的 Windows 应用程序。

(1) 按 Ctrl 键时,在窗口中输出"你按了 Ctrl 键,该键只产生按键消息不产生字符消息!"。

(2) 按 Shift 键时,在窗口中输出"你按了 Shift 键,该键只产生按键消息不产生字符消息!"。

(3) 按小写 r 键时,弹出对话框,内容为"你按了一个字符键 r,该键既产生按键消息又产生字符消息!"。

(4) 按 Esc 键时,弹出对话框,内容为"你按了 Esc 键,该键既产生按键消息又产生字符消息!"。

（5）按 Ctrl＋a 键时，弹出对话框，内容为"你按了 Ctrl＋a 键，Ctrl 键只产生按键消息，a 键产生字符消息！"。

（6）按 Shift＋b 键时，弹出对话框，内容为"你按了 Shift＋b 键，Shift 键只产生按键消息，b 键产生字符消息！"。

思 考 题

从硬件来看，鼠标与键盘都是击键设备，但它们产生的消息却不同，主要区别在何处？

第 **8** 章　　　　　　　资　　　　　源

在 Windows 应用程序中,除了文档中的数据之外,还需要一些用户界面(UI)所使用的特殊数据。这些数据具有一定程度的独立性,而且不是所有的应用程序在任何时候都用得到,所以它们一般驻留在磁盘上,只有当应用程序需要时,才会载入内存,这种数据就叫做资源。

本章主要内容:

- 资源和资源描述文件。
- 资源标识和资源头文件。
- 菜单资源的描述和使用。
- 图标资源的描述和使用。
- 位图资源的描述和使用。

8.1　资源和资源文件

8.1.1　什么是资源

众所周知,几乎所有 Windows 应用程序的用户界面(UI)都需要菜单、图标、位图、光标、对话框、加速键、字符串、工具条和状态条等数据,但同一个应用程序在不同的应用场合对这些数据的要求却是不相同的。例如,需要在世界范围内发布的软件,它们的这些 UI 数据就应该有各种不同的版本,以适应不同的国家、民族对不同的语言、图标、光标和风格的需要。这就是说,一个完善的应用程序应该准备若干套 UI 数据,以备用户根据需要选用。

显然,把这些 UI 数据统统编写在应用程序中是不合适的,因为应用程序运行时可能只用到多套数据中的某一套,甚至是部分数据。言外之意,就是说应用程序应该只把需要的数据载入程序,而那些不用或者暂时不用的就让它们仍然驻留在磁盘中备用。所以,对于这种数据就应该用不同的方式制作和保存,以使它们具有上述特点。Windows 把这种类型的数据叫做资源。

简单地说，资源就是一种可供 Windows 应用程序利用，可单独编辑，并可动态加载的数据。

为产生资源数据，资源编译器要求程序员提供两种文本，即资源头文件和资源描述文件（资源脚本文件）。

资源头文件定义了各个资源在应用程序中的标识，在 MFC 工程中它的文件名为 Resource. h。

8.1.2 资源头文件

为了对不同的资源加以区别，所有的资源必须得有一个标识符，这些标识符其实就是用一些符号表示的编号，它们定义在资源头文件 Resource. h 中。因此，凡是需要使用资源的应用程序都必须包含这个头文件。

为提高可读性，资源的标识符应该遵守一定的命名规则。例如，IDR_MAINFRAME 代表主框架窗口所使用的资源，IDD_ABOUTBOX 代表【关于】对话框，等等。表 8-1 列出了一些 Windows 使用的资源标识符前缀。

表 8-1 MFC 使用的资源标识符的前缀

标识符前缀	说　明	标识符前缀	说　明
IDR_	主菜单、工具栏、加速键表和应用程序图标	IDS_	字符串
IDD_	对话框	IDP_	消息框提示字符串
IDC_	控件和光标	ID_	菜单命令

下面是一个资源文件的示例（部分）。

```
# define IDR_MAINFRAME              128
# define IDM_ABOUTBOX               0x0010
# define IDD_ABOUTBOX               100
# define IDS_ABOUTBOX               101
# define IDD_MFCEXP13_2TEST_DIALOG  102
```

为了便于在应用程序中使用资源，MFC 允许在资源描述文件中，以一个统一的标识符来标识主框架窗口所需的各种资源。这样，使用一个标识符就可以把应用程序主框架窗口所需要的资源一起装载到应用程序中。例如，以文档/视图为程序框架的 MFC 程序在创建文档模板对象时，就要求传递一个统一的标识符来加载资源。其代码如下：

```
pDocTemplate=new CSingleDocTemplate(
            IDR_MAINFRAME,          //程序资源标识
            RUNTIME_CLASS(CMFCexp8_2Doc),
            RUNTIME_CLASS(CMainFrame),
            RUNTIME_CLASS(CMFCexp8_2View));
```

函数参数中的第一个参数就是要把所有标识符为 IDR_MAINFRAME 的各种资源统统加载到应用程序中。

8.1.3　资源描述文件

资源描述文件描述了每种资源的属性,它的文件名为工程名加扩展名 rc。对于一般资源数据来说,只用资源描述文件来描述就可以了,但是对于位图、图标、鼠标光标等这类图形数据,则需要用另外的工具进行制作成单独的文件并保存在工程的 res 文件夹中,在资源描述文件中只说明它们的名称和存储位置(路径)。

对工程进行编译时,Visual C++ 的内置资源编译器将依据上述两个文件编译生成二进制形式的资源文件,其扩展名为 res。然后由连接器把 res 文件与应用程序的目标文件(一般还应该有库文件)连接起来,形成可执行文件.exe。

图 8-1 给出了资源与应用程序之间的关系。

图 8-1　资源文件与程序文件的关系

8.2　菜　　单

菜单是 Windows 程序界面的重要组成部分。菜单可以使用户直观地了解和使用应用程序所提供的各项功能。因此,一个菜单设计得如何,将直接影响一个应用程序的质量。

8.2.1　资源描述文件的菜单部分

一个菜单一般由菜单、了菜单和菜单命令选项 3 个层次组成。其中,菜单命令选项能产生命令消息并激活程序某种功能。

一个菜单资源描述文件的概貌如图 8-2 所示。

1. 菜单的定义

菜单描述文件的开头为菜单的定义语句,其格式为:

图 8-2　一个两级菜单的文本文件

标识符 MEMU[,载入特性选项]

其中,MEMU 是定义菜单的关键字。为满足应用程序不同需要,在定义菜单时,可以在关键字 MEMU 后面使用不同的选项来声明菜单被载入时的特性。菜单的加载特性选项见表 8-2。

表 8-2　菜单可选的加载特性

加载特性选项	说　　明
DISCARDABLE	当应用程序不再需要时,应用程序可丢弃该菜单
FIXEDP	把菜单保存在内存的固定位置
LOADONCALL	只有在应用程序需要时才加载菜单
MOVEABLE	菜单在内存中可以移动位置
PRELOAD	立即加载菜单

在菜单定义语句的后面,是一系列用 BEGIN 开头,用 END 结束的语句块,每个语句块代表一个菜单(子菜单)。菜单中各个操作选项的描述语句就书写在这些 BEGIN-END 语句块中。

最外层的 BEGIN-END 语句块所描述的是总菜单,它对应于应用程序窗口上的菜单栏,其中的每个项目都对应于菜单栏上的一项。一般来说,这些项是一个子菜单。

程序员可以在菜单项的名称中使用"&"符号定义该菜单项的热键,见图 8-2 中的各菜单项的定义。

2. 子菜单

一个子菜单是总菜单的一个选项。子菜单为弹出式菜单,所以定义子菜单时要在子菜单标题之前使用关键字 POPUP,其格式为:

POPUP"子菜单标题"[,选项]

在定义子菜单时,也可以设置一些选项,常用的选项见表 8-3。

表 8-3　常用的选项

选　　项	说　　明
MENUBARBREAK	菜单项纵向分隔标志
CHECKED	菜单项带有选中标志
INACTIVE	使一个菜单项无效
GRAYED	使一个菜单项无效,并使其文字变为灰颜色

3. 菜单命令选项及其消息映射

菜单中可以向应用程序发出消息的选项叫做命令选项,每个菜单命令选项都必须定义一个唯一的标识。

使用关键字 MEUITEM 来定义一个菜单命令选项,其格式为:

MEUITEM "菜单命令选项名称",菜单命令选项标识符(ID)[,选项]

在应用程序运行中,当程序用户选中菜单上任何一个菜单命令选项时,都会发出一个命令消息 WM_COMMAND,但由于这个命令消息对于所以菜单命令选项来说都是相同的,所以应用程序在收到这个消息后,还得根据菜单命令选项的标识符(ID)来识别该命令消息来自哪一个菜单项。因此,在定义菜单命令选项消息映射时,其参数中要包含菜单命令选项的 ID 和该选项的消息响应函数两项内容。所以,菜单选项消息映射宏的格式是:

ON_COMMAND(菜单命令选项的 ID,消息响应函数名)

在子菜单中,还可以使用一个特殊的菜单项 SEPARATOR。这个菜单项不产生任何消息,它的作用只是在菜单上形成一条横向的分割线,以便于对菜单项进行分类,见图 8-3。

图 8-3　菜单脚本与实际菜单的对照

8.2.2　编辑现有的菜单

在使用 MFC AppWizard 生成应用程序框架时,MFC AppWizard 会自动为应用程序提供一个菜单，这个菜单提供了大多数应用程序所需的菜单命令选项。因此，程序员常常不是从头到尾自己来编写菜单资源描述文件，而是在这个现有的菜单资源描述文件基础上进行修改，以形成满足自己要求的菜单。下面用一个实例来介绍编辑现有菜单的方法。

例 8-1 用 MFC AppWizard 新建一个应用程序，在这个程序的"文件"菜单的子菜单中添加一个选项"打印字符"。程序运行后，当用户选中这个选项后，程序会在窗口的用户区显示一个字符串："添加了一个选项。"。

（1）用 MFC AppWizard 向导创建一个名称为 MFCexp8_1 的单文档应用程序框架。

（2）选择菜单 File|Open 选项，在出现的【打开】对话框中（见图 8-4），以 Text（文本）方式打开本工程的资源描述文件 MFCexp8_1.rc。然后在文件中，按图 8-5 所示的那样添加菜单命令选项。

图 8-4　以文本方式打开资源文件

图 8-5　添加菜单命令选项

```
MENUITEM "打印字符(&P)\tCtrl+P", ID_FILE_PRT
```

（3）在开发环境的工程管理窗口中选择 FileView 卡，用鼠标双击文件 Resource.h 以打开资源头文件，并在其中定义新添加的菜单命令选项的标识 ID。

```
#define ID_FILE_PRT    130
```

至此,菜单资源文件的修改编辑即告完成,如图 8-5 所示。

(4) 为了在视图类的 OnDraw( )函数中显示题目所要求的字符串,在文档类的声明中声明一个字符指针:

```
class CMFCexp8_1Doc : public CDocument
{
    ⋮
public:
    char * m_str;
}
```

然后在文档类的构造函数中将其初始化为空串:

```
CMFCexp8_1Doc::CMFCexp8_1Doc( )
{
    m_str="";
}
```

(5) 在视图类中添加该菜单项的消息映射和消息响应函数。用开发环境左窗口中的 FileView 选项卡,打开视图类的源文件(CMFCexp8_1View.cpp),在消息映射中添加新增菜单选项的消息映射。

```
BEGIN_MESSAGE_MAP(CMFCexp8_1View, CView)
    ON_COMMAND(ID_FILE_PRT, OnPrt)    //新添加的消息映射
END_MESSAGE_MAP( )
```

(6) 打开视图类的声明文件(CMFCexp8_1View.h),在其中添加消息响应函数的声明:

```
CMFCexp8_1View:public CView
{
    ⋮
protected:
    afx_msg void OnPrt( );
};
```

(7) 再打开视图类的源文件,在成员函数的实现中添加如下代码:

```
void CMFCexp8_1View::OnPrt( )
{
    CMFCexp8_1Doc * pDoc=GetDocument( );
    pDoc-> m_str="添加了一个选项。";
    InvalidateRect(NULL,TRUE);
}
```

(8) 在视图类的 OnDraw( )函数中编写如下代码:

```
void CMFCexp8_1View::OnDraw(CDC * pDC)
{
    CMFCexp8_1Doc * pDoc=GetDocument();
    ASSERT_VALID(pDoc);
    pDC->TextOut(30,30,pDoc->m_str);
}
```

例8-1程序运行结果见图8-6。

图8-6   例8-1程序运行结果

8.2.3   自定义菜单

用户也可以完全定义自己的菜单，在MFC中创建自定义菜单也十分简单，例8-2说明了它的创建和使用方法。

例8-2   编写一个程序，该程序在用户区绘制了一个圆形。使用菜单"图形/放大"命令选项可以把图形放大；使用菜单"图形/复原"命令选项可以把图形变为原来的尺寸。

（1）以MFCexp8_2为工程名，用MFC AppWizard创建一个单文档应用程序框架。

（2）打开资源头文件Resource.h，并在文件中定义如下标识：

```
#define IDR_MAINFRAME1      130      //本程序资源的标识
#define ID_ZOOM             131      //菜单命令选项"放大"的标识
#define ID_RE               132      //菜单命令选项"复原"的标识
```

（3）打开工程的资源文件MFCexp8_2.rc，删除原来的代码，输入如下代码：

```
#include "resource.h"
IDR_MAINFRAME1 MENU PRELOAD DISCARDABLE      //资源名称
BEGIN
    POPUP "图形(&F)"
    BEGIN
        MENUITEM "放大(&Z)\tCtrl+Z",      ID_ZOOM
        MENUITEM "复原(&R)...\tCtrl+R",    ID_RE
    END
END
```

至此,程序的菜单资源文件编写完毕。

(4) 修改应用程序类的 InitInstance( )函数,加载上面的资源。

```
BOOL CMFCexp8_2App::InitInstance()
{
        ⋮
    pDocTemplate=new CSingleDocTemplate(
            IDR_MAINFRAME1,         //加载资源
            RUNTIME_CLASS(CMFCexp8_2Doc),
            RUNTIME_CLASS(CMainFrame),
            RUNTIME_CLASS(CMFCexp8_2View));
        ⋮
}
```

运行程序后,就会看到,程序使用的是新设计的菜单。

为完成题目所要求的任务,在程序中还应该在相应的类中添加如下代码:

```
class CMFCexp8_2Doc : public CDocument
{
        ⋮
public:
    CRect m_crlRect;
};
CMFCexp8_2Doc::CMFCexp8_2Doc()
{
    m_crlRect.left=30; m_crlRect.top=30;
    m_crlRect.right=130; m_crlRect.bottom=130;
}
class CMFCexp8_2View : public CView
{
        ⋮
protected:
    afx_msg void OnZoom();
    afx_msg void OnRe();
        ⋮
};
BEGIN_MESSAGE_MAP(CMFCexp8_2View, CView)
    ON_COMMAND(ID_ZOOM,OnZoom)
    ON_COMMAND(ID_RE,OnRe)
END_MESSAGE_MAP()
void CMFCexp8_2View::OnZoom()
{
    CRect rect(0,0,100,100);
    CMFCexp8_2Doc * pDoc=GetDocument();
    pDoc->m_crlRect+=rect;
    InvalidateRect(NULL,TRUE);
```

```
}
void CMFCexp8_2View::OnRe()
{
    CMFCexp8_2Doc * pDoc=GetDocument();
    pDoc->m_crlRect.left=30;pDoc->m_crlRect.top=30;
    pDoc->m_crlRect.right=130;pDoc->m_crlRect.bottom=130;
    InvalidateRect(NULL,TRUE);
}
void CMFCexp8_2View::OnDraw(CDC * pDC)
{
    CMFCexp8_2Doc * pDoc=GetDocument();
    ASSERT_VALID(pDoc);
    pDC->Ellipse(pDoc->m_crlRect);
}
```

8.2.4 用菜单编辑器编辑菜单

为了直观地编辑菜单，Visual C ++ 提供了一个可视化的菜单编辑工具，这个工具叫做菜单编辑器。在开发环境的左窗口选择 ResourceView 选项卡，然后双击菜单图标，即可打开菜单编辑器，接下来就可以进行菜单的编辑了，如图 8-7 所示。

图 8-7　菜单编辑器

在菜单编辑器中，双击菜单的某个选项，则可打开该选项的属性编辑窗口，于是就可以很方便地在这个窗口中对菜单选项的属性进行编辑了，见图 8-8。

8.2.5 菜单命令选项的动态修改

有时，常常希望菜单命令选项可以根据实际应用情况进行一些变化。例如，在用户选择了菜单的某个选项后，希望在这个选项之前设置一个标记，而当用户不使用该选项功能后，该标记可以被删除；再例如希望菜单命令选项的文本会根据用户的实际工作环境而发生变化，等等。

图 8-8　使用菜单编辑器编辑菜单项

为了实现菜单的上述功能,程序在显示菜单之前,会发出一个消息并调用该消息的响应函数,在这个函数中,程序员可以为菜单的选项设置一些在程序运行中可添加也可删除的标记以及对菜单的文本进行动态修改。

为了使应用程序响应这个消息,应该按如下形式在程序中书写消息映射宏:

```
ON_UPDATE_COMMAND_UI(ID_FILE_OPEN, OnUpdateFileOpen)
```

其中,第一个参数为菜单选项的 ID,第二个参数为消息响应函数的名称。对应消息映射,在程序中还要定义该消息的响应函数,这个函数叫做菜单选项的 UI 函数。

```
void CMFCexp8_1View::OnUpdateFileOpen(CCmdUI * pCmdUI)
```

这个函数的参数是 CCmdUI 类的对象指针,CCmdUI 类提供了表 8-4 所示的四种方法,用这 4 种方法可以使菜单选项产生不同的效果。

表 8-4　CCmdUI 类提供的方法

方　　法	说　　明
Enable(BOOL bOn=TRUE)	参数值为 TRUE 使菜单选项有效,反之使其失效
SetCheck(int nCheck=1)	参数值为 TRUE 使菜单选项前面出现选中标记,否则不出现
SetRadio(BOOL bOn=TRUE)	参数值为 TRUE 使菜单选项前面出现选中标记,而使其余项不出现
SetText(LPCTSTR lpszText)	设置菜单选项的文本

例 8-3　给程序的菜单命令选项添加选择标记的程序实例。

(1) 以 MFCexp8_3 为工程名,用 MFC AppWizard 创建一个单文档应用程序框架。

(2) 在 Resource.h 头文件中定义如下标识。

```
#define      ID_XUANX1      130
#define      ID_XUANX2      131
```

```
#define      ID_XUANX3        132
```

（3）在程序的资源文件中把 IDR_MAINFRAME 的菜单内容改为：

```
MENU PRELOAD DISCARDABLE
BEGIN
        POPUP "选项 (&F)"
        BEGIN
            MENUITEM "选项 1",          ID_XUANX1
            MENUITEM "选项 2",          ID_XUANX2
            MENUITEM "选项 3",          ID_XUANX3
        END
END
```

（4）在视图类的声明中添加如下代码：

```
class CMFCexp8_3View : public CView
{
⋮
public:
    BOOL m_nOption1;
    BOOL m_nOption2;
    BOOL m_nOption3;                //定义数据成员,存储菜单选项的状态
protected:
    afx_msg void OnXuanx1();    //选项 1 的消息响应函数
//选项 1 的 UI 函数
    afx_msg void OnUpdateXuanx1(CCmdUI * pCmdUI);
    afx_msg void OnXuanx2();    //选项 2 的消息响应函数
//选项 2 的 UI 函数
    afx_msg void OnUpdateXuanx2(CCmdUI * pCmdUI);
afx_msg void OnXuanx3();                //选项 3 的消息响应函数
//选项 3 的 UI 函数
    afx_msg void OnUpdateXuanx3(CCmdUI * pCmdUI);
⋮
};
```

（5）在视图类的构造函数中对数据成员进行初始化。

```
CMFCexp8_3View::CMFCexp8_3View()
{
    m_nOption1=0; m_nOption2=0; m_nOption3=0;
}
```

（6）定义消息映射宏。

```
BEGIN_MESSAGE_MAP(CMFCexp8_3View, CView)
    ON_COMMAND(ID_XUANX1,OnXuanx1)
    ON_UPDATE_COMMAND_UI(ID_XUANX1, OnUpdateXuanx1)
    ON_COMMAND(ID_XUANX2,OnXuanx2)
```

```
    ON_UPDATE_COMMAND_UI(ID_XUANX2, OnUpdateXuanx2)
    ON_COMMAND(ID_XUANX3,OnXuanx3)
    ON_UPDATE_COMMAND_UI(ID_XUANX3, OnUpdateXuanx3)
END_MESSAGE_MAP()
```

（7）视图类消息响应函数和菜单 UI 函数的实现。

```
void CMFCexp8_3View::OnXuanx1()
{
    m_nOption1=!m_nOption1;
}
void CMFCexp8_3View::OnUpdateXuanx1(CCmdUI * pCmdUI)
{
    pCmdUI->SetCheck(m_nOption1);
}
void CMFCexp8_3View::OnXuanx2()
{
    m_nOption2=!m_nOption2;
}
void CMFCexp8_3View::OnUpdateXuanx2(CCmdUI * pCmdUI)
{
    pCmdUI->SetCheck(m_nOption2);
}

void CMFCexp8_3View::OnXuanx3()
{
    m_nOption3=!m_nOption3;
}
void CMFCexp8_3View::OnUpdateXuanx3(CCmdUI
* pCmdUI)
{
    pCmdUI->SetCheck(m_nOption3);
}
```

如图 8-9 所示，在例 8-3 的应用程序运行后，
当用户用鼠标选择了菜单命令选项 2 后，再打开
菜单，则会看到在菜单命令选项 2 的前面出现了
一个选择标记。

图 8-9　例 8-3 应用程序运行结果

8.3　快 捷 键 表

8.3.1　资源描述文件的快捷键表部分

快捷键总是和菜单命令选项配合使用的。在资源描述文件中，用快捷键表来描述菜
单命令选项的快捷键。其语句格式为：

资源标识符 ACCELERATORS [载入选项]

其中，ACCELERATORS 定义快捷键表的关键字。在这个定义语句后是一个 BEGIN-END 语句块，这个语句块中定义了各个菜单命令选项的快捷键。定义快捷键的格式为：

键的字符或虚拟码　　对应菜单命令选项的标识，　VIRTKEY,其他键

例如，例 8-2 程序的菜单命令选项的快捷键在资源描述文件中的描述如下：

```
IDR_MAINFRAME1 ACCELERATORS PRELOAD MOVEABLE PURE
BEGIN
    "Z",    ID_ZOOM,    VIRTKEY,CONTROL        //按 Ctrl 键同时按 Z 键
    "R",    ID_RE,      VIRTKEY,CONTROL        //按 Ctrl 键同时按 R 键
END
```

8.3.2　使用快捷键编辑器编辑快捷键表

为了方便程序设计，Visual C++ 6.0 也提供了叫做快捷键编辑器的可视化工具，其使用方法与菜单编辑器的使用方法基本相同，见图 8-10。

图 8-10　使用快捷键编辑器编辑快捷键表

8.4　图　　标

一个完善的 Windows 程序，每个文件均应有一个图标，用鼠标左键双击该图标可以打开该文件。如果程序员不提供自己的图标，MFC 将为应用程序提供一个默认的图标。如果希望应用程序具有自己的特色，程序员应该为程序提供自己的图标。

8.4.1　制作图标

前面已经提到，图标这种资源的数据部分是与资源描述文件分开的，因此图标文件需要

单独制作，在资源文件中只保存图标文件的名称和路径。为了方便程序设计，Visual C++ 6.0 提供了一个专门制作图标的工具，叫做图标编辑器，如图 8-11 所示。

图 8-11 图标编辑器

用图标编辑器可以制作两种规格的图标，一种叫做大图标（32×32 位），另一种叫做小图标（16×16 位），程序设计人员应该同时提供这两种规格的图标，至于应用程序使用哪种图标是由系统决定的。

用图标编辑器上的各种绘图工具，可以按自己的需要绘制图标。绘制完图标之后，要存储为扩展名是 ico 的图标文件。

8.4.2 资源描述文件的图标部分

在 MFC 程序中使用图标极其简单。首先，用图标编辑器制作图标，然后以扩展名为 ico 把图标文件存盘。选择 Visual C++ 6.0 开发环境的菜单 Project | Add To Project | Files，在随后打开的对话框中选择要加入工程的图标文件，这样就把这个图标文件加入到工程的资源文件夹中，见图 8-12。最后，在资源描述文件中添加如下描述语句来说明图标文件所在的位置。

程序资源的标识 ICON [选项] "资源文件路径"

图 8-12 添加文件到工程

其中，ICON 是定义图标资源的关键字，在关键字后面可以使用资源的载入选项，在选项后面的双引号中描述的是图标文件的名称和路径。例如：

```
IDR_MAINFRAME1 ICON DISCARDABLE "res\\MFCexp8_2_1.ico"
```

8.5 位 图

位图（bitmap）是一种点阵式图像数据。Visual C++ 6.0 可以把位图文件作为资源加入工程项目。

制作位图文件，可以用 Visual C++ 6.0 提供的位图编辑器，但由于用这种编辑器制作的位图尺寸小且颜色种类少，所以人们通常还是用其他专门的图像工具来制作位图文件。

8.5.1 资源描述文件的位图部分

使用图像制作工具设计出位图之后，如果要把它作为工程项目的位图资源，则需要把该文件放置在工程文件中的 res 文件夹中，然后在工程项目的资源文件中添加如下描述。

```
标识符  BITMAP  DISCARDABLE  "res\\位图名.bmp"
```

其中，BITMAP 是定义位图资源的关键字，在这个描述的最后在双引号中说明了位图文件的位置和名称。如此定义之后，在程序中就可以用定义中的标识符来装载位图了。

8.5.2 位图资源的使用

位图资源的使用，需要经过下面几个步骤。

1. 把位图资源载入位图对象

为了保存位图信息及对位图进行处理，MFC 提供了一个位图类 CBitmap，CBitmap 类有两个向 CBitmap 类对象装载位图文件信息的成员函数。

```
BOOL LoadBitmap(LPCTSTR lpszResourceName);
BOOL LoadBitmap(UINT nIDResource);
```

其中，参数 lpszResourceName 为资源名称，而 nIDResource 为资源的标识。在资源装载成功后，函数的返回值为非零值，否则返回零值。

这样，为了使用位图，则需要先定义一个位图类的对象，然后用上面的任意一个成员函数把位图装载到对象中。例如，下面的代码。

```
CBitmap m_Bmp;                      //定义位图对象
m_Bmp.LoadBitmap(IDB_BITMAP);       //标识为 IDB_BITMAP 的位图装入对象
```

2. 获得位图信息

为了处理位图，CBitmap 类对象可以用成员函数：

```
int GetBitmap(BITMAP * pBitMap);
```

来获得位图的各种信息。在调用了上述函数之后,位图的信息保存在 BITMAP 结构类型的变量 pBitMap 中。BITMAP 是 Windows 定义的一个专门为了存放位图信息的结构。

```
typedef struct tagBITMAP{
    int   bmType;            //位图类型
    int   bmWidth;           //位图宽
    int   bmHeight;          //位图高
    int   bmWidthBytes;      //位图每行的字节数目
    BYTE  bmPlanes;          //位平面数
    BYTE  bmBitsPixel;       //每点字节数
    LPVOID bmBits;           //位图数据指针
}BITMAP;
```

3. 把位图选入内存设备环境

为了便于在内存中对位图进行一些绘图操作,位图不是直接被选入显示设备的 DC,而是要先选入内存设备 DC。即先要用函数 CreateCompatibleDC( )创建一个合适的内存设备环境。

```
CDC MemDC;                          //定义设备环境对象
MemDC.CreateCompatibleDC(NULL);     //创建内存设备环境
```

然后,把位图对象选入内存设备环境。

```
MemDC.SelectObject(&m_Bmp);
```

4. 显示位图

为了在显示设备上显示位图,需要调用 CDC 类的成员函数 BitBlt( ),把位图从内存设备环境复制到指定的设备环境(例如,显示器)中。BitBlt( )函数的原型为:

```
BOOL BitBlt(int x,int y,int nWidth,int nHeight,
            CDC * pScrDC,int xSrc,int ySrc,DWARD dwRop);
```

函数各参数的意义见图 8-13。

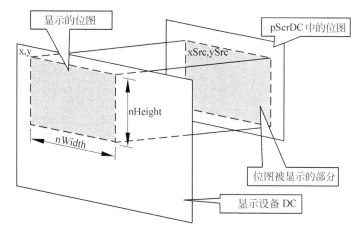

图 8-13　BitBlt 函数中各参数的意义

例 8-4 使用位图资源的实例。

（1）用 MFC AppWizard 创建一个名称为 MFCexp8_4 的工程。

（2）用任何一种图像制作软件制作一个位图文件并命名为 qiche，然后把它保存在工程的 res 文件夹中。

（3）在 Resource.h 文件中添加如下标识符的定义。

```
#define IDB_MY_BITMAP        130
```

（4）打开工程的资源描述文件，并添加如下位图资源描述。

```
IDB_MY_BITMAP BITMAP DISCARDABLE    "res\\qiche.bmp"
```

（5）在文档类声明中，声明如下对象和数据成员。

```
class CMFCexp8_4Doc : public CDocument
{
    ⋮
public:
    CBitmap m_Bitmap;          //位图对象
    int m_nWidth;              //存储位图宽的数据成员
    int m_nHeight;             //存储位图高的数据成员
    ⋮
};
```

（6）在文档类的构造函数中装载位图和获得位图尺寸。

```
CMFCexp8_4Doc::CMFCexp8_4Doc()
{
    BITMAP BM;
    m_Bitmap.LoadBitmap(IDB_MY_BITMAP);
    m_Bitmap.GetBitmap(&BM);
    m_nWidth=BM.bmWidth;
    m_nHeight=BM.bmHeight;
}
```

（7）在视图类的 OnDraw 函数中，显示位图。

```
void CMFCexp8_4View::OnDraw(CDC * pDC)
{
    CMFCexp8_4Doc * pDoc=GetDocument();
    ASSERT_VALID(pDoc);
    CDC MemDC;
    MemDC.CreateCompatibleDC(NULL);
    MemDC.SelectObject(pDoc->m_Bitmap);
    pDC->BitBlt(0,0,pDoc->m_nWidth,pDoc->m_nHeight,
            &MemDC,0,0,SRCCOPY);
}
```

程序运行结果见图 8-14。

图 8-14　例 8-4 程序运行结果

小　　结

- 资源是与应用程序逻辑数据相隔离,用资源描述文件说明,由资源编译器生成,可以动态加载方式供 Windows 应用程序使用的数据。资源是程序用户界面的重要组成部分。常用的资源有菜单、加速键、图标、位图等。
- 程序所需的资源使用资源描述文件来说明,并在资源头文件中用标识符唯一地进行标识。
- 资源可以使用 Visual C++ 的资源编辑器来创建和编辑,也可以使用文本编辑器来编辑。
- 菜单的使用与 Windows 的命令消息 WM_COMMAND 相关。
- 菜单项消息映射宏的格式如下:

ON _COMMAND(菜单项 ID,消息响应函数名)

- 菜单项动态修改的消息映射宏的格式如下:

ON_UPDATE_COMMAND_UI(菜单项 ID,消息响应函数名)

- 在文档/视图结构的程序中,资源的加载是由应用程序类的 InitInstance 函数中通过构造 CDocTemplate(包括其派生类)对象来完成的。
- 加速键在资源描述文件中与所对应的菜单项关联。
- 图标使用 Visual C++ 开发环境的菜单 Project|Add To Project|Files 添加。
- 在应用程序中,位图用 CBitmap 对象来保存,由成员函数 LoadBitmap 来加载,在显示时需先绘制到内存 DC 中,然后再用 BitBlt 函数把它由内存 DC 复制到显示设备的 DC。

练 习 题

8-1 在 Windows 应用程序中，什么样的数据称为资源？常用资源有哪些？

8-2 在 Visual C++ 中，编辑资源数据可以使用哪两种方法？

8-3 程序运行时，用户选中一个菜单项，会发出哪种消息？根据什么来判断消息源？

8-4 在程序中如何使用图标资源？

8-5 简述在 MFC 中使用位图资源的步骤。

8-6 创建一个具有菜单的 Windows 应用程序，用编辑 MFC AppWizard 提供现有菜单的方法创建应用程序的菜单。其中主菜单包括【文件】、【编辑】和【帮助】3 个选项。【文件】的子菜单有【新建】、【打开】、【退出】等菜单项，【编辑】的子菜单中有【剪切】、【粘贴】、【复制】等菜单项，【帮助】的子菜单中有【帮助目录】、【关于】等菜单项。试编写该资源的文本文件。

8-7 创建一个单文档应用程序，试用 Visual C++ 的资源编辑器修改原菜单，在主菜单添加一个选项【标记】。【标记】的子菜单中有【标记 1】、【标记 2】和【标记 3】这 3 个菜单选项。要求在这 3 个菜单选项前面设置一个标记，当选项被选中后会显示该标记，而再次选中时则去掉标记。

8-8 创建一个单文档应用程序，创建一个新的图标，更改为应用程序的图标，并在视图中加载一幅位图。

8-9 为单文档程序添加一个【绘图】菜单项，在该项的子菜单中有【正方形】、【椭圆】、【三角形】、【平行四边形】等菜单选项。选中一菜单项会在应用程序窗口的用户区中画出相应的图形，同时清除原有图形。

8-10 阅读 Visual C++ 的帮助文档，了解一个名称为 StretchBlt 的函数，该函数与 BitBlt 函数一样可以把内存中的位图显示在显示器的屏幕上，但它与 BitBlt 不同的是可以把位图拉伸或缩小。请用这个函数编制一个可以对位图放大和缩小的应用程序。

思 考 题

用资源来组织应用程序界面的数据有什么好处？

第 9 章　MFC 的文件处理机制

CHAPTER

一个完善的应用程序应该具有良好的文件处理机制,从而能把应用程序中的数据制作成文件保存在永久性存储介质(一般为计算机的磁盘)中,并在将来从永久性存储介质把文件读入应用程序时,能在内存将其恢复成原来的状态。即文件处理机制能实现数据的持久性(persisitance)。

MFC 主要有两种文件处理机制:一是通过 CFile 类对象处理文件的机制,二是对象的序列化(serialization)机制。

本章主要内容:

- MFC 的 CFile 类。
- MFC 的 CArchive 类。
- 对象序列化机制。
- MFC 的序列化函数 Serialize( )。
- MFC 的序列化宏。

9.1　CFile 类

MFC 把系统的大多数文件操作函数都封装在 CFile 类中,用户可以通过 CFile 类及其派生类的对象对文件进行读、写、添加、删除等操作。由于这种做法对文件的操作比较直接、自由,因此至今为止仍是某些程序员非常喜欢使用的一种方法。

9.1.1　CFile 类常用成员函数

CFile 类的常用成员函数见表 9-1。

9.1.2　文件的创建与打开

无论是新建还是打开文件,在 MFC 看来,实质上都是要创建一个文件对象(CFile 类的对象)。为不同应用目的,CFile 类提供了几个不同的构造函数,下面是 CFile 类的一个常用构造函数原型。

表 9-1　CFile 类的成员函数

函　　数	说　　明
Abort( )	不考虑文件是否有错,关闭文件
Close( )	关闭文件
Duplicate( )	创建文件对象副本
Flush( )	清除尚未写入的数据
GetFileName( )	获得文件名
GetFilePath( )	获得文件的完整路径
GetFileTitle( )	获得文件标题
GetPosition( )	获得文件指针
GetLength( )	获得文件长度
GetStatus( )	获得文件状态
LockRange( )	锁定文件的一部分
Open( )	打开文件
Read( )	从文件中读取数据
ReadHuge( )	使用 DWORD 读取计数,从文件中读取数据
Remove( )	删除文件
Rename( )	更改文件名
Seek( )	文件指针定位
SeekToBegin( )	把文件指针定位于文件头
SeekToEnd( )	把文件指针定位于文件尾
SetFilePath( )	设置文件路径
SetLength( )	改变文件长度
SetStatus( )	设置文件状态
UnlockRange( )	解除对文件一部分的锁定
Write( )	把数据写入一个文件
WriteHuge( )	使用 DWORD 写计数,把数据写入文件

```
CFile(
    LPCTSTR lpszFileName,        //文件名称(路径)
    UINT nOpenFlags              //文件打开方式
    ); throw( CFileException );  //可抛出异常
```

参数 nOpenFlags 用来确定文件的创建或打开方式,几种常用的 nOpenFlags 的取值见表 9-2。

表 9-2　几种常用的文件创建及打开方式

打 开 方 式	说　　明
CFile∷modeCreate	构造一个新文件,如果文件已存在,则长度变成 0
CFile∷modeNoTruncate	与 modeCreate 组合使用,如果文件已存在则其长度不变为 0
CFile∷modeRead	以只读方式打开文件
CFile∷modeReadWrite	以读写方式打开文件
CFile∷modeWrite	以只写方式打开文件
CFile∷ShareExclusive	以独占模式打开文件,禁止其他进程对文件的读写

例 9-1　编写一个单文档界面程序,当用户用鼠标左键单击程序窗口用户区时,能在当前目录下以只写方式创建一个名称为"test. txt"的文件。

用 MFC AppWizard 创建一个工程,在鼠标左键按下消息处理函数 OnLButtonDown( )中加入如下代码:

```
void CMFCexp9_1View∷OnLButtonDown(UINT nFlags, CPoint point)
{
    char * pFileName="test.txt";
    TRY
    {
        CFile file ( pFileName,            //文件名
                CFile∷modeCreate |    //创建文件
                CFile∷modeWrite        //只写方式
                );
    }
    CATCH( CFileException, e )
    {
        #ifdef _DEBUG
        afxDump <<"File could not be opened " <<e->m_cause <<"\n";
        #endif
    }
    END_CATCH
    CView∷OnLButtonDown(nFlags, point);
}
```

程序运行后,在窗口用户区用鼠标左键单击一次,然后查看当前目录,就会发现文件夹中多出了一个文件 test. txt,这就是程序创建的文件,见图 9-1。当然,因为只是建立了一个文件,程序并没有向这个文件写任何内容,所以用 Windows 记事本程序打开这个文件时会发现这是一个空文件。

9.1.3　文件的读写

1. 文件读写的定位

进行文件的读写操作时需要指定对文件的操作位置,为此 CFile 类提供了成员函数

图 9-1　例 9-1 程序运行后会在当前目录中创建一个文件

Seek( )，该函数用来对操作位置进行定位，它的原型为：

```
LONG Seek(
    LONG lOff,          //指针移动的字节数
    UINT nFrom          //指针移动的起始位置
    );throw(CFileException);
```

所要求指针移动的字节数为合法数值时，函数 Seek( ) 返回从文件起始处起的字节偏移量。参数 nFrom 的取值见表 9-3。

表 9-3　nFrom 的取值

nFrom 的取值	说　　明
CFile∷begin	以文件首为指针移动的起始位置
CFile∷current	以指针的当前位置为指针移动的起始位置
CFile∷end	以文件尾为指针移动的起始位置

还有两个与文件指针相关的 CFile 成员函数为：

```
void SeekToBegin();          //使指针移动到文件的起始处
```

和

```
DWORD SeekToEnd();           //返回文件长度（字节数）
```

2. 文件的写操作

常用的用于写文件的 CFile 成员函数为：

```
void Write(
    const void * lpBuf,      //用户提供的数据缓冲区指针
    UINT nCount              //写入文件的字节数
```

);

例 9-2 编写一个单文档界面程序,当用户用鼠标单击程序窗口用户区时在当前目录下,以只写方式创建一个名称为"myfile.txt"的文件,并向其写入字符:"Hello! This is a file."。

创建一个单文档界面应用程序,在鼠标左键按下消息处理函数中填写如下代码:

```
void CMFCexp9_2View::OnLButtonDown(UINT nFlags, CPoint point)
{
    char * pFileName="myfile.txt";
    CFile file( pFileName,                        //文件名
                CFile::modeCreate |              //创建文件
                CFile::modeWrite                 //只写方式
                );
    try
    {
        file.SeekToBegin( );                      //置文件指针到文件头
        char Data[ ]=" Hello! \nThis is a file.";  //定义数据缓冲区并赋值
        file.Write(Data,sizeof(Data));            //写文件
        file.Flush( );
        file.Close( );
    }
    catch(CFileException * e)
    {
        CString str;
        str.Format("读取数据失败的原因是:%d",e->m_cause);
        MessageBox("str");
        file.Abort( );
        e->Delete( );
    }
    CView::OnLButtonDown(nFlags, point);
}
```

在程序运行后,用鼠标在用户区单击一下,将会在当前目录中创建一个文件并写入相应的数据,结果如图 9-2 所示。

3. 文件的读操作

常用的用于读文件的 CFile 成员函数为:

```
UINT Read (
        void * lpBuf,        //读缓冲区指针
        UINT nCount          //读取的字节数
        );
```

函数调用成功后,其返回值为读取到缓冲区的字节数。

例 9-3 编写一个单文档界面程序,当用户用鼠标单击程序窗口用户区时在当前目

图 9-2　例 9-2 程序运行后会在当前目录中创建一个文件

录下，可以只读方式打开一个名称为"MyBmp. bmp"的位图文件，试用 CFile 类的成员函数 file. Read( )读取该位图的相关信息。

在鼠标左键按下消息处理函数中填写如下代码：

```
void CMFCexp9_3View::OnLButtonDown(UINT nFlags, CPoint point)
{
    // TODO: Add your message handler code here and/or call default
    CFile file;                              //创建文件对象
    BITMAPINFOHEADER bmpinfo;                //定义 BITMAPINFOHEADER 结构变量
    try
    {
        file.Open("MyBmp.bmp",CFile::modeRead);        //打开文件
        file.Seek(sizeof(BITMAPFILEHEADER),CFile::begin); //移动文件指针
        file.Read(&bmpinfo,sizeof(BITMAPINFOHEADER ));   //读取文件信息
        CString str;
        str.Format("位图文件的长是%d,
                高%d",bmpinfo.biWidth,bmpinfo.biHeight);
        MessageBox(str);                              //用信息框输出文件
        信息
        file.Close();
    }
    catch(CFileException * e)
    {
        CString str;
        str.Format("读取数据失败的原因是:%d",e->m_cause);
        MessageBox("str");
        file.Abort();
        e->Delete();
```

```
    }
    CView∷OnLButtonDown(nFlags, point);
}
```

在当前目录下存放一个位图文件,并将其命名为"MyBmp. bmp"。然后运行程序,并在窗口用户区单击鼠标左键,于是就会出现如图 9-3 所示的显示位图文件信息的信息框。

图 9-3　例 9-3 程序运行后单击鼠标左键会得到位图文件信息

9.1.4　CFile 的派生类 CMemFile

CFile 有 CStdioFile、CMemFile 和 CSocketFile 等多个派生类,下面简要介绍 CMemFile。

CMemFile 叫做内存文件类,该类对象代表了一块内存区域,是一个可以像读写文件一样来操作的内存区域,采用它可以很方便地在独立程序模块之间进行大块数据的交换(通信)。

CMemFile 类的常用成员函数为 Read( )和 Write( ),前者用来读文件;后者用来写文件。例如,下面的代码段:

```
//在文档类中定义一个内存文件对象
CMemFile memfile;                         //定义内存文件对象

//在同一个应用程序的一个模块中使用如下代码
CXt9Doc * pDoc=GetDocument( );
CString str;
str="This is a MemFile.";
pDoc->memfile.Write(str.GetBuffer(0),str.GetLength( ));

//在同一个应用程序的另一个模块中使用如下代码
CXt9Doc * pDoc=GetDocument( );
CString str="";
pDoc->memfile.SeekToBegin( );
pDoc->memfile.Read(str.GetBuffer(0),16);
```

这样就可以借助内存文件,进行两个程序模块的数据通信。

9.1.5　CFileFind 类

在应用程序中经常需要对文件进行一些查找工作。为了方便，MFC 把相关功能函数封装成一个类 CFileFind，它提供了许多用来获取文件的状态或者属性的成员函数。CFileFind 派生于 CObject 类。其部分代码如下：

```
class CFileFind : public CObject
{
public:
    CFileFind( );
    virtual~CFileFind( );
public:
    DWORD GetLength( ) const;
    ⋮
    virtual CString GetFileName( ) const;
    virtual CString GetFilePath( ) const;
    virtual CString GetFileTitle( ) const;
    ⋮
    BOOL IsReadOnly( ) const;
    BOOL IsDirectory( ) const;
    ⋮
    void Close( );
    virtual BOOL FindFile(LPCTSTR pstrName=NULL, DWORD dwUnused=0);
    virtual BOOL FindNextFile( );
protected:
    virtual void CloseContext( );
protected:
    void * m_pFoundInfo;
    void * m_pNextInfo;
    ⋮
    DECLARE_DYNAMIC(CFileFind )
};
```

例如，用如下代码可以遍历当前文件夹下的所有文件。

```
CFileFind finder;
BOOL bWorking=finder.FindFile( " *.* " );
while (bWorking)
{
    bWorking=finder.FindNextFile( );
}
```

当需要了解一个特定文件的属性时，也可以使用 CFile 的成员函数 GetStatus( )。这时需要使用 MFC 定义的 CFileStatus 结构与之相配合。CFileStatus 结构的定义如下：

```
struct CFileStatus
{
    CTime m_ctime;                                  //文件创建时间
    CTime m_mtime;                                  //文件最近一次修改时间
    CTime m_atime;                                  //文件最近一次访问时间
    LONG m_size;                                    //文件大小
    BYTE m_attribute;                               //文件属性
    BYTE _m_padding;                                //没有实际含义,用来增加一个字节
    TCHAR m_szFullName[_MAX_PATH];                  //绝对路径
    #ifdef _DEBUG
    //实现 Dump 虚拟函数,输出文件属性
        void Dump(CDumpContext& dc) const;
    #endif
};
```

例如,下面的代码段:

```
CFile Myfile;                                       //创建文件对象
Myfile.Open("MyBmp.bmp",CFile::modeRead);          //打开文件
CFileStatus status;                                 //定义 CFileStatus 结构变量
Myfile.GetStatus(status);                           //获得文件的属性
#ifdef _DEBUG
    status.dump(afxDump);
#endif
```

9.2　CArchive 类

众所周知,C++ 使用插入符"＜＜"和提取符"＞＞"进行数据输入输出。MFC 为了与 C++ 的语法格式相一致,并配合对象的序列化,MFC 构建了一个文件档案类 CArchive。

9.2.1　插入符和提取符的重载

文件档案类 CArchive 的第一个任务就是重载插入符"＜＜"和提取符"＞＞"。从类 CArchive 的代码中可以看到如下代码片断。

```
CArchive& operator<<(BYTE by);
CArchive& operator<<(WORD w);
CArchive& operator<<(LONG l);
CArchive& operator<<(DWORD dw);
    ⋮
CArchive& operator>>(BYTE& by);
CArchive& operator>>(WORD& w);
CArchive& operator>>(DWORD& dw);
```

```
CArchive& operator>>(LONG& l);
CArchive& operator>>(float& f);
CArchive& operator>>(double& d);
```

也就是说，CArchive 重载了各种基本数据类型的插入和提取运算符，从而使用户可以用"<<"和">>"向 CArchive 类对象进行基本数据类型数据的读写操作。

9.2.2 CArchive 类对象与 CFile 类对象的关联

因为毕竟是对文件进行操作，因此 CArchive 类对象必须与一个文件对象相关联，也就是说，用户在创建一个 CArchive 类对象之前，必须先创建一个 CFile 对象，并保证 CArchive 类对象的读写状态与文件的打开模式兼容。

CArchive 类的构造函数为：

```
CArchive (CFile * pFile,           //与 CArchive 类对象相关联的 CFile 类对象
          UINT nMode,              //模式
          int nBufSize= 4096,
          void * lpBuf= NULL
          );
```

其中 nMode 的取值可为：

```
enum Mode
{
    store= 0,                      //写档
    load= 1,                       //读档
    bNoFlushOnDelete= 2,
    bNoByteSwap= 4
};
```

应用程序并不直接与 CFile 对象打交道，而是通过 CArchive 类中的一个数据缓冲区与 CFile 类对象打交道。CArchive 类对象与 CFile 类对象之间的关系如图 9-4 所示。

图 9-4 CArchive 类对象与 CFile 类对象之间的关系

CArchive 类中还有两个用户可以用来判断 CArchive 类对象当前工作模式的函数：

```
BOOL IsLoading() const;
BOOL IsStoring() const;
```

当 CArchive 类对象处于写档状态时，函数 IsStoring（ ）返回值为 TRUE；而 CArchive 类对象处于读档状态时，函数 IsLoading（ ）返回值为 TRUE。

在使用了 CArchive 类对象后，要调用其成员函数 Close（ ）清除未写入的数据并与 CFile 对象断开。

例 9-4 编写一个单文档界面程序，当用户用鼠标单击程序窗口用户区时，在当前目录下，可以通过 CArchive 类对象创建一个名称为"myfile.txt"的文件，并以字符输入方式输入"Hello，Archive!"。

鼠标左键按下消息处理函数代码如下：

```
void CMFCexp9_4View∷OnLButtonDown(UINT nFlags, CPoint point)
{
    CFile * pFileName=new CFile(
        "myfile.txt",              //文件名
        CFile∷modeCreate |         //创建文件
        CFile∷modeWrite            //只写方式
        );

    CArchive SaveArchive(pFileName,  //定义 CArchive 类对象
        CArchive∷store |             //写模式
        CArchive∷bNoFlushOnDelete
        );

    SaveArchive<<'H'<<'e'<<'l'<<'l'<<'o'<<','<<'A'<<'c'<<'h'<<'i'<<'v'<<'e'<<'!';
    SaveArchive.Close();
    pFileName->Close();
    delete pFileName;
    CView∷OnLButtonDown(nFlags, point);
}
```

该程序运行后，用户在程序窗口用户区按下鼠标左键程序就会在当前目录创建文件 myfile.txt，如果用户在当前目录中用 Windows 的记事本程序打开该文件就会出现图 9-5 所示结果。

其实，MFC 创建 CArchive 的真正目的是为了配合后面介绍的对象序列化工作，所以 CArchive 类除了重载了各种基本数据类型的插入和提取运算符之外，还包含有如下代码：

```
friend CArchive& AFXAPI operator<<(CArchive& ar, const CObject * pOb);
friend CArchive& AFXAPI operator>>(CArchive& ar, CObject * & pOb);
friend CArchive& AFXAPI operator>>(CArchive& ar, const CObject * & pOb);
```

即 CArchive 类还定义了三个对于 CObject 类及其派生类对象进行读写操作的运算符，从而使程序可以用"＜＜"和"＞＞"向 CArchive 类的对象进行 CObject 类及其派生类

对象读写操作,并在这些操作中包含了对象类信息的读写工作,为对象的动态创建提供了基础。

图 9-5   例 9-4 程序运行结果

9.3   对象的序列化

类的对象作为一种特殊的数据类型与普通类型数据相比,在读写操作时有其特殊的问题需要解决。目前,在面向对象程序设计中,普遍采用一种叫做序列化的机制来实现对象的读写。

9.3.1   序列化的基本概念

序列化(亦称串行化)一词由英文单词 serialize 而来,是面向对象程序设计中应对象这种数据的存储和恢复的要求而产生的一种文件读写机制。

在面向对象的应用程序中,许多数据是以对象形式存在的,这种数据形式不仅规模巨大,而且对象中常常又有内嵌对象,从而形成了如图 9-6 所示的多层嵌套结构(图中的三角形表示是标准类型的数据成员)。特别是内嵌对象常常含有私有或保护成员,所以对象的永久性存储就具有其特殊的复杂性。为解决这个问题,人们构建了对象序列化存储机制。

图 9-6   一个带有内嵌对象的复杂
对象的示意图

鉴于目前对于标准数据类型数据已经有了成熟的存储办法,所以解决对象这种大型非标准类型数据的存储问题时,人们首先想到的是把一个大对象拆分成小的可存储单元(标准数据类型数据),从而可以利用已有的办法把它们存储到文件中,而在读取文件时,则从文件中提取这些小数据并按原结构在程序中重构原对象。即如果把类的对象想象成一个包裹的话,那么一个嵌有小对象的大对象就是大包裹里有小包裹的层层相套结构。这样,在存储时,就可以从大包裹到小包裹,让每个包裹只负责存储自己的基本类型数据,而在读取时,则按同样顺序让每个包裹也只负责读取自己的基本类型数据。

　　具体做法为:利用对象具有行为能力(具有成员函数)的特点,在每个需要存储数据的类中定义一个专门承担本类对象数据读写工作的函数。这样就可以通过外层对象数据读写函数调用内嵌对象的数据读写函数的方法,来使各个对象能够逐次进行数据的读写工作。例如,对图 9-6 所示的对象来说,程序可以像图 9-7 那样进行数据的存储和读取工作。

图 9-7　对象序列化示意图

　　显然,在数据存储时这是一个递次拆包的过程,而在读文件的时候是一个递次打包组装的过程,并在这个过程中完成了对象向字节流,以及字节流向对象的转换,从而实现了对象的永久化。面向对象技术的这种存储和读取机制,就叫做序列化。

9.3.2　MFC 的 Serialize 函数

　　前面谈到,为了实现对象数据的读写,类中必须定义一个专司本类对象数据读写的函数。为了方便,MFC 在基类 CObject 中为用户定义了这个函数,而且是个虚函数,其名称为 Serialize( ),也叫做序列化函数。于是,凡是以 CObject 派生的用户自定义类就会自然含有这个虚函数。如果打开类浏览器,读者在 CObject 类中可以清楚地看到这个叫做 Serialize( )的虚函数,如图 9-8 所示。

　　当用 MFC AppWizard 生成应用程序框架时,系统会为文档类的派生类自动提供自 CObject 继承来的虚函数 Serialize( )的框架,言外之意是通知用户,序列化工作总是从文档类对象开始的,因为文档类对象是应用程序的数据库,是最大的那个包裹。

　　用户如果要用序列化的方法进行文件操作的话,用户必须得重写这个虚函数。其框架代码如下:

图 9-8　CObject 类的虚函数成员

```
void CMFCexp9_1Doc::Serialize(CArchive& ar)
{
    if (ar.IsStoring())       //判断是否为写操作
    {
        //在此编写写入数据代码
    }
    else
    {
        //在此编写读取数据代码
    }
}
```

尽管这个函数只是一个框架，但它提供了 MFC 序列化函数的标准格式。

在标准 MFC 应用程序的读写过程中，程序会首先调用文档类的序列化函数 Serialize( )。

图 9-6 所示对象用函数 Serialize( )进行序列化的过程见图 9-9（图中未画出对象 E 的部分，读者可以补齐）。

图 9-9　用 Serialize( )函数实现序列化

9.3.3　MFC 应用程序的序列化过程

如果应用程序是由 MFC AppWizard 自动生成的,序列化的启动代码就由向导自动生成了。当用户选择程序菜单选项【文件】|【打开】时,该事件会激活文档对象的消息处理函数 OnFileOpen( ),然后在这个函数中调用文档对象的序列化函数 Serialize( );而当用户选择菜单选项【文件】|【保存】或【文件】|【另存为】时,则该事件会激活文档对象的消息处理函数 OnFileSave( )或 OnFileSaveAs( ),然后在函数中调用文档对象的序列化函数 Serialize( )。图 9-10 给出了 MFC 应用程序文件操作及其对象数据的序列化过程。

图 9-10　图 9-6 对象按图 9-9 用 Serialize( )函数实现序列化的过程

为使读者有一个基本概念,这里仅把文档类的【文件】|【打开】命令响应函数 OnOpenDocument( )的主要代码列举如下:

```
BOOL CDocument::OnOpenDocument(
            LPCTSTR lpszPathName            //待打开文件的路径
            )
{
  ⋮
   CFile * pFile=GetFile(                  //创建或打开文件对象
      lpszPathName,                        //待打开文件的路径
      CFile::modeRead                      //读模式
      | CFile::shareDenyWrite,
      &fe);
  ⋮
   CArchive loadArchive(                   //创建 CArchive 类对象
            pFile,                         //将文件对象嵌入到的 CArchive 对
象中
            CArchive::load                 //读模式
```

```
                | CArchive::bNoFlushOnDelete);
        loadArchive.m_pDocument=this;//使 CArchive 对象文档对象指针指向当前文档
        ⋮
        Serialize(loadArchive);                    //调用文档对象的 Serialize()
        loadArchive.Close();                       //关闭 CArchive 对象
        ReleaseFile(pFile, FALSE);                 //释放文件对象
        ⋮
}
```

9.3.4 序列化的顺序

为了保证数据的正确读写，在序列化时必须遵照下面的规定。

- 对于嵌套对象来说，必须由外到内调用各个对象的序列化函数；
- 对于对象中的数据成员来说，写入顺序与读取顺序必须相同。

为使读者对序列化有一个基本的概念，这里举了一个简单的实例。

例 9-5 设计一个应用程序。要求定义一个全局类 CLetter，该类有一个字符变量成员 m_sLetter 及其相关的成员函数，并且要求该类继承自 CObject，以继承虚函数 Serialize()。在文档中定义一个字符变量 m_lLetter 和一个内嵌 CLetter 类对象 m_eLetter。当鼠标左键在程序窗口的用户区被按下时，将字符变量 m_lLetter 赋值"M"并在用户区显示它；当鼠标右键在程序窗口的用户区被按下时，将类 CLetter 对象中的字符数据成员 m_sLetter 赋值"m"并在用户区显示它。把结果作为文件存入磁盘，并在关闭文件后再打开该文件，观察序列化是否成功。

（1）用 MFC AppWizard 以 MFCexp9_5 为名称创建一个多文档应用程序框架。

（2）在程序中以 CObject 为基类设计一个类 CLetter。代码如下：

```
//CLetter 类的声明文件 CLetter.h------------------------------------------------
class CLetter : public CObject
{
private:
    char m_sLetter;                               //字符成员变量
public:
    CLetter();
    virtual void Serialize(CArchive& ar);         //重载序列化函数
public:
    void SetLetter(char ch);                      //为字符变量赋值的函数
    char GetLetter();                             //获得字符变量的函数
    virtual~CLetter();
};

// CLetter 类的实现文件 CLetter.cpp------------------------------------------------
#include "stdafx.h"
#include "MFCexp9_5.h"
#include "Letter.h"
CLetter::CLetter(){ m_sLetter=' '; }
CLetter::~CLetter(){ }
```

```
char CLetter::GetLetter()
{
    return m_sLetter;
}


void CLetter::SetLetter(char ch)
{
    m_sLetter=ch;
}
void CLetter::Serialize(CArchive& ar)
{
    if (ar.IsStoring())
    {
      ar<<m_sLetter;
    }
    else
    {
      ar>>m_sLetter;
    }
}
```

（3）在文档类文件中包含头文件 Letter.h 并在文档类声明中定义一个字符变量和一个 CLetter 类对象。

```
//文档类声明文件所添加的代码------------------------------------------------------
#include "Letter.h"
class CMFCexp9_5Doc : public CDocument
{
    ⋮
public:
    char m_lLetter;              //定义字符变量
    CLetter m_Letters;           //定义字符类对象 public:
    ⋮
};
//文档类实现文件----------------------------------------------------------------
CMFCexp9_5Doc::CMFCexp9_5Doc()
{
    m_lLetter=' ';               //初始化字符变量
}
//重写文档的序列化函数
void CMFCexp9_5Doc::Serialize(CArchive& ar)
{
    if (ar.IsStoring())
    {
      ar<<m_lLetter;             //保存文档类的数据成员
    }
    else
    {
```

```
        ar>>m_lLetter;              //读取文档类的数据成员
    }
    m_Letters.Serialize(ar);    //调用 CLetter 对象的序列化函数

}
```

在视图类中编写鼠标左键按下消息处理函数、鼠标右键按下消息处理函数和
OnDraw 消息处理函数。

```
//鼠标左键按下消息处理函数-------------------------------------------------
void CMFCexp9_5View::OnLButtonDown(UINT nFlags, CPoint point)
{
    CMFCexp9_5Doc * pDoc=GetDocument( );
    pDoc->m_lLetter='M';
    Invalidate( );
    CView::OnLButtonDown(nFlags, point);
}

//鼠标右键按下消息处理函数-------------------------------------------------
void CMFCexp9_5View::OnRButtonDown(UINT nFlags, CPoint point)
{
    CMFCexp9_5Doc * pDoc=GetDocument( );
    pDoc->m_Letters.SetLetter('m');
    Invalidate( );
    CView::OnRButtonDown(nFlags, point);
}
//OnDraw 消息处理函数------------------------------------------------------
void CMFCexp9_5View::OnDraw(CDC * pDC)
{
    CMFCexp9_5Doc * pDoc=GetDocument( );
    pDC->TextOut(30,6,pDoc->m_lLetter);
    pDC->TextOut(30,26,pDoc->m_Letters.GetLetter( ));
}
```

例 9-5 程序运行后，按下鼠标左键和右键结果见图 9-11。

图 9-11 分别按下鼠标左键和右键显示大写字母 M 和小写字母 m

选择菜单【文件】|【保存】选项,以文件名为"MFCexp9_5"保存后,关闭该窗口。选择菜单【文件】|【打开】选项,将前面保存的文件打开后结果如图 9-12 所示。

图 9-12　打开文件后的结果

9.4　宏 DECLARE_SERIAL 和 IMPLEMENT_SERIAL

例 9-5 只是为了说明序列化过程的一个简单例子,因此它不具备普遍性。因为例 9-5 的程序不能解决应用程序中含有动态对象(用 new 创建的对象)的序列化问题。所以 MFC 要求,凡是具有序列化能力的类应该含有 MFC 提供的对象动态创建宏。并且为了从文件读取一个对象时能读取对象动态创建所需的类信息,所以还应该重载本类对象的提取运算符">>"。

基于上述原因,MFC 制作了宏 DECLARE_SERIAL 和 IMPLEMENT_SERIAL,宏分别封装了对象动态创建声明宏和实现宏以及本类对象提取运算符">>"的重载。

序列化声明宏的代码如下:

```
#define DECLARE_SERIAL(class_name) \
    _DECLARE_DYNCREATE(class_name) \          //对象动态创建声明宏
    AFX_API friend CArchive& \                //重载">>"的声明
    AFXAPI operator>>(CArchive& ar, class_name * &pOb);
```

序列化实现宏的代码如下:

```
#define IMPLEMENT_SERIAL(class_name, base_class_name, wSchema) \
    对象动态创建的实现部分 \
CArchive& AFXAPI operator>>(CArchive& ar, class_name * &pOb) \//重载">>"实现
        { pOb=(class_name * ) ar.ReadObject(RUNTIME_CLASS(class_name)); \
            return ar; } \
```

其中,参数 wSchema 为类的版本号,它必须为非 0xFFFF 的值。

综上所述可以知道,欲使一个类的对象具有序列化能力,从而使其成为一个可永久化

的对象，则该类必须满足以下三个条件：

（1）从 CObject 类或其派生类派生，以继承并重写 Serialize( ) 函数；

（2）必须在类声明文件中使用序列化声明宏 DECLARE_SERIAL( )，在类实现文件中使用序列化实现宏 IMPLEMENT_SERIAL( )；

（3）必须定义一个无参数的构造函数，以满足动态创建对象的需要。

一个永久性类的示意图如图 9-13 所示。

图 9-13　具有永久性能力类的示意图

另外需要读者注意的是，由于序列化是从文档类开始的，所以应用程序中凡是需要永久保存的数据都应该定义在文档类或其内嵌对象中。

例 9-6　设计一个应用程序，当用户每用鼠标左键单击程序窗口用户区时，都会在鼠标光标当前位置显示一个小写字母"m"，并且该程序中的数据以序列化的方式存盘。

（1）用 MFC AppWizard 以 MFCexp9_6 为名称创建一个多文档应用程序框架。

（2）创建一个 CLetter 类来描述小写字母"m"和鼠标键单击时光标的当前位置，即用户在程序用户区每按下鼠标左键一次，则会动态创建一个 CLetter 类对象。为使类具有序列化能力，CLetter 类声明了一个无参数的构造函数，使用了序列化声明和实现宏，并从 CObject 类来派生。CLetter 类声明及实现代码如下：

```
//CLetter 类声明--------------------------------------------------------------
class CLetter : public CObject
{
    DECLARE_SERIAL(CLetter)              //序列化声明
public:
    char m_sLetter;                      //字符成员变量
```

```
    int m_X,m_Y ;                          //鼠标位置
public:
    CLetter( );                            //无参数的构造函数
    CLetter(char ch,int x,int y);          //构造函数
    virtual void Serialize(CArchive& ar);//重载序列化函数
public:
    virtual~CLetter( );
};


//CLetter 类实现--------------------------------------------------------
IMPLEMENT_SERIAL(CLetter,CObject,1)        //CLetter 类序列化实现宏
CLetter::CLetter( ){ }
CLetter::CLetter(char ch,int x,int y)
{
    m_sLetter=ch;   m_X=x;   m_Y=y;
}
CLetter::~CLetter( ){ }


//重写的序列化函数
void CLetter::Serialize(CArchive& ar)
{
    if (ar.IsStoring( ))
    {
        ar<<m_sLetter<<m_X<<m_Y;           //写类数据成员
    }
    else
    {
        ar>>m_sLetter>>m_X>>m_Y;           //读类数据成员
    }
}
```

(3) 在文档类中定义了一个 MFC 提供的 CTypedPtrList 类型的指针链表,用以存放用户按下鼠标左键时创建的 CLetter 类对象,为此包含了头文件 afxtempl. h。除此之外,文档类还声明并实现了两个函数:NewLetter( ) 和 DrawLetter( )。前者可将新创建的CLetter 对象加入链表,后者可根据链表中对象的数据进行显示。下面列出了文档类声明和实现的部分代码:

```
//文档类声明的部分代码--------------------------------------------------
#include <afxtempl.h>                      //必须包含此文件
#include "Letter.h"
class CMFCexp9_6Doc : public CDocument
{
    ⋮
```

```
public:
    CTypedPtrList<CObList,CLetter * >m_LetterList ;          //链表
    void * NewLetter(int x,int y) ;                          //向链表加入新对象的
    函数
    void DrawLetter(CDC * pDC);                              //显示链表内数据的
    函数
    ⋮
    virtual void Serialize(CArchive& ar);                    //序列化函数
    ⋮
    DECLARE_MESSAGE_MAP()
};
//文档类实现的部分代码———————————————————————————————————
//向链表加入新对象的成员函数
void CMFCexp9_6Doc::NewLetter(int x,int y)
{
    CLetter * pLetterItem=new CLetter('m',x,y);              //创建新对象
    m_LetterList.AddTail(pLetterItem);                       //将新对象加入链表
    尾部
    SetModifiedFlag();                                       //设置文档修改标志
}
//根据链表中对象数据进行显示的成员函数
void CMFCexp9_6Doc::DrawLetter(CDC * pDC )
{
    POSITION pos=m_LetterList.GetHeadPosition();             //获得链表头位置
    while(pos!=NULL)
    {
        CLetter * Letter=m_LetterList.GetNext(pos);          //获得链表元素
        pDC->TextOut(Letter->m_X-5,                          //显示
            Letter->m_Y-12,
            Letter->m_sLetter);
    }
}

//序列化函数
void CMFCexp9_6Doc::Serialize(CArchive& ar)
{
    m_LetterList.Serialize(ar);
}
```

（4）视图类比较简单，该类声明并实现了鼠标左键按下消息处理函数和视图更新函数。前者调用了文档类的 NewLetter( )以创建新的对象并把鼠标光标当前位置传递到对象中，后者调用了文档类的 DrawLetter( )进行数据的显示。

```
//视图类声明的部分代码-----------------------------------------------------------------
class CMFCexp9_6View : public CView
{
    ⋮
    CMFCexp9_6Doc * GetDocument();
public:
    virtual void OnDraw(CDC * pDC);      //overridden to draw this view
    ⋮
protected:
    afx_msg void OnLButtonDown(UINT nFlags, CPoint point);      //鼠标消息处理函数
    DECLARE_MESSAGE_MAP()
};
//视图类实现的部分代码-----------------------------------------------------------------
//鼠标消息处理函数
void CMFCexp9_6View::OnLButtonDown(UINT nFlags, CPoint point)
{
    CMFCexp9_6Doc * pDoc=GetDocument();
    pDoc->NewLetter(point.x,point.y);            //创建新对象
    Invalidate();                                //更新显示
    CView::OnLButtonDown(nFlags, point);
}
//更新显示函数
void CMFCexp9_6View::OnDraw(CDC * pDC)
{
    CMFCexp9_6Doc * pDoc=GetDocument();
    pDoc->DrawLetter(pDC);                        //调用文档类的显示函数更新显示
}
//-----------------------------------------------------------------
```

程序运行后,可以用鼠标单击在程序窗口用户区形成图 9-14 所示的图形。

图 9-14　例 9-6 运行后用鼠标单击产生的图形

当试图关闭文件时,应用程序会弹出一个信息框提示文件内容有变化(如图 9-15 所

示)提醒用户保存文件,如果将该文件保存,则再次打开该文件后的显示会与图 9-14 所示的结果相同。

图 9-15　当用户试图关闭该文件时程序会给出保存的提示

9.5　MFC 文件命令的默认处理流程

9.5.1　应用程序启动后文档的初始化流程

当单文档程序初始化时,应用程序对象的 InitInstance( )函数调用 ParseCommandLine( )来分析命令行参数,如果没有参数,ParseCommandLine( )就认为用户想新建一个文档,于是设置一个 FileNew 命令;如果命令行参数中有一个文件名,ParseCommandLine( )就认为用户想打开该文件,于是设置一个 FileOpen 命令。接下来,InitInstance( )调用 CWinApp 类的 ProcessShellCommand( )函数处理分析出来的命令,当遇到 FileNew 命令时,就调用 CWinApp 的 OnFileNew( )来建立一个新文档,这个 OnFileNew( )便是【新建】菜单命令的消息处理函数;类似地,如果遇到的是 FileOpen 命令,则调用 CWinApp 的 OnFileOpen( )来打开一个指定的文档,这个 OnFileOpen( )也便是【打开】菜单命令的消息处理函数。

另外,CWinApp 类的 OnFileNew( )在内部还调用了 CDocManager 的 OnFileNew( ),在程序支持多种文档类型的情况下,该函数要负责显示一个对话框让用户选择一种文档类型,并调用选中的文档类型所对应的文档模板类的 OpenDocumentFile( )创建一个文档对象以及相应的框架窗口对象。当文档对象创建完毕后,它会调用文档类的 OnNewDocument( ),如果应用程序设计人员想在新建文档时做一些初始化工作,就可以在这个函数中完成。

9.5.2　应用程序菜单命令的默认处理

一般情况下,由 AppWizard 生成的文档/视图程序框架都有一个文件菜单,其中有【新建】、【打开】、【保存】和【另存为】4 个文件操作选项,多文档程序还有一个【关闭】命令选项,这些菜单命令属于命令消息。

命令发送之初,作为 WM_COMMAND 消息的参数传给当前窗口。如果没有打开文件,则 WM_COMMAND 发送给父窗口(CMDIFrameWnd);如果有文件打开过,则 WM_

COMMAND 发送给激活的子框架窗口(CMDIChildWnd)。然后由 CMDIFrameWnd 对象或 CMDIChildWnd 对象中的 OnCmdMsg( )函数在 CWinApp、CView 或 CDocument 的派生类对象中查找消息处理函数。

小　结

- 文件是存储在永久性存储介质(如硬盘)上的数据的集合。在面向对象的应用程序中也涉及对象存盘的问题。对象存盘可以使用序列化的机制实现。
- MFC 把文件的打开、关闭、读写操作封装在类 CFile 中。CFile 对象代表一个磁盘文件,使用 CFile 对象可以直接对文件进行操作。该类有一个很有用的派生类:CmemFile。
- CArchive 是对 CFile 的再封装,它重载了插入符"<<"和提取符">>",它是一种 I/O 流,它借助 CFile 类对象完成磁盘文件数据的存取操作。
- 对象序列化是指将类对象转换成 byte/bit 流,以便于对象通过网络传输或保存在磁盘上,对象反序列化是将 byte/bit 流化的对象转换成内存中的类对象的过程。MFC 使用 CArchive 对象来完成对象的序列化。
- 具有读写自身能力的对象称为永久性对象。MFC 通过宏 DECLARE_SERIAL 和 IMPLEMENT_SERIAL 给类添加动态创建对象和序列化操作所需的代码。宏 DECLARE_SERIAL 用在类声明中,宏 IMPLEMENT_SERIAL 用在类实现中。同时,该类必须从 CObject 类或其派生类派生,并重载 Serialize( )函数。Serialize( )函数借助类 CArchive 对象实现对象的序列化。

练　习　题

9-1　设计一个应用程序,当用户用鼠标左键单击窗口用户区时,可以只写方式创建一个文件(要求用 CFile 类的成员函数 Open( )),并向其写入一个字符串。

9-2　设计一个应用程序,当用户用鼠标左键单击窗口用户区时,可以创建一个内存文件,并向其写入一个字符串。当用户用鼠标右键单击窗口用户区时,可以从内存文件中得到文件中的字符串,并在信息框中显示它。

9-3　观察 CArchive 类的代码,并简述 CArchive 类的功能。

9-4　什么是序列化? 什么是永久性对象?

9-5　设计永久性类的时候必须使用哪两个宏?

9-6　简述序列化的工作过程。

9-7　如何使类具有序列化能力?

思　考　题

网络传递来的数据能否看作文件? 如果能的话,CArchive 类对象能派上什么用途?

第10章 控 件

CHAPTER

为了实现应用程序与用户之间的交互,Windows 允许在应用程序的界面上放置诸如命令按钮、文本框、滚动条、列表框、下拉列表框等一些图形部件,因为这些部件可以用来处理用户事件,并使应用程序做出相应的反应,所以这些图形部件通常叫做控件。可以想象,如果没有这些控件的帮助,Windows 应用程序几乎就不能做什么工作。

本章主要内容:

- 控件和 MFC 控件类。
- 标准控件的创建和使用。
- 通用控件的创建和使用。
- 控件颜色的设置。

10.1 标准控件及其使用

Windows 程序的最大特点就是它具有一个漂亮的图形界面,用户可以用鼠标在这个界面通过单击、双击、拖放等操作对程序的运行进行相应的控制。为了实现程序的不同功能,Windows 设计了一些具有图形外观的程序实体,这些程序实体在鼠标或键盘的作用下会使程序出现不同的响应,这些可以接收或者产生事件的程序实体就叫做控件。大多数控件具有图形外观,当然,为了实现程序的一些其他功能,也有一些不具有图形外观的控件,这样的控件叫做不可见控件。

从 MFC 的类族谱中可以看到,控件类都派生自 CWnd 类,因此它们具有窗口的一切特性。实际上控件是作为应用程序窗口的子窗口出现在程序界面上的,因此凡是可以控制应用程序窗口的样式都可以来控制控件的样式。表 10-1 列出一些控件中常用的窗口样式。

表 10-1　控件中常用的窗口样式

样　　式	说　　明	样　　式	说　　明
WS_BORDER	创建带有边界线的窗口	WS_DISABLED	创建一个没有功能的窗口
WS_CHILD	创建一个子窗口	WS_VISIBLE	创建可见的窗口

10.1.1　标准控件

标准控件是交互式对象，一般时候它被使用在对话框中，但也可以应用在主窗口或者工具条中。标准控件可以接收用户信息，也可以向用户表达信息。表 10-2 是常用标准控件的说明。

表 10-2　常用的 Windows 标准控件

控　　件	说　　明
Static Text	用来显示文本的控件，其中的文本用户不能编辑，通常作为其他控件的标记
Edit Box	可编辑的文本框控件，可以输入并可以进行编辑的显示文本的控件
Pushbutton	按下式按钮控件，当单击时可以发出一个命令
Radio Button	单选按钮控件，该按钮一般为一组，任何时候该组中的按钮只有一个被选中
Check Box	复选框控件，一般也成组使用，该组中的按钮是否被选中，没有限制
List Box	列表框控件，该框列出了全部可选项目，用户用鼠标可以选择其中的选项
Comb Box	复合列表框控件，该控件是编辑文本框和列表框的结合
Group Box	成组框控件，该控件主要用来给其他控件分组

使用控件的基本技术都是类似的，首先要选择控件所属的类，并创建该类的对象。例如，如果在应用程序的窗口中使用一个列表框，则应该创建 CListBox 类的对象：

```
CListBox listBox;
listBox.Create();
```

然后向应用程序的消息映射表中添加对应的消息映射项，最后实现消息响应函数。

创建控件的最佳时机是窗口建立之后，但尚未显示之前，这时应用程序会发出 WM_CREATE 消息。因此，创建控件的代码应该编写在该消息的响应函数 OnCreate()中。

现在就以几个常用的控件为例，介绍一下使用控件的一般性问题。

10.1.2　静态文本控件

静态文本控件是 CStatic 类对象。CStatic 类在 MFC 类族中的位置见图 10-1。从图中可以看到，静态文本控件是一种窗口。静态文本控件的作用就是用来显示文本或者图片，它一般不接收用户事件消息，因此它是最简单的控件。创建静态文本控件对象需使用该类提供的 Create()成员函数，它的原型为：

```
BOOL Create( LPCTSTR lpszText,    //文本字符串的指针
          DWORD dwStyle,       //静态控件的样式
          const RECT& rect,    //静态控件的大小及
位置
          CWnd * pParentWnd,   //静态控件所在窗口的指针
          UINT nID = 0xffff ); //静态控件的标识
(ID)
```

图 10-1　CStatic 类的继承关系

Create( )函数中的第二个参数 dwStyle 用来控制静态文本控件样式,可以使用表 10-3 中 Windows 定义的一些常数来作为 dwStyle 的值。

表 10-3　静态控件样式 **dwStyle** 的取值

样　式　值	说　　　明
SS_BLACKFRAME	控件框架的颜色与窗口框架的颜色相同,通常为黑色
SS_BLACKRECT	控件的填充色与窗口框架的颜色相同,通常为黑色
SS_CENTER	控件上的文本居中显示
SS_GRAYFRAME	控件框架的颜色与桌面颜色相同,通常为灰色
SS_GRAYRECT	控件的填充色与桌面颜色相同,通常为灰色
SS_ICON	指定控件有一个图标
SS_LEFT	控件中的文本左对齐
SS_LEFTNOWORDWRAP	使控件中文本行无效
SS_NOPREFIX	禁止系统把控件文本中的 & 符号翻译成热键指示符
SS_RIGHT	控件中的文本右对齐
SS_SIMPLE	指定简单的单行控件
SS_USERITEM	指定用户定义的控件
SS_WHITEFRAME	控件框架的颜色与窗口背景的颜色相同,通常为白色
SS_WHITERECT	控件的填充色与窗口背景的颜色相同,通常为白色

注: 在使用多个常数指定控件样式时,应该用符号"|"将其进行连接。

为了使控件成为应用程序窗口的子窗口并且在应用程序窗口中可见,有两个样式是所有控件都必须使用的,一个是 WS_CHILD,另一个是 WS_VISIBLE,前者使控件成为应用程序窗口的子窗口,后者使控件可见。

例 10-1　创建了 6 个静态文本控件的程序实例。

(1) 用 MFC AppWizard 创建一个名称为 MFCexp10_1 的单文档应用程序框架。

(2) 在视图类中声明 6 个 CStatic 类的对象。

```
class CMFCexp10_1View : public CView
```

```
{
    ⋮
public:
    CStatic m_Static1;
    CStatic m_Static2;
    CStatic m_Static3;
    CStatic m_Static4;
    CStatic m_Static5;
    CStatic m_Static6;
    ⋮
};
```

（3）在 OnCreate( ) 函数中创建静态文本控件对象。

```
int CMFCexp10_1View::OnCreate(LPCREATESTRUCT lpCreateStruct)
{
    if (CView::OnCreate(lpCreateStruct)==-1)
            return-1;
    m_Static1.Create("Static1",WS_CHILD|WS_VISIBLE|SS_CENTER,
                CRect(20,20,100,40),this,0);
    m_Static2.Create("Static2",WS_CHILD|WS_VISIBLE,
                CRect(20,60,100,80),this,0);
    m_Static3.Create("Static3",WS_CHILD|WS_VISIBLE|SS_RIGHT,
                CRect(20,100,100,120),this,0);
    m_Static4.Create("Static4",
                WS_CHILD|WS_VISIBLE|SS_CENTER|SS_SIMPLE,
                CRect(120,20,200,40),this,0);
    m_Static5.Create("Static5",WS_CHILD|WS_VISIBLE|SS_BLACKRECT,
                CRect(120,60,200,80),this,0);
    m_Static6.Create("Static6&S",WS_CHILD|WS_
VISIBLE|SS_NOPREFIX ,
                CRect(120,100,200,120),this,
0);
    return 0;
}
```

程序运行后的结果见图 10-2。

图 10-2　例 10-1 程序运行结果

10.1.3　按钮控件

　　按钮是最常用的控件之一。按钮控件都是 CButton 类对象，CButton 类在 MFC 类族中的位置见图 10-3。按钮作为一种子窗口，也具有窗口的一些样式，如 WS_CHILD、WS_VISIBLE 等。除此之外，按钮控件还有一些独特的样式。表 10-4 为常用的按钮样式及说明。

表 10-4　按钮的样式

样　式	说　明	样　式	说　明
BS_PUSHBUTTON	普通压下式按钮	BS_ICON	表示按钮上带有图标
BS_DEFPUSHBUTTON	窗口上的默认按钮	BS_BITMAP	表示按钮上带有位图
BS_RADIOBUTTON	单选按钮	BS_CENTER	按钮上的文本居中显示
BS_CHECKBOX	复选按钮	BS_LEFT	按钮上的文本左对齐
BS_OWNERDRAW	自绘按钮	BS_RIGHT	按钮上的文本右对齐
BS_TEXT	按钮上存在文本的按钮	BS_USERBUTTON	用户自定义按钮

　　创建按钮控件的方法与创建静态控件的方法类似，也要在定义了 CButton 类对象之后，使用类的成员函数 Create( )创建按钮控件，这个函数的原型为：

```
BOOL Create( LPCTSTR lpszCaption,     //按钮控件上的文本
            DWORD dwStyle,            //按钮控件的样式
            const RECT& rect,         //按钮控件的位置及大小
            CWnd * pParentWnd,        //父窗口的指针
            UINT nID );               //按钮控件的标识
```

图 10-3　CButton 类的继承关系

　　按钮控件的主要作用是向其父窗口发送消息，以使应用程序能在消息响应函数中完成用户所要求的操作。由于要使用按钮控件消息，故在创建按钮控件时要定义控件的标识，以便用宏来定义消息映射。例如，为响应鼠标单击按钮控件消息，则应该使用宏 ON_BN_CLICKED 来定义消息映射，即

```
ON_BN_CLICKED(按钮控件标识,消息响应函数)
```

除此之外，还要在类中声明消息响应函数及定义消息响应函数。

　　CButton 类还有一些很有用的成员函数，使用这些函数可以获取或设置按钮控件的形态。这些成员函数见表 10-5。

表 10-5　CButton 类的成员函数

成　员　函　数	说　明	成　员　函　数	说　明
GetBitmap( )	获得指向按钮的位图的句柄	SetBitmap( )	设置按钮的位图
GetButtonStyle( )	获得按钮的样式	SetButtonStyle( )	设置按钮的样式
GetCheck( )	获得控件的选择状态	SetCheck( )	设置按钮的选择状态
GetCursor( )	获得指向按钮的光标的句柄	SetCursor( )	设置按钮的光标
GetIcon( )	获得指向按钮的图标的句柄	SetIcon( )	设置按钮的图标
GetState( )	获得控件的状态信息	SetState( )	设置按钮的高亮显示状态

例 10-2 创建按钮控件的实例。

（1）用 MFC AppWizard 创建一个名称为 MFCexp10_2 的单文档应用程序框架。

（2）在资源头文件 Resource.h 中添加如下定义。

```
#define IDB_BUTTON1          101
#define IDB_BUTTON2          102
#define IDB_RADIOBUTTON1     103
#define IDB_RADIOBUTTON2     104
#define IDB_RADIOBUTTON3     105
```

（3）在视图类中声明所需的控件成员及消息响应函数。

```
class CMFCexp10_2View : public CView
{
    ⋮
public:
    CButton m_Button1;
    CButton m_Button2;
    CButton m_GroupBox;
    CButton m_radioButton1;
    CButton m_radioButton2;
    CButton m_radioButton3;
    ⋮
protected:
    afx_msg int OnCreate(LPCREATESTRUCT lpCreateStruct);
    afx_msg void OnButton1Clicked();
    afx_msg void OnButton2Clicked();
    ⋮
};
```

（4）定义消息映射。

```
BEGIN_MESSAGE_MAP(CMFCexp10_2View, CView)
    ON_WM_CREATE()
    ON_BN_CLICKED(IDB_BUTTON1,OnButton1Clicked)
    ON_BN_CLICKED(IDB_BUTTON2,OnButton2Clicked)
END_MESSAGE_MAP()
```

（5）创建按钮控件。

```
int CMFCexp10_2View::OnCreate(LPCREATESTRUCT lpCreateStruct)
{
    if (CView::OnCreate(lpCreateStruct)==-1)
        return-1;
    m_Button1.Create("Button1",                    //普通按钮
        WS_CHILD|BS_PUSHBUTTON|WS_VISIBLE|WS_BORDER,
        CRect(20,20,100,60),this,IDB_BUTTON1);
```

```
    m_Button2.Create("Button2",                        //复选框
        WS_CHILD|BS_CHECKBOX|WS_VISIBLE,
        CRect(120,20,200,60),this,IDB_BUTTON2);
    m_GroupBox.Create("Radio Buttons",                 //成组框
        BS_GROUPBOX|WS_CHILD|WS_VISIBLE,
        CRect(20,80,200,220),this,0);
    m_radioButton1.Create("Radio1",                    //单选钮 1
        BS_AUTORADIOBUTTON|WS_CHILD|WS_VISIBLE|WS_GROUP,
        CRect(55,100,150,120),this,IDB_RADIOBUTTON1);
    m_radioButton2.Create("Radio2",                    //单选钮 2
        BS_AUTORADIOBUTTON|WS_CHILD|WS_VISIBLE,
        CRect(55,140,150,160),this,IDB_RADIOBUTTON2);
    m_radioButton3.Create("Radio3",                    //单选钮 3
        BS_AUTORADIOBUTTON|WS_CHILD|WS_VISIBLE,
        CRect(55,180,150,200),this,IDB_RADIOBUTTON3);
    return 0;
}
```

（6）普通按钮的消息响应函数。

```
void CMFCexp10_2View::OnButton1Clicked()
{
    MessageBox("This is a PushButton!");
}
```

（7）复选框的消息响应函数。

```
void CMFCexp10_2View::OnButton2Clicked()
{
    int checked=m_Button2.GetCheck();
    if(checked==BST_CHECKED)
    {
        m_Button2.SetCheck(!checked);
        MessageBox("Button2 unchecked!");
    }
    else if(checked==BST_UNCHECKED)
    {
        m_Button2.SetCheck(!checked);
        MessageBox("Button2 checked!");
    }
}
```

从程序实例中可以看出，复选框按钮需要在其响应函数中设置和取消选中标志。为保证单选钮能够实现自动添加及撤销选中标志，应把它的样式设置为 BS_AUTORADIOBUTTON。再就是为了使在同一个成组框中的单选钮成为一个互相制约的组，该组中的头一个单选钮在创建时应使用 WS_GROUP 进行设置，以通知其后的各

单选钮为同一组。

例 10-2 程序运行结果如图 10-4 所示。

图 10-4　例 10-2 程序运行结果

图 10-5　CEdit 类的继承关系

10.1.4　编辑控件

编辑控件是 CEdit 类的对象，CEdit 类在 MFC 类族中的位置见图 10-5。用户可以使用编辑控件来输入和编辑文本，它是应用程序从用户处得到文本的主要对象。

在一般情况下，编辑控件是单行文本框，如果需要则通过指定样式的方法使之为多行文本框。编辑控件的样式见表 10-6。

表 10-6　编辑控件的样式

样　　式	说　　明
ES_AUTOHSCROLL	带有自动水平滚动条的编辑控件
ES_AUTOVSCROLL	带有自动垂直滚动条的编辑控件
ES_CENTER	文本中间对齐的多行编辑控件
ES_LEFT	文本左对齐
ES_LOWRCASE	强制文本为小写字母
ES_MULTILINE	控件允许多行文本
ES_NOHIDESEL	即使控件不再具有输入焦点，所选文本仍为高亮显示
ES_OEMCONVERT	把输入的 ANSI 字符转换为 OEM 字符，或将 OEM 字符转换为 ANSI 字符
ES_PASSWORD	把输入的字符用当前的密码字符来替换，通常为星号（＊）
ES_RIGHT	文本右对齐
ES_UPPERCASE	强制所有字符为大写字符
ES_READONLY	锁定控件为只读控件，以及不允许用户对控件中的文本进行编辑
ES_WANTRETURN	当用户按下 Enter 键时，指定控件应该插入回车字符

在程序中创建编辑控件,与使用其他控件的方法一样,首先要定义 CEdit 类的对象,然后再使用 CEdit 类的成员函数 Create( )创建它,Create( )函数的原型为:

```
BOOL Create(DWORD dwStyle,        //编辑控件的样式
            const RECT& rect,     //编辑控件的位置和大小
            CWnd * pParentWnd,    //父窗口的指针
            UINT nID);            //控件的标识 ID
```

当应用程序的用户在编辑控件中输入文本或者编辑文本时,编辑控件会产生多种消息,编辑控件的消息见表 10-7。

表 10-7 编辑控件的消息

消　　息	说　　明
EN_CHANGE	当控件中的文本发生变化时,产生该消息
EN_ERRSPACE	当内存不足时,产生该消息
EN_HSCROLL	当用户操作水平滚动条时,产生该消息
EN_KILLFOCUS	当控件失去输入焦点时,产生该消息
EN_MAXTEXT	当用户试图输入超出控件容量的文本时,产生该消息
EN_SETFOCUS	当控件获得输入焦点时,产生该消息
EN_UPDATE	当控件显示改变后的文本时,产生该消息
EN_VSCROLL	当用户操作垂直滚动条时,产生该消息

例 10-3 编辑控件的实例。

(1) 用 MFC AppWizard 创建一个名称为 MFCexp10_3 的单文档应用程序框架。

(2) 在资源头文件 Resource.h 中添加如下定义代码:

```
#define IDC_EDIT1    130
```

(3) 在视图类的声明中添加如下代码:

```
class CMFCexp10_3View : public CView
{
    ⋮
public:
    CEdit m_Edit1;                //定义一个编辑控件
    ⋮
    afx_msg int OnCreate(LPCREATESTRUCT lpCreateStruct);
    afx_msg void OnMaxText();     //定义编辑控件的消息响应函数
    ⋮
};
```

（4）消息映射。

```
BEGIN_MESSAGE_MAP(CMFCexp10_3View, CView)
    ON_WM_CREATE()
    ON_EN_MAXTEXT(IDC_EDIT1,OnMaxText)
END_MESSAGE_MAP()
```

（5）WM_CREATE 消息响应函数。

```
int CMFCexp10_3View::OnCreate(LPCREATESTRUCT lpCreateStruct)
{
    if (CView::OnCreate(lpCreateStruct)==-1)
        return-1;
    m_Edit1.Create(WS_CHILD|WS_VISIBLE|WS_BORDER|ES_LEFT|
                ES_WANTRETURN|ES_MULTILINE,
                CRect(20,20,100,80),this,IDC_EDIT1);
    return 0;
}
```

（6）编辑控件的消息响应函数。

```
void CMFCexp10_3View::OnMaxText()
{
    MessageBox("字符数超了!");
}
```

程序运行结果见图 10-6。

图 10-6　例 10-3 程序运行结果

10.2　通 用 控 件

前面介绍的标准控件是 Windows 程序界面上常用的构件。除此之外，为了丰富界面的元素，Windows 还提供一些富有特色的通用控件。这些通用控件有进度条、滑动条、微调器、图像列表、列表视图、树状视图、工具栏和状态栏等。

10.2.1　进度条控件

进度条控件是 CProgessCtrl 类对象。它的外观见图 10-7，进度条控件的主要作用是在应用程序界面上显示某操作过程的进度。在操作进行过程中，进度条矩形中的高亮显示将随着操作的进程自左向右（或自下向上）逐渐增长，当操作完成时，高亮显示将会充满整个矩形。

创建进度条控件时，要用到 CProgessCtrl 类的成员函数 Create( )，该函数的原型为：

```
BOOL Create( DWORD dwStyle,          //控件的样式
            const RECT& rect,        //控件的位置和大小
            CWnd * pParentWnd,       //控件父窗口的指针
            UINT nID );              //控件的标识 ID
```

(a) 水平放置的进度条控件   (b) 垂直放置的进度条控件

图 10-7　进度条控件

进度条控件在应用程序界面上的默认放置方式为水平方式,如果需要垂直放置的话可选样式为 PBS_VERTICAL。进度条中指示进度的高亮显示部分的增加方式在默认情况下为跳跃方式,如果选择样式 PBS_SMOOTH 则进度条中指示进度的高亮显示会随着操作进度平滑增长,见图 10-7。

CProgessCtrl 类的常用成员函数见表 10-8。

表 10-8　CProgessCtrl 类的常用成员函数

成 员 函 数	说 明
void SetRange(short nLower, short nUpper)	设定显示进度的范围
int SetPos(int nPos)	将高亮显示的前端置于 nPos 处
int SetStep(int nStep)	设置进程显示的步长
void GetRange(int& nLower, int& nUpper)	获得进度范围
int GetPos( )	获得进度位置

10.2.2　微调器控件

微调器控件是 CSpinButtonCtrl 类的对象,微调器控件经常与编辑框控件一起作为配对控件,它在应用程序界面上的外观如图 10-8 所示。使用微调器控件的箭头键可以使应用程序的数据按事先设计的步长进行变化,而且可以限定数据的输入范围。

在声明了 CSpinButtonCtrl 类的对象之后,如果要创建该对象,就要调用该类的成员函数 Create( ),它的原型为:

```
BOOL Create(DWORD dwStyle,          //微调器控件的样式
            const RECT& rect,        //微调器在界面上的位置和大小
            CWnd * pParentWnd,       //微调器的父窗口指针
            UINT nID );              //微调器控件的标识 ID
```

图 10-8　微调器的外观

微调器控件的样式见表 10-9。

表 10-9　微调器控件的样式

样　　式	说　　明
UDS_ALIGNLEFT	把微调器控件放置在配对控件的左边
UDS_ALIGNRIGHT	把微调器控件放置在配对控件的右边
UDS_ARROWKEYS	使微调器控件可以用键盘的上、下箭头键来操作
UDS_AUTOBUDDY	自动地把前面的控件指定为配对控件
UDS_HORZ	使控件水平放置
UDS_NOTHOUSANDS	不允许控件显示成千上万个分隔符（通常为逗号）
UDS_SETBUDDYINT	在用户操作微调器控件时，设置配对控件的文本
UDS_WRAP	设置从最高值到最低值循环的微调器

在创建了微调器控件之后，可以使用成员函数 SetBuddy( )来指定它的配对控件，该函数的原型为：

```
CWnd * SetBuddy(CWnd * pWndBuddy);
```

其中，参数 pWndBuddy 为配对控件的指针。

CSpinButtonCtrl 类的成员函数见表 10-10。

表 10-10　CSpinButtonCtrl 类的成员函数

函　　数	说　　明	函　　数	说　　明
GetAccel( )	获得微调器的加速信息	SetAccel( )	设置微调器的加速信息
GetBase( )	获得微调器的当前基准值	SetBase( )	设置微调器的当前基准值
GetBuddy( )	获得与微调器配对控件的指针	SetBuddy( )	设置与微调器配对控件的指针
GetPos( )	获得微调器的当前位置	SetPos( )	设置微调器的当前位置
GetRange( )	获得微调器的上下限	SetRange( )	设置微调器的上下限

例 10-4　进度条控件和微调器控件的应用实例。

程序说明：该程序运行后，在其界面上将出现一个水平进度条、一个垂直进度条和一个与编辑框配对的微调器控件。当用户使用微调器控件改变微调器的值时，配对的文本框的文本和两个进度条控件的显示都会发生相应的变化。

（1）用 MFC AppWizard 创建一个名称为 MFCexp10_4 的单文档应用程序框架。

（2）在头文件 Resource. h 中添加如下标识：

```
#define IDC_PROGBAR1      101      //水平进度条控件
#define IDC_PROGBAR2      102      //垂直进度条控件
#define IDC_SPINNER       103      //与微调控件配对的编辑框控件
```

（3）在视图类中添加如下代码。

```
class CMFCexp10_4View : public CView
{
⋮
protected:
        CFont m_spinEditFont;                   //字体对象
        CSpinButtonCtrl m_spin;                 //微调控件对象
        CEdit m_spinEdit;                       //编辑框控件对象
        void InitSpinner();                     //微调器的初始化函数
        CProgressCtrl m_progBar1,m_progBar2;    //进度条控件
        void InitProgressBar();                 //进度条控件的初始化函数
protected:
        afx_msg int OnCreate(LPCREATESTRUCT lpCreateStruct);
        afx_msg void OnTimer(UINT nIDEvent);    //定时器响应函数
⋮
};
```

（4）消息映射。

```
BEGIN_MESSAGE_MAP(CMFCexp10_4View, CView)
    ON_WM_CREATE()
    ON_WM_TIMER()
END_MESSAGE_MAP()
```

（5）创建各个控件及启动定时器。

```
int CMFCexp10_4View::OnCreate(LPCREATESTRUCT lpCreateStruct)
{
    if (CView::OnCreate(lpCreateStruct)==-1)
        return-1;
    InitProgressBar();
    InitSpinner();
    SetTimer(1, 250, NULL);                     //启动定时器
    return 0;
}
```

（6）进度条初始化函数。

```
void CMFCexp10_4View::InitProgressBar()
{
    m_progBar1.Create(WS_CHILD | WS_BORDER | WS_VISIBLE,
        CRect(20, 40, 360, 80), this, IDC_PROGBAR1);
    m_progBar1.SetRange(0, 100);
    m_progBar1.SetStep(10);
    m_progBar1.SetPos(0);
```

```
        m_progBar2.Create(WS_CHILD | WS_BORDER | WS_VISIBLE
                |PBS_VERTICAL|PBS_SMOOTH,
                CRect(400, 40, 440, 380),
                this, IDC_PROGBAR2);
    m_progBar2.SetRange(0, 100);
    m_progBar2.SetStep(10);
    m_progBar2.SetPos(0);
}
```

（7）微调器初始化函数。

```
void CMFCexp10_4View::InitSpinner()
{
//创建与微调器配对的编辑框控件
    m_spinEdit.Create(WS_CHILD | WS_VISIBLE | WS_BORDER,
        CRect(20, 200, 160, 240), this, IDC_SPINNER);
//设置字体
    LOGFONT logFont;
    logFont.lfHeight=36;
    logFont.lfWidth=0;
    logFont.lfEscapement=0;
    logFont.lfOrientation=0;
    logFont.lfWeight=FW_NORMAL;
    logFont.lfItalic=0;
    logFont.lfUnderline=0;
    logFont.lfStrikeOut=0;
    logFont.lfCharSet=ANSI_CHARSET;
    logFont.lfOutPrecision=OUT_DEFAULT_PRECIS;
    logFont.lfClipPrecision=CLIP_DEFAULT_PRECIS;
    logFont.lfQuality=PROOF_QUALITY;
    logFont.lfPitchAndFamily=VARIABLE_PITCH | FF_ROMAN;
    strcpy(logFont.lfFaceName, "Times New Roman");
    m_spinEditFont.CreateFontIndirect(&logFont);
    m_spinEdit.SetFont(&m_spinEditFont);
//创建微调器控件
    m_spin.Create(WS_CHILD | WS_VISIBLE | WS_BORDER |
        UDS_SETBUDDYINT | UDS_ALIGNRIGHT | UDS_ARROWKEYS,
        CRect(0, 0, 0, 0), this, 104);
    m_spin.SetBuddy(&m_spinEdit);
    m_spin.SetRange(0, 100);
    m_spin.SetPos(0);
}
```

（8）定时器响应函数。

```
void CMFCexp10_4View::OnTimer(UINT nIDEvent)
{
        m_progBar1.SetPos(m_spin.GetPos());        //更改水平进度条的显示
        m_progBar2.SetPos(m_spin.GetPos());        //更改垂直进度条的显示
        CView::OnTimer(nIDEvent);
}
```

程序运行结果见图 10-9。

图 10-9　例 10-4 程序运行结果

10.2.3　图像列表控件

图像列表控件是 CImageList 类的对象，是一种不可见的控件，因此在程序运行时用户不能对它进行操作。它的主要作用是为其他类型的控件管理图片。

为了创建图像列表控件，首先定义 CImageList 类的对象，例如

```
CImageList m_imageList;
```

然后，调用 CImageList 类的成员函数 Create( )创建该对象，Create( )函数的原型为

```
BOOL Create(int cx,              //列表中每个图像的宽度
            int cy,              //列表中每个图像的高度
            UINT nFlags,         //列表中图像的颜色标志
            int nInitial,        //列表中图像数量的初始值
            int nGrow);          //列表中图像的数量的可增加值
```

例如代码：

```
m_imageList.Create(16,16,ILC_COLOR4,3,4);
```

创建了一个图像列表控件。在控件中可以存放大小为 16×16 像素的 4 位(16 色)位图图像，图像的最初数量为 3，需要时，可以再增加 4 个。

创建了图像列表控件之后，就可以向其添加图标或者位图了。如果要向控件添加图标，应该使用该对象的 Add( )函数。

```
int Add(HICON hIcon);
```

函数的参数为图标的句柄。获得图标句柄要使用 API 函数。

```
HICON LoadIcon(
  HINSTANCE hInstance,        //应用实例句柄
  LPCTSTR lpIconName          //图标的标识 ID
);
```

其中第一个参数是当前应用程序实例资源句柄，为了获得这个句柄，还应调用 MFC 的函数 AfxGetResourceHandle( )，该函数的原型为：

```
HINSTANCE AfxGetResourceHandle();
```

10.2.4　列表视图控件

列表视图控件是 CListCtrl 类的对象。列表视图控件有报告视图、小图标视图、大图标视图和列表视图四种类型，如图 10-10 所示。

1. 列表视图控件的创建

在定义了列表视图控件之后，要使用该对象的 Create( )函数创建控件，Create( )函数的原型为：

```
BOOL Create( DWORD dwStyle,        //控件的样式
         const RECT& rect,         //控件在界面上的位置和大小
         CWnd * pParentWnd,        //控件的父窗口指针
         UINT nID );               //控件的标识 ID
```

列表控件的样式见表 10-11。

表 10-11　列表控件的样式

样　　式	说　　明
LVS_ALIGNLEFT	在大图标和小图标视图中使项目左对齐
LVS_ALIGNTOP	在大图标和小图标视图中使项目上对齐
LVS_AUTOARRANGE	在大图标和小图标视图中自动排列图标
LVS_EDITLABELS	激活项目的文本编辑
LVS_ICON	以大图标视图创建列表

续表

样　式	说　　明
LVS_LIST	以列表视图创建列表
LVS_NOCOLUMNHEADER	在报告视图中隐藏列标题
LVS_NOLABELWRAP	使项目文本折行失效
LVS_NOSCLROLL	使列表滚动失效
LVS_NOSORTHEADER	使列标题头按钮失效
LVS_OWNERDRAWFIXED	创建由拥有者绘制的列表视图控件
LVS_REPORT	创建以报告视图显示的列表
LVS_SHAREIMAGELISTS	使多个部件都能够共享列表视图控件中的图像
LVS_SHOWSELALWAYS	显示当前的选择是否具有输入焦点
LVS_SINGLESEL	使用户一次只能选择一个项目
LVS_SMALLICON	创建以小图标视图显示的列表
LVS_SORTASCENDING	以升序排列项目
LVS_SORTDESCENDING	以降序排列项目

(a) 报告视图形式　　　　　　　　　　　(b) 小图标视图形式

(c) 大图标视图形式　　　　　　　　　　(d) 列表视图形式

图 10-10　列表视图控件的外观

2. 设置控件的图像列表

在创建控件之后,还应该用对象的成员函数 SetImageList( )为该控件设置它的图像列表，SetImageList( )函数的原型为：

```
CImageList * SetImageList(CImageList * pImageList, int nImageList);
```

其中，pImageList 为图像列表的指针；nImageList 为表明在列表中如何使用图像的标志，nImageList 的值可以为 LVSIL_SMALL（小图标）、LVSIL_NORMAL（大图标）和 LVSIL_STATE（状态图标）。如果使用状态图标，那么在应用程序运行时，若用户选中该项，该项的图标会改变其外观。

3. 创建控件的列

如果要使用控件的报告视图方式（见图 10-10(a)），则在设计程序时要定义在报告视图中列表要显示的列。为了对列进行描述，Windows 定义了一个结构 LV_COLUMN。

```
typedef struct _LV_COLUMN{
    UINT mask;
    Int fmt;
    Int cx;
    LPTSTR pszText;
    Int cchTextMax;
    Int iSubItem;
}LV_COLUMN;
```

该结构中各个成员的含义见表 10-12。

表 10-12　结构中各个成员的含义

成　员	含　义
mask	用来指定结构中的哪个成员包含信息，其可取的值为 LVCF_FMT、LVCF_SUBITEM、LVCF_TEXT、LVCF_WIDTH
fmt	列文本的对齐方式，可以为 LVCFMT_CENTER、LVCFMT_LEFT、LVCFMT_RIGHT
cx	列的宽度
pszText	列标题字符串的指针
cchTextMax	pszText 缓冲区的大小（设置列时不用）
iSubItem	项目的索引

根据实际需要定义 LV_COLUMN 的结构之后，要使用控件对象的成员函数 InsertColumn( )把列加入控件中。InsertColumn( )函数的原型为：

```
int InsertColumn( int nCol, const LV_COLUMN * pColumn );
int InsertColumn(int nCol, LPCTSTR lpszColumnHeading,
                int nFormat=LVCFMT_LEFT,
                int nWidth=-1, int nSubItem=-1 );
```

4. 向控件添加项目

有了列，还要在列中添加要显示的项目。在列表视图控件中，第一列中的项目叫做主项目,其他列中的项目叫做子项目。主项目一般为文件的名称,而子项目一般用来表达对应主项目文件的一些附加信息。

为了对项目进行描述,Windows 定义了结构 LV_ITEM。

```
typedef struct _LV_ITEM{
    UINT mask;
    Int iItem;
    Int iSubItem;
    UINT state;
    UINT stateMask;
    LPTSTR pszText;
    Int cchTextMax;
    LPARAM lParam;
}LV_ITEM;
```

其中各成员的含义见表 10-13。

表 10-13　LV_ITEM 各成员的含义

成　员	含　义
mask	用来指定结构中的哪个成员包含信息,其可取的值为 LVIF_IMAGE、LVIF_STATE、LVIF_TEXT、LVIF_PARAM
iItem	主项目的索引
iSubItem	子项目的索引
state	项目的状态,其值可为其中一个或多个:LVIS_CUT(为剪切和粘贴作标记)、LVIS_DROPHILITED(作为拖放目标高亮显示)、LVIS_FOUCUSED(拥有焦点)、LVIS_SELECTED(已选择)
stateMask	用来指定状态成员中哪些位包含信息
pszText	项目文本的指针
cchTextMax	pszText 的缓冲区的大小
iImage	图标在图像列表中的索引
lParam	与消息有关的 32 位值

在定义项目之后,需要用成员函数 InsertItem( )向列中添加项目,InsertItem( )函数的原型为:

```
int InsertItem(const LV_ITEM * pItem);
```

参数 pItem 为项目结构 LV_ITEM 的指针。

在创建列的主项目之后,就可以用成员函数 SetItemText( )添加文本形式的子项目了,函数 SetItemText( )的原型为:

```
BOOL SetItemText(int nItem, int nSubItem, LPTSTR lpszText);
```

其中，参数 nItem 为主项目的索引，参数 nSubItem 为子项目的索引，参数 lpszText 为文本字符串的指针。

5．响应用户消息

在列表控件中，人们最常用的是鼠标双击消息 NM_DBLCLK。该消息的消息映射应为：

```
ON_NOTIFY(NM_DBLCLK,控件的标识,消息响应函数)
```

例 10-5 图像列表控件和列表视图控件的应用实例。

（1）使用 MFC AppWizard 创建一个名称为 MFCexp10_5 的单文档应用程序框架。

（2）在头文件 Resource.h 中添加如下标识：

```
#define IDI_ICON1        130
#define IDI_ICON2        131
#define IDC_LISTVIEW     132
#define ID_BIGICON       133
#define ID_SMLICON       134
#define ID_LIST          135
#define ID_REPORT        136
```

（3）在视图类声明中添加如下代码：

```
class CMFCexp10_5View : public CView
{
    ⋮
protected:
    CImageList m_lrgImageList;                //声明大图标列表控件
    CImageList m_smlImageList;                //声明小图标列表控件
    void InitListView();                      //声明列表控件的初始化函数
    CListCtrl m_listView;                     //声明列表视图控件
    void CreateListColumns();                 //声明向列表视图控件添加列的函数
    void AddListItems();                      //声明向列表视图控件添加项目的函数
    afx_msg void OnBigIcon();                 //菜单"大图标"选项的消息处理函数
    afx_msg void OnSmlIcon();                 //菜单"小图标"选项的消息处理函数
    afx_msg void OnList();                    //菜单"列表"选项的消息处理函数
    afx_msg void OnReport();                  //菜单"报告"选项的消息处理函数
                                              //双击列表控件中项目图标的消息处理函数
    afx_msg void OnListViewDblClk(NMHDR * pNMHDR, LRESULT * pResult);
    afx_msg int OnCreate(LPCREATESTRUCT lpCreateStruct);
    ⋮
}
```

（4）在视图类的实现文件中添加如下消息映射：

```
BEGIN_MESSAGE_MAP(CMFCexp10_5View, CView)
```

```
      ON_WM_CREATE()
      ON_COMMAND(ID_BIGICON,OnBigIcon)
      ON_COMMAND(ID_SMLICON,OnSmlIcon)
      ON_COMMAND(ID_LIST,OnList)
      ON_COMMAND(ID_REPORT,OnReport)
      ON_NOTIFY(NM_DBLCLK, IDC_LISTVIEW, OnListViewDblClk)
END_MESSAGE_MAP()
```

（5）在下面的消息处理函数中创建各个控件。

```
int CMFCexp10_5View::OnCreate(LPCREATESTRUCT lpCreateStruct)
{
    if (CView::OnCreate(lpCreateStruct)==-1)
        return-1;
    InitListView();                            //调用初始化列表视图控件的函数
    return 0;
}
```

（6）初始化列表视图控件的函数。

```
void CMFCexp10_5View::InitListView()
{
    //创建图像列表控件
    m_lrgImageList.Create(32, 32, ILC_COLOR4, 1, 0); //大图标列表
    m_smlImageList.Create(16, 16,ILC_COLOR4, 1, 0);  //小图标列表
    HICON hIcon=::LoadIcon (AfxGetResourceHandle(),
        MAKEINTRESOURCE(IDI_ICON1));                 //获得大图标句柄
    m_lrgImageList.Add(hIcon);                       //将图标加入列表控件
    hIcon=::LoadIcon (AfxGetResourceHandle(),
        MAKEINTRESOURCE(IDI_ICON2));                 //获得小图标句柄
    m_smlImageList.Add(hIcon);                       //将图标加入列表控件
    m_listView.Create(WS_VISIBLE | WS_CHILD | WS_BORDER |
            LVS_ICON | LVS_NOSORTHEADER,
            CRect(20, 40, 250, 220),
            this, IDC_LISTVIEW);                     //创建列表视图控件
    m_listView.SetImageList(&m_smlImageList,
            LVSIL_SMALL);                            //设置列表视图控件选项的小
图标
    m_listView.SetImageList(&m_lrgImageList,
            LVSIL_NORMAL);                           //设置列表视图控件选项的大
图标
    CreateListColumns();                             //调用函数创建列表视图控件
的列
    AddListItems();                                  //调用函数在列表视图中添加
项目
}
```

（7）定义创建列表视图控件列的函数。

```
void CMFCexp10_5View::CreateListColumns()
{
    LV_COLUMN lvColumn;
    lvColumn.mask=LVCF_WIDTH | LVCF_TEXT |
                  LVCF_FMT | LVCF_SUBITEM;
    lvColumn.fmt=LVCFMT_CENTER;
    lvColumn.cx=75;
    lvColumn.iSubItem=0;
    lvColumn.pszText="Column 0";
    m_listView.InsertColumn(0, &lvColumn);          //插入列 0

    lvColumn.iSubItem=1;
    lvColumn.pszText="Column 1";
    m_listView.InsertColumn(1, &lvColumn);          //插入列 1

    lvColumn.iSubItem=2;
    lvColumn.pszText="Column 2";
    m_listView.InsertColumn(2, &lvColumn);          //插入列 2
}
```

（8）定义添加项目的函数。

```
void CMFCexp10_5View::AddListItems()
{
    LV_ITEM lvItem;
    lvItem.mask=LVIF_TEXT | LVIF_IMAGE | LVIF_STATE;
    lvItem.state=0;
    lvItem.stateMask=0;
    lvItem.iImage=0;

    lvItem.iItem=0;
    lvItem.iSubItem=0;
    lvItem.pszText="Main Item 1";
    m_listView.InsertItem(&lvItem);
    m_listView.SetItemText(0, 1, "SubItem");
    m_listView.SetItemText(0, 2, "SubItem");

    lvItem.iItem=1;
    lvItem.iSubItem=0;
    lvItem.pszText="Main Item 2";
    m_listView.InsertItem(&lvItem);
    m_listView.SetItemText(1, 1, "SubItem");
    m_listView.SetItemText(1, 2, "SubItem");
```

```
lvItem.iItem=2;
lvItem.iSubItem=0;
lvItem.pszText="Main Item 3";
m_listView.InsertItem(&lvItem);
m_listView.SetItemText(2, 1, "SubItem");
m_listView.SetItemText(2, 2, "SubItem");

lvItem.iItem=3;
lvItem.iSubItem=0;
lvItem.pszText="Main Item 4";
m_listView.InsertItem(&lvItem);
m_listView.SetItemText(3, 1, "SubItem");
m_listView.SetItemText(3, 2, "SubItem");

lvItem.iItem=4;
lvItem.iSubItem=0;
lvItem.pszText="Main Item 5";
m_listView.InsertItem(&lvItem);
m_listView.SetItemText(4, 1, "SubItem");
m_listView.SetItemText(4, 2, "SubItem");

lvItem.iItem=5;
lvItem.iSubItem=0;
lvItem.pszText="Main Item 6";
m_listView.InsertItem(&lvItem);
m_listView.SetItemText(5, 1, "SubItem");
m_listView.SetItemText(5, 2, "SubItem");
}
```

（9）定义菜单选项【大图标】的消息响应函数。

```
void CMFCexp10_5View::OnBigIcon()
{
    SetWindowLong(m_listView.m_hWnd, GWL_STYLE,
        WS_VISIBLE | WS_CHILD | WS_BORDER | LVS_ICON);
}
```

（10）定义菜单选项【小图标】的消息响应函数。

```
void CMFCexp10_5View::OnSmlIcon()
{
    SetWindowLong(m_listView.m_hWnd, GWL_STYLE,
        WS_CHILD | WS_VISIBLE | WS_BORDER | LVS_SMALLICON);
}
```

（11）定义菜单选项【列表】的消息响应函数。

```
void CMFCexp10_5View::OnList()
{
    SetWindowLong(m_listView.m_hWnd, GWL_STYLE,
        WS_CHILD | WS_VISIBLE | WS_BORDER | LVS_LIST);
}
```

（12）定义菜单选项【报告】的消息响应函数。

```
void CMFCexp10_5View::OnReport()
{
    SetWindowLong(m_listView.m_hWnd, GWL_STYLE,
        WS_CHILD | WS_VISIBLE | WS_BORDER | LVS_REPORT);
}
```

（13）定义双击选项图标的消息响应函数。

```
void CMFCexp10_5View::OnListViewDblClk
    (NMHDR * pNMHDR, LRESULT * pResult)
{
    int index=m_listView.GetNextItem(-1, LVNI_SELECTED);
    if (index != -1)
    {
        CString str="NAME:\t"+m_listView.GetItemText(index, 0);
        str+="\nID:\t"+m_listView.GetItemText(index, 1);
        str+="\nAGE:\t"+m_listView.GetItemText(index, 2);
        str+="\nGENDER: "+m_listView.GetItemText(index, 3);
        MessageBox(str);
    }
}
```

程序运行结果见图 10-11。

图 10-11　例 10-5 程序运行结果

10.3 控件的背景颜色

在前面的例子中,窗口中控件的背景颜色都是灰色的(默认的颜色),与窗口的白色背景极不协调,所以希望可以按自己的需要定义控件的背景颜色。为了达到这个目的就要利用 WM_CTLCOLOR 消息,为了使用该消息,在类声明时需要用宏:

```
ON_WM_CTLCOLOR()
```

来声明消息映射。这个宏固定地对应消息响应函数 OnCtlColor,它的原型为:

```
afx_msg HBRUSH OnCtlColor(
                CDC * pDC,             //绘制控件的设备环境指针
                CWnd * pWnd,           //控件的指针
                UINT nCtlColor         //控件类型
                );
```

其中,参数 nCtlColor 的可选值见表 10-14。OnCtlColor 返回的是绘制控件的画刷,因此程序员可以用这个消息响应函数来设置绘制控件背景颜色的画刷。

表 10-14 nCtlColor 的值

值	说 明
CTLCOLOR_BTN	由按钮控件产生了 WM_CTLCOLOR 消息
CTLCOLOR_DLG	由对话框控件产生了 WM_CTLCOLOR 消息
CTLCOLOR_EDIT	由编辑控件产生了 WM_CTLCOLOR 消息
CTLCOLOR_LISTBOX	由列表框控件产生了 WM_CTLCOLOR 消息
CTLCOLOR_MSGBOX	由消息框控件产生了 WM_CTLCOLOR 消息
CTLCOLOR_SCROLLBAR	由滚动条控件产生了 WM_CTLCOLOR 消息
CTLCOLOR_STATIC	由静态控件、复选框、单选钮、成组框和失效的编辑框产生了 WM_CTLCOLOR 消息

在程序设计时,如果要改变控件文本的颜色或者文本背景的颜色,可以使用 CDC 的 SetTextColor 和 SetBkColor 函数。

例 10-6 改变控件颜色和控件文本颜色的实例。

(1) 使用 MFC AppWizard 创建一个名称为 MFCexp10_6 的单文档应用程序框架。

(2) 按例 10-2 的代码设计程序。

(3) 然后,在视图类声明中增加如下代码:

```
class CMFCexp10_6View : public CView
{
⋮
protected:
```

```
        CBrush m_WhiteBrush;
   ⋮
protected:
    afx_msg HBRUSH OnCtlColor(CDC * pDC, CWnd * pWnd, UINT nCtlColor);
};
```

（4）视图类的构造函数中初始化画刷。

```
CMFCexp10_6View::CMFCexp10_6View( ):m_WhiteBrush(RGB(255,255,255))
{
}
```

（5）在消息映射中增加。

```
BEGIN_MESSAGE_MAP(CMFCexp10_6View, CView)
   ⋮
    ON_WM_CTLCOLOR( )
END_MESSAGE_MAP( )
```

（6）在视图类的实现中增加。

```
HBRUSH CMFCexp10_6View::OnCtlColor(CDC * pDC,
        CWnd * pWnd, UINT nCtlColor)
{
    if(nCtlColor==CTLCOLOR_STATIC)
    {
        pDC->SetTextColor(RGB(255,0,255));
                    //文本为粉红色
        pDC->SetBkColor(RGB(0,200,255));
                    //文本背景为浅蓝色
        return (HBRUSH)m_WhiteBrush;
                    //控件白色
    }
    return CView::OnCtlColor(pDC, pWnd, nCtlColor);
}
```

图 10-12　例 10-6 程序运行结果

程序运行结果见图 10-12。

小　　结

- 控件是应用程序窗口的子窗口。MFC 的控件类封装了 Windows 的标准控件和通用控件，这些控件类都派生于类 CWnd。
- 静态文本控件由类 CStatic 封装，按钮控件由类 CButton 封装，编辑控件由类 CEdit 封装，进度条控件由类 CProgessCtrl 封装，微调器控件由类 CSpinButtonCtrl 封装，图像列表控件由类 CImageList 封装，列表视图控件由类 CListCtrl 封装。控件类的使用与窗口类 CWnd 的使用基本相同。

- 首先选择控件所属的类，创建该类对象。如在应用程序的窗口中添加静态文本控件。

```
CStatic static;
static.Create("Static",WS_CHILD|WS_VISIBLE|SS_CENTER,
CRect(20,20,100,40),this,0);
```

然后向应用程序的消息映射中添加需要的消息。

最后实现消息响应函数。创建控件的代码应该编写在该消息的响应函数 OnCreate 中。

- 控件自己特有的行为特点，在各自的类中由相应的成员函数实现。
- 控件颜色的设置在 Windows 消息 WM_CTLCOLOR 的消息响应函数 OnCtlColor 中完成。其消息映射宏是：

```
ON_WM_CTLCOLOR( )
```

练 习 题

10-1　简述在应用程序的窗口中使用一个控件的步骤。

10-2　怎样才能使控件成为窗口的子窗口并且在窗口中可见？

10-3　为何创建每个控件一般都要传递 this 参数给 Create 函数？

10-4　标准控件和通用控件有什么不同？

10-5　控件的标识有什么用途？一般在应用程序的什么位置创建控件？

10-6　按钮控件能创建哪 3 种不同的形式？

第11章 对话框

对话框是 Windows 应用程序与用户进行交互的重要手段。对话框是 CDialog 类对象,CDialog 类是 CWnd 的派生类。

从程序设计的角度来看,设计一个对话框要做两项工作,即编写对话框模板资源描述文件和派生对话框类。

本章主要内容:

- 对话框模板资源描述文件。
- 对话框类的定义及使用。
- 对话框的数据交换和检验。
- 对话框应用程序。
- 通用对话框。
- 非模态对话框。
- 属性页。

11.1 对话框模板资源描述文件

对话框模板资源描述文件描述了对话框的外观以及控件的安装,该文件的格式为:

```
对话框名 DIALOG [载入特性选项] X, Y, Width, Height
[设置选项]
BEGIN
    对话框上控件的定义
END
```

其中,设置选项一般包括 CAPTION(对话框标题)、FONT(字体)和 STYLE(样式)等。

对话框样式选项 STYLE 决定了对话框的外貌,除了可以选用窗口的一般样式之外,系统还定义了对话框所特有的样式,见表 11-1。

表 11-1　对话框常用样式

样　　式	说　　明	样　　式	说　　明
DS_3DLOOK	使用三维边框	DS_SHADOW	带阴影的对话框
DS_FIXEDSYS	使用 SYSTEM _FIXED 字体	DS_CENTER	使对话框位置居中
DS_MODALFRAME	使用细实线边框	DS_SETFOREGROUND	使对话框置于前台
DS_SYSMODAL	系统模式对话框		

通常在对话框上需要放置各种各样的控件，来实现用户和应用程序的交互。因此，在对话框的资源描述文件中应有定义控件的语句，这些语句放置在 BEGIN 和 END 之间。

对话框中经常使用的控件及其说明见表 11-2。

表 11-2　对话框中经常使用的控件及其说明

控　　件	说　　明	控　　件	说　　明
CHECKBOX	复选框控件	LISTBOX	列表框控件
COMBOBOX	组合框控件	LTEXT	文本左对齐的静态控件
CTEXT	文本居中的静态控件	PUSHBUTTON	按钮控件
DEFPUSHBUTTON	默认按钮控件	RADIOBUTTON	单选按钮控件
EDITTEXT	编辑框控件	RTEXT	文本右对齐的静态控件
GROUPBOX	组框控件	SCROLLBAR	滚动条控件
ICON	图标		

下面是一个对话框模板资源描述文件的实例：

```
IDD_DIALOG1  DIALOG DISCARDABLE  0,  0,  187,  53
STYLE  DS_MODALFRAME | WS_POPUP | WS_CAPTION | WS_SYSMENU
CAPTION  "添加的对话框"
FONT 10,  "System"
BEGIN
    DEFPUSHBUTTON  "OK", IDOK, 40, 28, 50, 14
    PUSHBUTTON     "Cancel", IDCANCEL, 104, 28, 50, 14
    LTEXT          "添加了一个对话框", IDC_STATIC, 45, 14, 106, 13
END
```

在 Visual C ++ 6.0 开发环境中，人们经常使用系统提供的可视化工具来创建对话框模板资源。具体做法是：首先，在工程管理窗口中选择 Resource View 选项卡，在该选项卡中的 Dialog 文件夹上单击鼠标右键，在随后出现的弹出式菜单中，选择 Insert Dialog 选项（见图 11-1），这样开发环境就会以可视化的形式提供一个默认的对话框，同时在

Resource View 选项卡的 Dialog 文件夹中增加了一个资源文件 IDD_DIALOG1,见图 11-2。
开发环境提供的这个对话框还预置了两个常用的按钮控件 OK 和 Cancel,并为它们设
计了与其功能相对应的代码。当然,如果不想使用它们,程序员可以把它们删掉。接
下来,就可以把开发环境提供的控件箱中的控件,根据程序的需要,添加到这个默认的
对话框上了。经调整认为满意之后,进行保存,于是创建对话框模板资源的工作即告
结束。

图 11-1 插入对话框资源

图 11-2 开发环境提供的对话框

11.2　自定义对话框类

也可以用 MFC 提供对话框类 CDialog 派生自己的对话框。

11.2.1　MFC 的对话框类及用户自定义对话框类

为方便用户自定义对话框类，MFC 提供了类 CDialog，用户的自定义对话框类要由它来派生。类 CDialog 在 MFC 类族中的位置见图 11-3。

CDialog 类有两个构造函数，它们是：

```
CDialog(LPCTSTR lpszTemplateName, CWnd * pParentWnd=
NULL );
```

和

```
CDialog( UINT nIDTemplate, CWnd * pParentWnd=NULL );
```

函数中的第一个参数为对话框模板资源的名称或 ID；第二个参数为对话框的父窗口指针，在通常情况下，可使用其默认值 NULL。

图 11-3　CDialog 类在 MFC 类族中的位置

由于 CDialog 类的构造函数带有参数，故自定义的对话框派生类必须声明构造函数，且在构造函数中引用基类 CDialog 类的构造函数，以便传递对话框的模板指针或 ID 值。例如：

```
class CMyDialog:public CDialog
{
public:
    CMyDialog(int tmpID);
    ⋮
};
```

```
inline CMyDialog∷CMyDialog(int tmpID):CDialog(tmpID){}
```

如果对话框资源的标识为 IDD_DIALOG1，则在创建对话框对象时的代码应该为：

```
CMyDialog m_dlg(IDD_DIALOG1);
```

在实际程序设计工作中，更经常的是使用 Visual C++ 6.0 提供的编程工具来派生对话框类。具体做法为：打开对话框资源（见图 11-2），用鼠标双击对话框，在随后出现的 New Class 对话框中填写各项的内容，单击"确认"按钮，即可生成自定义类的代码。New Class 对话框的外观见图 11-4，自动生成的类代码的主要部分为：

```
//CMyDialog 类的声明
class CMyDialog : public CDialog
{
```

```
public:
    CMyDialog(CWnd * pParent=NULL);
    enum { IDD=IDD_DIALOG1 };
 ⋮
};
//构造函数
CMyDialog::CMyDialog(CWnd * pParent / * =NULL * /)
    : CDialog(CMyDialog::IDD, pParent)
{
}
```

图 11-4　声明对话框类

11.2.2　模态对话框

1. 模态对话框的创建

在创建自定义对话框类后,就可以在需要使用对话框的地方使用它了。如果使用 CDialog 类的成员函数 DoModal( )来创建对话框,则该对话框就是一个模态对话框。DoModal( )函数的原型为:

```
virtual int DoModal( );
```

DoModal( )函数首先载入对话框模板资源,接下来调用 OnInitDialog( )函数,并在该函数中调用函数 UpdateData( )初始化对话框上的控件。然后,该函数将启动一个消息循环,以响应用户的输入。该消息循环截获了几乎所有的用户输入消息,从而使应用程序的主消息循环收不到用户消息,致使用户只能对对话框进行交互,这就是模态对话框的特点。

当用户单击 OK 或 Cancel 按钮时,函数 DoModal 将被结束,并在函数 DoModal( )结束之前,将对话框对象销毁。下面是创建并运行模态对话框的代码:

```
CMyDialog dlg;                //定义对话框对象
int result=dlg.DoModal( );    //显示并运行对话框
```

2．OK 按钮和 Cancel 按钮

在系统提供的对话框模板上，系统预置了 OK 和 Cancel 两个按钮，并为这两个按钮编写了相应的代码。

当用户按下 OK 按钮时，会调用消息响应函数 CDialog∷OnOK（）。OnOK（）首先调用 UpdateData（）函数读取控件上的数据（例如，用户在对话框上的编辑框中输入的数据），并把它传递给对话框类中与该控件对应的成员变量，然后调用 CDialog∷EndDialog（）函数关闭对话框，并以 OK 按钮的标识值 IDOK 为 DoModal（）函数的返回值。

而当按下 Cancel 按钮时，会调用 CDialog∷OnCancel（）函数，而它只调用函数 CDialog∷EndDialog（）来关闭对话框，并以 Cancel 按钮的标识值 IDCANCEL 为 DoModal（）函数的返回值。DoModal（）函数的执行过程见图 11-5。

图 11-5　DoModal（）函数的执行过程

如果程序员需要在 OK 和 Cancel 按钮的响应函数中做一些事情，可以重写 OnOK（）函数和 OnCancel（）函数。但需要注意的是，在重写的时候函数中一定要调用 CDialog 类的成员函数 CDialog∷OnOK（）和 CDialog∷OnCancel（），以便系统做相应的默认处理。

例 11-1　创建一个应用程序，在运行时如果在窗口用户区单击鼠标左键则会出现如图 11-6 所示外观的模态对话框。

（1）用 MFC AppWizard 创建一个名称为 MFCexp11_1 的单文档界面应用程序。

（2）按 11.1 节所讲的做法用 VC ++ 提供的可视化设计工具创建对话框模板资源，得到系统默认的对话框，见图 11-7。

图 11-6　对话框的外观

（3）使用工具箱向对话框上添加需要的控件并调整 OK 按钮和 Cancel 按钮的位置使对话框符合图 11-6 所示的要求。

（4）用鼠标左键双击对话框，系统打开一个如图 11-8 所示的 Adding a Class 对话框，询问是否要创建一个新对话框类，选择对话框的默认选项并单击 OK 按钮。在随后出现的 New Class 对话框中的 Name 文本框中添入类的名称（例如 MyDialog），其余使用默认

图 11-7　系统提供的对话框外观

选项,然后单击 OK 按钮(见图 11-9)。于是在工程管理窗口的 Class View 选项卡上可以
看到 MyDialog 类,在 Resource View 选项卡上可以看到资源 IDD_Dialog1。

图 11-8　Adding a Class 对话框

图 11-9　New Class 对话框

(5) 以文本方式打开工程的资源文件 MFCexp11_1.rc 并找到 IDD_DIALOG1 部分,
然后用以下定义覆盖它。

```
IDD_DIALOG1 DIALOG DISCARDABLE  0, 0, 187, 98
STYLE DS_MODALFRAME | WS_POPUP | WS_CAPTION | WS_SYSMENU
```

```
CAPTION "对话框的实例"
FONT 10, "System"
BEGIN
    DEFPUSHBUTTON   "OK",IDOK,24,66,50,14
    PUSHBUTTON      "Cancel",IDCANCEL,109,66,50,14
    LTEXT           "请输入你的姓名",IDC_STATIC,25,18,69,12
    EDITTEXT        IDC_EDIT1,26,34,61,13,ES_AUTOHSCROLL
    EDITTEXT        IDC_EDIT2,111,34,57,14,ES_AUTOHSCROLL
    LTEXT           "年龄",IDC_STATIC,115,18,53,12
END
```

（6）编写代码。

```
//首先在 CMyDialog 类的声明中声明重写 OnOK( )函数
class MyDialog : public CDialog
{
    ⋮
    protected:
    void afx_msg OnOK( );                //重写 OnOK 函数的声明
    ⋮
};
//重写函数 OnOK 的实现
void MyDialog::OnOK( )
{
    MessageBox("你单击了 OK 按钮");      //显示消息框
    CDialog::OnOK( );
}
//在视图类的源文件中添加包含对话框头文件的指令

#include "MyDialog.h"

//视图类的单击鼠标左键的消息处理函数
void CMFCexp11_1View::OnLButtonDown(UINT nFlags, CPoint point)
{
    CString m_info;
    MyDialog dlg;                        //定义对话框对象
    dlg.DoModal( );                      //显示并运行模态对话框
    CView::OnLButtonDown(nFlags, point);
}
```

例 11-1 程序运行结果见图 11-10，当用户在程序的窗口单击后，在窗口上会出现一个对话框，如果再单击 OK 按钮则会出现一个消息框。

图 11-10　在单击 OK 按钮后会出现一个消息框

11.3　对话框的数据交换和数据检验

之所以在应用程序中使用对话框,就是要通过对话框上的控件(诸如编辑框、列表框等)向应用程序中的变量传递数据,或者是把程序中变量的数据送到控件上进行显示,从而达到人机交互的目的,这就是所谓的数据交换(DDX)问题。在某些时候,应用程序还要检验用户通过控件所输入的数据是否合乎规格,所以还有所谓的数据检验(DDV)问题。

数据的交换和数据的检验都是在对话框类的成员函数 DoDataExchange( )中进行的。

11.3.1　数据交换

1. DDX 函数

为了存储控件上的数据,在声明对话框类时,要声明一些成员变量。同时,还要把这些成员变量与对应的控件关联起来,这样才能实现控件与成员变量进行数据交换的目的。为此,MFC 定义了大量的以 DDX_ 为前缀的函数,来实现成员变量与控件关联和数据交换。其中,比较常用的如 DDX_Text( )、DDX_Radio( )、DDX_Check( )、DDX_LBIndex( )等。例如,DDX_Text( )函数的原型为:

```
void DDX_Text( CDataExchange * pDX,
        int nIDC,                //控件 ID
        CString& value );        //与控件相关联的变量
```

在所有这些函数的参数中都有一个 CDataExchange 类对象的指针 pDX,MFC 在 CDataExchange 类中封装了实现成员变量与控件关联和进行数据交换的操作。

在这里,value 是 CString& 类型的,为了可以适应各种数据类型的成员变量,MFC 重载了多个 DDX_Text 函数使得参数 value 类型还可以是 BYTE&、short&、int&、UINT&、long&、DWORD&、float&、double&、COleCurrency&、COleDateTime& 类型的。

部分 DDX 函数见图 11-11。从图中可以看到，不同的控件具有不同的 DDX 函数，但所有的控件都可以使用一个如下形式的 DDX 函数。

```
void DDX_Control( CDataExchange * pDX, int nIDC, CWnd& rControl );
```

从函数的第三个参数可以看到，该实参必须是该控件类的一个对象。

图 11-11　部分控件与对应成员变量的数据交换函数

2. DoDataExchange 函数和 UpdateData 函数

对话框 CDialog 类从 CWnd 类继承了一个函数 DoDataExchange( )来统一管理对话框的数据交换，这个函数的原型为：

```
virtual void DoDataExchange( CDataExchange * pDX );
```

为了实现控件与对话框成员变量的数据交换，必须在这个函数中调用 DDX 函数，例如：

```
void CDTestDlg::DoDataExchange(CDataExchange * pDX)
{
    CDialog::DoDataExchange(pDX);
    DDX_Text(pDX,IDC_EDIT1,m_szFileName);
}
```

而函数 DoDataExchange( )是在 UpdateData( )中被调用的，该函数的原型为：

```
BOOL UpdateData( BOOL bSaveAndValidate=TRUE);
```

当其参数 bSaveAndValidate 为 TRUE 时，控件将向对应成员变量写入数据；而当参数 bSaveAndValidate 为 FALSE 时，控件将从对应成员变量读取数据。

从图 11-5 中已经看到，对话框在 InitDialog( )函数和 OnOK( )函数中调用

UpdateData( )函数进行数据交换。根据程序需要,UpdateData( )函数也可以在程序的任何位置调用。

11.3.2　使用 Class Wizard 为对话框添加成员变量

为了管理控件上的数据,对话框类必须定义一些与控件相关联的成员变量,这个工作最好使用开发环境的设计工具——Class Wizard。

如果要给对话框上的某个控件提供一个与其相关联的成员变量,则用鼠标单击该控件,在出现的弹出式菜单中选择 Class Wizard 选项即可打开 Class Wizard 对话框(见图 11-12)。在该对话框上共有 5 个选项卡,其中最常用的两个选项卡为 Message Maps 选项卡和 Member Variables 选项卡。

图 11-12　Class Wizard 的类成员变量选项卡

在类中声明对象的数据成员变量时,要使用 Member Variables 选项卡(见图 11-12)。在这个选项卡的 Control IDs 窗口中列出了所有可以声明变量的对象(以控件的 ID 值方式)。如果选中某个对象,并单击 Add Variable 按钮,则会打开 Add Member Variable 对话框。在 Add Member Variable 对话框中,程序员可以定义变量的名称、类型等,单击 OK 按钮 Class Wizard 就会在类中自动添加该成员变量,并在对话框类的 DoDataExchange( )函数中自动添加相应的数据交换函数 DDX,从而把控件与成员变量关联起来。

在使用类成员变量选项卡添加类的成员变量时,对于一般的控件在 Category 下拉窗口中的选项只有一个 Control,在下拉窗口 Variable type 中,选项也是一个,为该控件所属的类,即成员变量是控件类的对象。而对于编辑框、下拉列表这类可以由用户输入数据的控件,它们的 Category 选项则有 Control 和 Value 两种。如果选择了 Control,则成员变量为类的对象,因而在程序中可以使用该对象来引用控件的成员函数,而如果选择了 Value,则该成员变量是用来存放控件上的数据的。

例 11-2　设计一个应用程序,当用户在程序窗口上单击鼠标左键时,会出现一个如图 11-13 所示的对话框。用户可在输入编辑框中输入文字,当单击"输入"按钮时,该输入可以存入对话框与输入编辑框对应成员变量；当单击"显示"按钮时，该数据将复制在与显示编辑框对应的成员变量中，并会在显示编辑框中出现；当用户单击 OK 按钮后，对话框将被关闭，并且把两个成员变量的数据显示在应用程序的窗口上。

（1）用 MFC AppWizard 创建一个名称为 MFCexp11_2 的单文档应用程序。

（2）按图 11-13 的要求定义对话框模板资源，并用 New Class 工具派生 CDialog 的对话框类 MyDlg。

（3）用鼠标右键单击控件在弹出的菜单中选择 Properties 选项，在随后弹出的对话框中修改控件属性，见图 11-14。

图 11-13　例 11-2 应用程序的对话框　　　图 11-14　在 Properties 对话框中修改控件属性

（4）用 MFC ClassWizard 给 CMyDlg 类定义两个与编辑控件相关联的成员变量和两个按钮的消息响应函数。

```
CString   m_Edit1;              //与控件 Edit1 对应的成员变量
CString   m_Edit2;              //与控件 Edit2 对应的成员变量
afx_msg void OnButton1();       //声明"输入"按钮的消息响应函数
afx_msg void OnButton2();       //声明"显示"按钮的消息响应函数
```

（5）在对话框类中实现两个按钮的消息响应函数。

```
//"输入"按钮的消息响应函数
void CMyDlg::OnButton1()
{
    UpdateData(TRUE);           //把控件上的数据写入成员变量
}
//"显示"按钮的消息响应函数
void CMyDlg::OnButton2()
{
    m_Edit2=m_Edit1;
    UpdateData(FALSE);          //成员变量的数据传送到控件上
}
```

（6）在视图类声明中添加成员变量。

```
CString m_outEdit2;
CString m_outEdit1;
```

（7）在视图类声明中添加鼠标左键按下消息响应函数的声明。

```
afx_msg void OnLButtonDown(UINT nFlags, CPoint point);
```

（8）在视图实现中包含头文件 MyDlg.h。

```
#include"MyDlg.h"
```

（9）在视图实现中添加消息映射。

```
ON_WM_LBUTTONDOWN()
```

（10）在程序类视图鼠标左键按下消息响应函数中填写如下代码。

```
MyDlg dlg;
int result=dlg.DoModal();
if(result==IDOK)
{
        m_outEdit1=dlg.m_Edit1;
        m_outEdit2=dlg.m_Edit2;
        Invalidate();
}
```

（11）在视图类的 OnDraw( )函数中填写如下代码。

```
pDC->TextOut(10,10,m_outEdit1);
pDC->TextOut(100,10,m_outEdit2);
```

11.3.3　数据检验

为了对用户输入数据的合法性进行必要的检验，MFC 提供了多个名称带有 DDV_前缀的函数来与 DDX 函数配合使用，其目的就是为了对用户的输入数据进行检验并进行一定的限制。如函数：

```
void DDV_MaxChars(CDataExchange * pDX,CString const& value, int nChars);
```

其中，第三个参数 nChars 就是用来限制第二个参数 value 的字符个数的。

当然，数据检验也是在 DoDataExchange( )函数中完成的。

11.4　以对话框为主界面的应用程序

由于模态对话框有自己的消息循环和对应的窗口函数，所以对话框不仅可以作为应用程序的一个部件，而且还能以对话框为主界面设计应用程序，这种程序叫做基于对话框的应用程序。

这种基于对话框的应用程序适合比较简单的应用，例如，磁盘清理程序、杀毒软件等。

11.4.1 应用程序框架的设计

使用 AppWizard 设计基于对话框的应用程序非常简单：在 AppWizard 向导的第一步中，选择创建 Dialog Based 应用程序的选项即可。在选择了 Dialog Based 选项之后，如果单击 Finish 按钮，则程序设计向导将会在 Visual C++ 6.0 的开发环境中提供一个预置了两个常用的按钮控件和一个静态控件对话框，如果程序员不喜欢它们，可以把它们删掉。

在开发环境中，系统还打开了控件工具箱，程序员可以用鼠标向对话框上按照自己的需要放置控件以形成应用程序的界面。

11.4.2 应用程序代码的设计

设计基于对话框应用程序的主要工作，是为界面上的各个控件的消息响应函数填写代码。为此，开发环境为程序员提供了一个很方便的工具——Class Wizard。选中要进行编写代码的控件，用鼠标右键单击该控件，在出现的菜单中选择 Class Wizard 选项即可以打开 Class Wizard 对话框（见图 11-15）。在该对话框上共有五个选项卡，其中最常用的有 Message Maps 和 Member Variables 两个选项卡。关于 Member Variables 选项卡的使用在前面已经做了相关介绍，下面主要介绍 Message Maps 选项卡的使用。

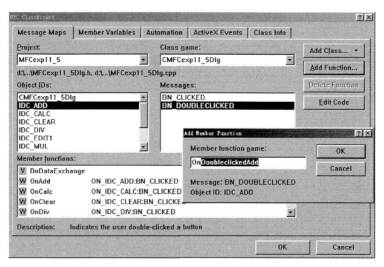

图 11-15　Class Wizard 的消息映射选项卡

Message Maps 选项卡用来声明消息映射和对应的消息响应函数（见图 11-15）。程序员可以使用 Project 下拉选择框来选择当前的工程；用 Class Name 下拉选择框来选择要操纵的类；而 Object IDs 滚动窗口，以 ID 值的方式列举了当前类中能够产生消息的对象，当程序员选中了某个对象后，则在 Message 窗口显示该对象可使用的消息。如果选中了某个消息，并单击 Add Function 按钮，就会打开 Add Member Function 对话框，并在窗口中提供一个默认的消息响应函数名，如果程序员不喜欢这个名称，可以修改它，然后单击 OK 按钮，则 Class Wizard 会自动在程序中添加消息映射、消息响应函数的声明等相应的代码。

例 **11-3**　设计一个其界面如图 11-16 所示的应用程序。当用户单击 Read 按钮后,在
上面的编辑框中显示该编辑框对应的成员变量 m_
Edit1Val 的值;而当用户单击 Copy 按钮时,上面编
辑框中的数据会出现在下面的编辑框中。

(1) 用 AppWizard 生成一个基于对话框界面的
应用程序框架,在删除了对话框的预置控件后,按图
11-16 的要求添加两个编辑框控件和两个按钮控件。

图 11-16　例 11-3 应用程序的界面

(2) 如图 11-17 所示,使用 Class Wizard 设置两
个与编辑框控件相关联的成员变量。

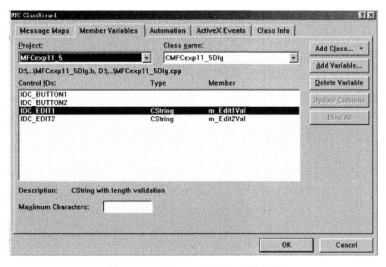

图 11-17　例 11-3 的两个成员变量

(3) 如图 11-18 所示,先给两个按钮分别声明一个鼠标单击消息响应函数,然后在两

图 11-18　声明例 11-3 的两个按钮单击消息响应函数

个按钮鼠标单击响应函数中写入如下代码。

```
void CMFCexp11_5Dlg::OnCopy()
{
    UpdateData(TRUE);
    m_Edit2Val=m_Edit1Val;
    UpdateData(FALSE);
}

void CMFCexp11_5Dlg::OnRead()
{
    UpdateData(FALSE);
}
```

最后，在对话框类的初始化函数 OnInitDialog 中添加代码。

```
m_Edit1Val="初始值";
```

于是程序即告完成。

程序运行结果见图 11-19。

 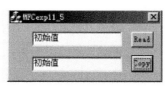

(a) 单击 Read 按钮的结果   (b) 单击 Copy 按钮的结果

图 11-19　例 11-3 程序的运行结果

11.5　MFC 预置的通用对话框

在 Windows 程序设计中，经常要用到一些具有专门用途的对话框。例如，打开文件对话框、保存文件对话框、颜色选择对话框、字体选择对话框。MFC 专门为用户设计了能创建这类对话框的类，它们分别是 CColorDialog（颜色选择对话框类）、CFileDialog（文件选择对话框类）、CFindReplaceDialog（正文搜索和替换对话框类）、CFontDialog（字体选择对话框类）和 CPrintDialog（打印和打印设置对话框类）。这些对话框类均继承自 CDialog 类，而且这些类的声明均在头文件 afxdlgs.h 中，在设计具有通用对话框的应用程序时，要包含该文件。

下面以文件对话框和字体选择对话框为例，介绍通用对话框的使用方法。

11.5.1　文件对话框

一般的 Windows 应用程序都应该有打开和保存文件的功能，为此 MFC 提供了文件对话框类 CFileDialog。

CFileDialog 类的构造函数为：

```
CFileDialog(
    BOOL bOpenFileDialog,                    //指定是 Open 还是 Save as 对话框
    LPCTSTR lpszDefExt=NULL,                 //添加到没有扩展名文件上的扩展名
    PCTSTR lpszFileName=NULL,                //应该初始选定的文件名
    DWORD dwFlags=OFN_HIDEREADONLY
             | OFN_OVERWRITEPROMPT,          //自定义标志
    LPCTSTR lpszFilter=NULL,                 // Files of Type 中的过滤参数
    CWnd * pParentWnd=NULL );                //对话框父窗口的指针
```

其中,最重要的是该函数的第一个参数 bOpenFileDialog,当其值为 TRUE 时,创建的是打开文件对话框。如果该参数为 FALSE 则创建的是保存文件对话框。

第五个参数是用来指明对话框文件类型框中所使用的过滤参数的,每一个过滤参数由两项组成:第一项指明在文件类型框中需要显示的文本,第二项指明文件的类型。一个完整的文件过滤参数如下所示。

```
Word文档(*.doc)|*.doc
```

可以使用多个过滤参数,这些参数要用 OR 符号(|)连接起来,例如:

```
Word文档(*.doc)|*.doc|位图(*.bmp)|*.bmp|全部文件(*.*)|*.*
```

在这个例子中一共有 3 个过滤参数,它们分别是 Word 文档(*.doc) | *.doc、位图(*.bmp)| *.bmp 和全部文件(*.*)| *.*。

如果要创建带有提示框的保存文件对话框(见图 11-20),构造函数的第四个参数 dwFlags 应该设为 OFN_HIDEREADONLY| OFN_OVERWRITEPROMPT。

图 11-20　带有提示信息框的保存文件对话框

使用 CFileDialog 类的构造函数创建了打开文件对话框或者保存文件对话框后,就可以使用成员函数 DoModal( )来显示对话框了。当用户单击"打开"或"保存"按钮后,函数 DoModal( )的返回值为 IDOK;而单击"取消"按钮后返回值为 IDCANCEL。

例 11-4　下面的应用程序在运行后,用鼠标左键单击窗口出现一个打开文件对话框;而用鼠标右键单击窗口出现一个保存文件对话框。

(1) 用 MFC AppWizard 创建一个名称为 MFCexp11_4 的单文档界面应用程序。

(2) 在视图类的源文件中添加如下包含指令:

```
#include "afxdlgs.h"
```

（3）在视图类的声明文件中添加如下声明：

```
protected:
    CString m_openfileName,m_saveFileName;
    afx_msg void OnLButtonDown(UINT nFlags, CPoint point);
    afx_msg void OnRButtonDown(UINT nFlags, CPoint point);
```

（4）在视图类的源文件中添加消息映射。

```
ON_WM_LBUTTONDOWN();
ON_WM_RBUTTONDOWN();
```

（5）在视图类的源文件中添加消息响应函数。

```
void CMFCexp11_4View::OnLButtonDown(UINT nFlags, CPoint point)
{
    char * filters="Word文档(＊.doc)|＊.doc|位图(＊.bmp)|＊.bmp|全部文件(＊.＊)|＊.
＊";
    CFileDialog fileDlg(TRUE,NULL,"＊.doc",NULL,filters);
    int result=fileDlg.DoModal();
    if(result=IDOK)
        m_openfileName=fileDlg.GetFileName();
    CView::OnLButtonDown(nFlags, point);
}

void CMFCexp11_4View::OnRButtonDown(UINT nFlags, CPoint point)
{
    char * filters="Word文档(＊.doc)|＊.doc|位图(＊.bmp)|＊.bmp|全部文件(＊.＊)|＊.
＊";
    CFileDialog fileDlg(FALSE,NULL,"＊.doc",
            OFN_HIDEREADONLY|OFN_OVERWRITEPROMPT,filters);
    int result=fileDlg.DoModal();
    if(result=IDOK)
        m_saveFileName=fileDlg.GetFileName();
    CView::OnRButtonDown(nFlags, point);
}
```

11.5.2 字体选择对话框

在基于文本的程序中，经常碰到选择字体、字体的属性等问题，这时就要用到字体对话框。在 MFC 中，CFontDialog 的对象就是字体对话框。CFontDialog 类的构造函数的原型为：

```
CFontDialog(
    LPLOGFONT lplfInitial=NULL,       //一个 LOGFONT 结构的指针
    DWORD dwFlags=CF_EFFECTS | CF_SCREENFONTS,
```

```
        CDC * pdcPrinter=NULL,
        CWnd * pParentWnd=NULL );
```

一般情况下,定义字体对话框只使用构造函数的第一个参数即可,例如:

```
LOGFONT m_logFont;
CFontDialog fontDialog(&m_logFont);
```

在创建了 CFontDialog 的对象之后,通过调用 DoModal( )成员函数可以显示这个对话框:

```
int result=fontDialog.DoModal( );
```

如果用户单击 OK 按钮退出字体对话框,函数 DoModal( )将返回 IDOK。在这种情况下,可以通过调用成员函数 GetCurrentFont( )获得所选字体。GetCurrentFont( )函数的原型为:

```
void GetCurrentFont( LPLOGFONT lplf );
```

其中,参数 lplf 为 LOGFONT 结构的一个指针,GetCurrentFont( )函数向其中保存了所选的字体的值。

在获取了 LOGFONT 结构之后,应该创建一个类 CFont 的对象并调用该对象的成员函数 CreateFontIndirect( )来创建该字体,例如:

```
LOGFONT logFont;                        //定义 LOGFONT 结构
fontDialog.GetCurrentFont(&logFont);    //获取选中的字体
CFont font;                             //创建字体对象
Font.CreateFontIndirect(&logFont);      //创建字体
```

创建了字体之后就可以把字体选入设备描述环境使用该字体了。

例 11-5　设计一个字体对话框的应用程序,当用户单击鼠标左键时会出现一个字体选择对话框,如果用户选择了某种字体,当单击对话框的"确认"按钮后,窗口上的文本的字体会发生相应的变化。

(1) 用 MFC AppWizard 创建一个名称为 MFCexp11_5 的单文档应用程序框架。

(2) 在视图的源文件中添加如下包含指令:

```
#include "afxdlgs.h"
```

(3) 在视图类声明中添加如下声明:

```
protected:
    LOGFONT m_logFont;                      //定义一个 LOGFONT 类型的数据成员
    CFont * m_pFont;                        //定义一个字体对象指针
    COLORREF m_fontColor;                   //定义存放字体颜色的成员变量
    afx_msg void OnLButtonDown(UINT nFlags, CPoint point);   //鼠标消息函数
```

(4) 添加消息映射:

```
BEGIN_MESSAGE_MAP(CMFCexp11_5View, CView)
    ON_WM_LBUTTONDOWN()
END_MESSAGE_MAP()
```

（5）在视图类的构造函数中添加如下代码：

```
CMFCexp11_5View::CMFCexp11_5View()
{
    m_fontColor=RGB(0,0,0);                              //设置字体颜色
//给结构 m_logFont 各成员赋值,以描述默认字体
    m_logFont.lfHeight=48;
    m_logFont.lfWidth=0;
    m_logFont.lfEscapement=0;
    m_logFont.lfOrientation=0;
    m_logFont.lfWeight=FW_NORMAL;
    m_logFont.lfItalic=0;
    m_logFont.lfUnderline=0;
    m_logFont.lfStrikeOut=0;
    m_logFont.lfCharSet=16;
    m_logFont.lfOutPrecision=OUT_DEFAULT_PRECIS;
    m_logFont.lfClipPrecision=CLIP_DEFAULT_PRECIS;
    m_logFont.lfQuality=PROOF_QUALITY;
    m_logFont.lfPitchAndFamily=VARIABLE_PITCH | FF_ROMAN;
    strcpy(m_logFont.lfFaceName, "Times New Roman");
    m_pFont=new CFont;
    m_pFont->CreateFontIndirect(&m_logFont);        //创建字体对象
}
```

（6）在视图类的 OnDraw 函数中添加代码：

```
void CMFCexp11_5View::OnDraw(CDC * pDC)
{
    CMFCexp11_5Doc * pDoc=GetDocument();
    ASSERT_VALID(pDoc);
    CFont * oldFont=(CFont * )pDC->SelectObject(m_pFont);    //将字体选入环境
    pDC->SetTextColor(m_fontColor);                          //设置字体颜色
    pDC->TextOut(20, 60, "这是一个字体对话框的测试程序");
    pDC->SelectObject(oldFont);                              //从环境中删除
字体
}
```

（7）在鼠标消息响应函数中添加如下代码：

```
void CMFCexp11_5View::OnLButtonDown(UINT nFlags, CPoint point)
{
    CFontDialog fontDialog(&m_logFont);                     //定义字体对话框
```

对象
```
    int result=fontDialog.DoModal( );                         //显示字体对话框
    if (result==IDOK)
    {
        delete m_pFont;                                       //删除旧字体对象
        m_pFont=new CFont;
        //创建新字体对象
        m_pFont->CreateFontIndirect(&m_
logFont);
        //获取用户选择的字体颜色
        m_fontColor=fontDialog.GetColor( );
        Invalidate( );
                        //更新显示
    }
    CView::OnLButtonDown(nFlags, point);
}
```

图 11-21　例 11-5 程序运行结果

程序运行结果见图 11-21。

11.6　非模态对话框

模态对话框可以垄断所有的用户消息,因此只有在关闭该对话框之后,用户才能进行其他工作。而非模态对话框则不同,由于非模态对话框没有自己的、独立的消息循环,而是与应用程序使用同一个消息循环,从而使它不能垄断用户消息。因此,用户在打开这种对话框的情况之下,仍然可以在应用程序的其他窗口中工作,然后根据需要再返回该对话框。

设计非模态对话框与设计模态对话框的方法基本一样,也要设计对话框模板资源和设计 CDialog 类的派生类。设计非模态对话框与设计模态对话框的主要区别为:

(1) 非模态对话框是使用 CDialog 类的成员函数 Create( )来创建和显示的。因为 Create( )函数不会启动新的消息循环,从而确保对话框与应用程序共同使用一个消息循环,这样就使得对话框处在打开状态的时候,应用程序的其他窗口可以响应用户消息。

(2) 非模态对话框是使用 DistroyWindow( )函数来关闭的。因此,如果需要使用系统预置的 OK 按钮和 Cancel 按钮,则一定要重写 OnOK( )和 OnCancel( )函数,以确保在 OnOK( )和 OnCancel( )函数中用 DistroyWindow( )函数关闭对话框。

(3) 非模态对话框应该用 new 运算符来动态创建,故此在不需要该对话框时,应该用 delete 运算符删除它。

(4) 为防止多次打开同一个对话框,应该设置一个标志以使应用程序可以判断是打开一个新对话框还是只把原来已打开的对话框激活。

(5) 为使对话框可见,其模板资源必须具有 Visible 风格。

例 11-6　设计一个应用程序,在该程序的主窗口上右击鼠标会出现一个对话框。用户在对话框上的编辑框内输入文字后,如果用户用鼠标左键单击应用程序的主窗口,则会在单击位置显示用户在编辑框内输入的文字。程序的运行结果如图 11-22 所示。

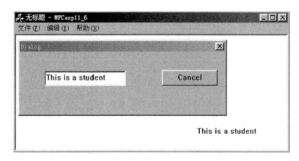

图 11-22　例 11-6 程序运行结果

（1）用 MFC AppWizard 创建一个名称为 MFCexp11_6 的单文档应用程序框架。

（2）如图 11-22 所示的外观来设计对话框模板资源描述文件，并设置其为 Visible 风格。

（3）用类设计工具 MFC ClassWizard 派生对话框类，名称为 CnonMdlDlg，并在类声明文件中添加。

```
public:
    void OnCancel();              //声明 OnCancel 函数
    BOOL Create();                //声明 Create 函数
    BOOL m_bActive;               //声明一个成员变量作为打开标志
    CString m_iputEdit;           //声明一个与编辑框相关联的成员变量
```

（4）在对话框类构造函数中添加：

```
m_bActive=FALSE;              //对话框打开标志处值为 FALSE
```

（5）在对话框类实现文件中添加：

```
BOOL CNonMdlDlg::Create()
{
    m_bActive=TRUE;               //创建对话框时把打开标志置为 TRUE
    return CDialog::Create(CNonMdlDlg::IDD);
}
```

（6）重写 OnCancel( )函数。

```
void CNonMdlDlg::OnCancel()
{
    m_bActive=FALSE;
    DestroyWindow();
}
```

（7）在应用程序视图类声明中添加：

```
public:
    int m_pX;                     //声明存储鼠标 x 值的变量
```

```
    int m_pY;                         //声明存储鼠标 y 值的变量
    CNonMdlDlg * m_pNameDlg;          //声明对话框的指针
```

（8）在应用程序视图类构造函数中添加：

```
m_pNameDlg=new CNonMdlDlg;          //定义对话框对象
```

（9）在应用程序视图类实现函数中添加：

```
void CMFCexp11_6View::OnRButtonDown(UINT nFlags, CPoint point)
{
    if(m_pNameDlg->m_bActive)
        m_pNameDlg->SetActiveWindow();      //激活对话框
    else
        m_pNameDlg->Create();               //创建对话框
    CView::OnRButtonDown(nFlags, point);
}
void CMFCexp11_6View::OnLButtonDown(UINT nFlags, CPoint point)
{
    m_pX=point.x;
    m_pY=point.y;
    if(m_pNameDlg->m_bActive)
    {
        m_pNameDlg->UpdateData(TRUE);       //把控件数据传递到变量
        Invalidate();
    }
    CView::OnLButtonDown(nFlags, point);
}
void CMFCexp11_6View::OnDraw(CDC * pDC)
{
    //显示字符串
    pDC->TextOut(m_pX,m_pY,m_pNameDlg->m_iputEdit);
}
```

11.7　属　性　页

　　属性页是一种特殊的对话框，在它的上面有多张选项卡式的页面，用户可以用鼠标选择不同的选项卡，并利用选项卡上的控件与应用程序进行交互。例如，在 Visual C++ 6.0 提供的 Class Wizard 对话框就是属性页的一个典型应用，如图 11-23 所示。

　　其实，属性页中的每一个属性页面（选项卡）都是一个对话框，只不过是使用了一个特殊的对话框（属性页）把它们集中地放在一起管理。每一个属性页面（选项卡）都是 CPropertyPage 类的派生类的对象，而属性页是 CPropertySheet 类的派生类的对象。

　　设计属性页的方法非常简单。首先，按设计一般对话框模板资源的方法，设计每一个属性页面的模板资源，并在资源中把它的 Style（样式）设置为 Child，Border（边框）设置为

Thin,同时要关闭 System menu 选项,从而使其具有属性页面(选项卡)的外观,当然还要添加应该使用的控件;然后,以 MFC 的 CPropertyPage 类为基类派生对话框类(见图 11-24)。于是这个派生自 CPropertyPage 类的对话框类的对象就是一个属性页面了。

图 11-23 属性页的外观

图 11-24 自 CPropertyPage 派生属性页面类

按上述方法设计了全部属性页面类之后,就可以设计装载和管理属性页面的属性页类。首先,仍然是设计作为属性页的对话框的模板资源文件;然后以该资源文件声明属性页类,这个类的基类应该是 MFC 的 CPropertySheet 类(见图 11-25)。于是,这个派生自 CPropertySheet 类的对话框类的对象就是一个装载和管理属性页面的属性页对象。

在应用程序中创建属性页时,首先应该创建各个属性页面对象(一般使其为属性页类的成员变量);然后在属性页的构造函数中,用 CPropertySheet 类的成员函数 AddPage( )向属性页添加属性页面。该函数的原型为:

图 11-25 自 CPropertySheet 派生属性页类

```
void AddPage(CPropertyPage * pPage);
```

其参数为要添加到属性页上的属性页面的指针。

例 11-7 设计一个应用程序,当用户用鼠标左键单击程序窗口时,应用程序会打开一个如图 11-26 所示的属性页。

(1) 用 MFC AppWizard 创建一个名称为 MFCexp11_7 的单文档应用程序框架。

(2) 如图 11-26 所示的要求分别设计各个属性页面和属性页的模板资源,然后再派生出每个属性页面类(CBitmapOptions 和 CTextOptions)和属性页类 CProperty。

图 11-26 例 11-7 的属性页

(3) 在属性页类的头文件中包含属性页面头文件。

```
#include"BitmapOptions.h"
#include"TextOptions.h"
```

(4) 在属性页类中以成员变量的形式创建属性页面对象。

```
CBitmapOptions m_bitmapOptions;
```

```
CTextOptions m_textOptions;
```

（5）在属性页类的构造函数创建属性页面对象。

```
Property::Property(LPCTSTR pszCaption, CWnd * pParentWnd,
    UINT iSelectPage) :CPropertySheet(pszCaption, pParentWnd, iSelectPage)
{
    AddPage(&m_textOptions);           //创建属性页面 Text Options
    AddPage(&m_bitmapOptions);         //创建属性页面 Bitmap Options
}
```

（6）在视图类文件中包含属性页类的头文件。

```
# include"Property.h"
```

（7）在鼠标左键按下消息响应函数中显示属性页的代码。

```
void CMFCexp11_7View::OnLButtonDown(UINT nFlags, CPoint point)
{
    CProperty pPrt("My Property Sheet");
    int result=pPrt.DoModal();
    CView::OnLButtonDown(nFlags, point);
}
```

程序运行结果见图 11-26。

小   结

- 对话框是 Windows 应用程序与用户交互的重要手段，分为模态对话框和非模态对话框。对话框的基本行为由类 CDialog 封装，对话框的外观由模板资源定义。
- 对话框模板资源可以使用 Visual C ++ 的资源编辑器来创建和编辑。
- 调用 CDialog 的成员函数 DoModal 可以创建并打开模态对话框。按钮 OK 和 Cancel 是对话框中系统预置的两个按钮，分别对应关闭对话框时的确定状态和取消状态。
- 对话框使用数据交换（DDX）机制实现控件与变量之间的数据交换，使用数据检验（DDV）机制检验通过控件录入的数据是否合乎规格。
- 使用 MFC ClassWizard 为对话框类添加 Member Varaible 并与相应的控件绑定。DDX 函数具体完成控件和变量的绑定和数据交换。一对控件和变量由一个 DDX 函数绑定，并由 MFC ClassWizard 自动添加到对话框成员函数 DoDataExchange 中。DoDataExchange 被对话框成员函数 UpdateData 调用，并由其参数控制数据的交换方向。
- MFC 还对 Windows 通用对话框，如打开文件对话框、保存文件对话框、颜色选择对话框、字体选择对话框等进行了封装。它们分别是 CColorDialog、CFileDialog、CFindReplaceDialog、CFontDialog 和 CPrintDialog。

- 非模态对话框使用 CDialog 类的 Create 成员函数来创建和显示,使用 DistroyWindow( )函数来关闭。
- 属性页是 CPropertySheet 类派生类的对象,它包含若干属性页面。属性页面是 CPropertyPage 类派生类的对象,它是一个对话框。

练　习　题

11-1　什么是对话框模板资源文件描述,它有什么用途?

11-2　用户定义的对话框类派生自哪个类?

11-3　通常在什么地方进行对话框的初始化?

11-4　MFC 有哪些通用对话框类?

11-5　Windows 有哪两类对话框? 它们的区别是什么?

11-6　编写一个可以完成计算器功能的基于对话框的应用程序,该应用程序具有"加"、"减"、"乘"、"除"、"求平方根"和"求倒数"的功能。

11-7　编写一个通过菜单命令使用颜色选择对话框来改变图形填充色的应用程序。

思　考　题

为什么对话框模板需要资源描述文件,其他控件是否也需要资源描述文件?

第 *12* 章　进程与线程的管理

CHAPTER

Windows 是一个多任务系统,它采用完善的进程与线程管理技术,使同时运行的多个应用程序可以无冲突、协调地进行工作。

本章主要内容:

- 进程、线程及其优先权。
- 工作线程和用户界面线程。
- 线程同步。
- 线程通信。

12.1　进程、线程及其优先权

12.1.1　进程、线程的基本概念

在计算机系统中,一个正在运行的应用程序就叫做一个进程,一个进程可以有多个线程,进程的任务是由这个进程的所有线程共同配合来完成的。一个进程至少需要有一个线程,这个线程叫做主线程。根据需要,一个进程可以创建任意数目的从线程,这些从线程与主线程一道以并发的方式完成程序的任务。

从程序代码的角度来看,一个进程就是一个程序,线程是进程中以函数形式出现的代码模块,它具有相对独立的功能,用来完成程序的一个子任务。进程是拥有系统资源(CPU、存储器等)的基本单位,线程则不单独享有系统资源,而是以某种规则轮流使用进程资源完成各自任务的基本单位。如果进程中的所有线程都完成了各自的任务,那么整个进程的任务也就完成了。

一个采用某种规则轮流执行线程的进程工作方式如图 12-1 所示。

12.1.2　进程和线程的优先级

Windows 是一个多任务系统,它可以并发方式运行多个进程,每个进程又可以有多个线程,而 CPU 却只有一个,因此如何分配 CPU 的时间就

图 12-1   在单 CPU 计算机上按某种规则轮流运行各个线程

是一个很重要的问题。

由于每个进程和线程所承担任务的重要程度不同，所以让每个进程和线程以相同的机会和时间占用 CPU 是不合理的。因此，Windows 允许为进程和线程根据其重要程度赋予不同的优先级别，来使线程和进程在占用 CPU 时具有不同优先权。

Windows 用两步来确定线程的优先级，第一步先确定进程的优先级，然后在进程所具有的级别基础上，再确定该进程中线程的相对优先级。

1. 进程的优先级

进程可以使用的优先级别见表 12-1。从表中可以看到，Windows 把进程的优先权分成时实（REALTIME）、高级（HIGH）、普通（NORMAL）以及空闲（IDLE）4 个基本级别，其中实时级别最高，空闲级别最低。

表 12-1   进程的优先级别

优 先 级 别	说　　明
REALTIME _PRIORITY_CLASS HIGH_PRIORITY_CLASS ABOVE_NORMAL_PRIORITY_CLASS NORMAL_PRIORITY_CLASS BELOW_NORMAL_PRIORITY_CLASS IDLE_PRIORITY_CLASS	最高级 ↓ 最低级

2. 线程的优先级

一个进程可以由若干个线程组成，在创建线程时，要按表 12-2 指定线程的优先级。线程的这些级别不表示线程的绝对优先级，而只是表明线程的绝对优先级与该线程所在的进程的优先级之间的偏移量。

CPU 是一个由各个进程竞争使用的共享资源，通常情况下，高优先级的进程或线程首先获得 CPU 时间，然后这个线程一直运行，直到没有信息需要处理时，Windows 才会调度其他线程。因此不要把进程和线程的优先级别设置得过高，以使其他进程运行得非常缓慢。在大多数情况下，进程和线程分别设置为 NORMAL_PRIORITY_CLASS 和

THREAD_PRIORITY_NORMAL 的优先级就可以了。

表 12-2　线程优先级别

级　　别	说　　明
THREAD_PRIORITY_IDLE	当线程包含在具有 HIGH_PRIORITY_CLASS 或者更低级别优先级的进程中时，线程的基础优先级为 1；如果包含在 REALTIME_PRIORITY_CLASS 优先级的进程中，则线程的优先级为 16
THREAD_PRIORITY_LOWEST	线程的基础优先级比包含该线程的进程的优先级低两级
THREAD_PRIORITY_BELOW_NORMAL	线程的基础优先级比包含该线程的进程的优先级低一级
THREAD_PRIORITY_NORMAL	线程的基础优先级与包含该线程的进程的优先级相同
THREAD_PRIORITY_ABOVE_NORMAL	线程的基础优先级比包含该线程的进程的优先级高一级
THREAD_PRIORITY_HIGHEST	线程的基础优先级比包含该线程的进程的优先级低两级
THREAD_PRIORITY_CRITICAL	如果线程位于 HIGH_PRIORITY_CLASS 或者更低优先级的进程中，线程的基础优先级为 15；如果线程位于 REALTIME_PRIORITY_CLASS 优先级的进程中，则线程的基础优先级为 31

12.2　工作线程和用户界面线程

Windows 按线程是否拥有用户界面，把线程分为用户界面线程和工作线程两种。用户界面线程在运行时会有一个窗口界面和与其相对应的窗口函数，所以它可以通过响应消息来和用户进行交互；而工作线程则不能处理用户消息，通常是用来执行一些后台任务，例如，数据的计算、后台杀毒等。

12.2.1　工作线程的创建

从程序代码的角度来看，线程只不过就是个可以独立运行的函数而已。由于工作线程不需要创建窗口和处理用户消息，因此编写起来相当容易，在程序中只要调用 AfxBeginThread()函数就可以来创建并启动一个工作线程了。AfxBeginThread()的原型为：

```
CWinThread * AfxBeginThread (
        AFX_THREADPROC pfnThreadProc,
        LPVOID pParam,
        int nPriority=THREAD_PRIORITY_NORMAL,
        UINT nStackSize=0,
        DWORD dwCreateFlags=0,
        LPSECURITY_ATTRIBUTES lpSecurityAttrs=NULL
        );
```

从函数的参数中可以看到，只有前两个参数是必须传递的，第一个参数 pfnThreadProc

用来指明被作为线程的函数的地址；而第二个参数是需要传递给线程函数的一个 32 位参数指针，通过该指针可以向线程传递任何需要的参数。

如果其余参数都使用参数的默认值的话，该函数就创建了一个具有普通优先级别的线程。

例 12-1　编写一个应用程序，当在程序窗口按下鼠标左键时，启动一个线程，该线程可以在屏幕上显示一个消息框。

（1）用 MFC AppWizard 创建一个名称为 MFCexp12_1 应用程序框架。

（2）在视图类实现文件中编写一个准备作为线程的函数。

```
UINT MessageThread(LPVOID pParam)
{
    char * pMessage=(char * ) pParam;
    CWnd * pMainWnd=AfxGetMainWnd ( );
    ::MessageBox(pMainWnd->m_hWnd,
        pMessage, "Thread Message", MB_OK);
    return 0;
}
```

（3）在视图类的鼠标左键消息响应函数中创建和启动线程。

```
void CMFCexp12_1View::OnLButtonDown(UINT nFlags,
                                    CPoint point)
{
    AfxBeginThread (
        MessageThread,
                    //作为线程的函数
        "Greetings from your thread! "
                    //向线程传递的参数
                );
    CView::OnLButtonDown(nFlags, point);
}
```

当程序运行时，按下鼠标左键，程序启动线程，在程序的窗口上出现一个信息框，如图 12-2 所示。

图 12-2　例 12-1 程序运行结果

12.2.2　用户界面线程的创建

用户界面线程必须包含有消息循环，以便可以处理用户消息。

前面提到过，MFC 把程序处理消息的窗口函数封装在 CCmdTarget 类中，而在这个 CCmdTarget 类的基础上，又封装了创建线程的一些操作，从而派生出 CWinThread 类。因此，为了创建可以响应消息的用户界面线程，在程序设计时，必须要以 MFC 的 CWinThread 类为基类派生一个线程类，而且在一般的时候需要重写类的 InitInstance( ) 和 ExitInstance( ) 函数，在 InitInstance( ) 中编写线程的初始化代码（主要是创建窗口），而在 ExitInstance( ) 中编写撤销线程对象时的代码。

在创建用户界面线程时,程序员应该使用系统的另一个适合创建用户界面线程的函数 AfxBeginThread( ),其原型为:

```
CWinThread * AfxBeginThread(
        CRuntimeClass * pThreadClass,
        int nPriority=THREAD_PRIORITY_NORMAL,
        UINT nStackSize=0,
        DWORD dwCreateFlags=0,
        LPSECURITY_ATTRIBUTES lpSecurityAttrs=NULL
        );
```

例 12-2　编写一个应用程序,当用户在程序主窗口按下鼠标左键时,会启动一个用户界面线程。当用户在线程窗口界面按下鼠标左键时,会弹出一个信息框。

(1) 用 MFC AppWizard 创建一个名称为 MFCexp12_2 的应用程序框架。

(2) 使用类向导 Class Wizard 以 CWinThread 类为基类派生 CMyThread 类,同时以 CFrameWnd 类为基类派生 CMyWnd 类。

(3) 在应用程序视图类实现文件中包含头文件。

```
#include"MyThread.h"
```

(4) 在 CMyThread 类实现文件中包含头文件。

```
#include"MyWnd.h"
```

(5) 在 CMyThread∷InitInstance 中创建线程中的窗体。

```
BOOL CMyThread∷InitInstance( )
{
    CMyWnd * pFrameWnd=new CMyWnd( );
    pFrameWnd->Create(NULL,"Thread Window");
    pFrameWnd->ShowWindow(SW_SHOW);
    pFrameWnd->UpdateWindow( );
    return TRUE;
}
```

(6) 在 CMyWnd 类中声明鼠标消息响应函数,并加以实现。

```
void CMyWnd∷OnLButtonDown(UINT nFlags, CPoint point)
{
    char * pMessage=" This is a window thread ";
    CWnd * pMainWnd=AfxGetMainWnd( );
    ∷MessageBox(NULL,pMessage, "Thread Message", MB_OK);
    CFrameWnd∷OnLButtonDown(nFlags, point);
}
```

(7) 在应用程序视图类中实现鼠标响应函数。

```
void CMFCexp12_2View∷OnLButtonDown(UINT nFlags,
```

```
                        CPoint point)
{
    AfxBeginThread(RUNTIME_CLASS(CMyThread));
    CView::OnLButtonDown(nFlags, point);
}
```

运行结果如图 12-3 所示。

图 12-3　例 12-2 应用程序运行结果

12.3　线 程 同 步

12.3.1　线程同步的基本概念

在多线程的情况下，如果存在多个线程要使用同一个资源的情况时，则需要在线程之间进行协调（同步）才能使程序完成预定的工作，而不会出现灾难性的冲突。

图 12-4　多个线程需要访问
同一个资源的情况

例如，某应用程序定义了一个电子表格数据结构来存储数据，在这个程序中有一个读取电子表格数据的线程和一个可以对电子表格数据进行编辑的线程（见图 12-4）。如果对这两个线程的运行不作任何协调和控制的话，就会出现这两个线程同时对数据进行访问的情况，即当数据正在被用户编辑时，读取数据的线程被启动，读取了一个正在编辑的数据，而发生错误，严重时会出现灾难性的结果。为了不出现上面所说的问题，那么应用程序在对线程的启动运行要进行相应的限制。例如，在编辑数据的线程正在运行时，应该能够禁止读取数据线程的启动，而当数据编辑线程结束后，则应该能通知读取数据线程可以启动运行。也就是说，为了在使用共享资源的线程之间不发生冲突，则必须在使用共享资源的线程之间进行某种同步（协调），如图 12-5 所示。

为了解决多线程之间的同步问题，MFC 把对线程之间进行同步的一些基本操作封装在类 CSyncObject 中。为了适应在各种不同情况下同步的需要，MFC 又以类

CSyncObject 为基类派生了 4 种同步类,即事件、临界段、互斥体和信号计数器。这 4 种同步类见表 12-3。

图 12-5　在运行编辑表格线程时不能允许读取表格线程运行

表 12-3　四种同步类

同　步　类	说　明
CEvents(事件)	可以使用该类对象发出通知信号,系统是否可以运行等待线程
CCriticalSections(临界段)	使同一个进程中的某一个线程获取或失去访问共享资源的权力
CMutexes(互斥体)	在多进程中实现线程的同步,其作用与 CCriticalSections 类似
CSemphores(信号计数器)	在受到限制之前,确保多线程能够访问共享资源

12.3.2　事件

当线程正在占用一个共享资源运行时,线程必须能发出一个信息来通知系统:该资源现已被占用,为防止发生冲突,系统应将其他需要使用这个资源的线程置于等待状态。而当占用资源的线程工作完毕后,应再发出一个信息来通知系统:资源已释放,可以启动其他正在等待本资源的线程运行。

实现上述目的最简单的办法就是设立一个标志,并且让这个标志为正在占用共享资源的线程所操控,这样这个线程就可以用这个标志来通知系统是否可以启动那些正在等待运行的线程了。

所谓事件对象就是上述的标志,这个标志有 TRUE 和 FALSE 两种状态,当该标志为 TRUE(发信)时,就允许系统可以启动运行正在等待的线程;而当标志为 FALSE(未发信)时,则禁止系统启动运行那些线程。用 MFC 中提供的 CEvent 类(声明在头文件"afxmt.h"中),就可以创建这样的事件对象。CEvent 类的构造函数原型为:

```
CEvent(
    BOOL bInitiallyOwn=FALSE,
    BOOL bManualReset=FALSE,
```

```
          LPCTSTR lpszName=NULL,
          LPSECURITY_ATTRIBUTES lpsaAttribute=NULL
);
```

其中：

bInitiallyOwn 用来指定事件对象初始状态是否为发信状态（其默认值为未发信）；

bManualReset 用来指定创建的事件对象是自动事件对象还是手工事件对象（默认值为自动事件对象）；

lpszName 用来定义事件对象的名称；

lpsaAttribute 为指向一个 LPSECURITY_ATTRIBUTES 结构的指针。

CEvent 类提供了三种对事件对象进行操控的方法，见表 12-4。除了表 12-4 列出的三种方法之外，CEvent 类还有一个从其基类 CSyncObject 继承来的函数 Lock( )，它一般用在线程内部，可以强制线程进入等待状态，一旦事件对象变为发信状态，等待的线程可以再恢复运行。

表 12-4　CEvent 类提供的 3 种方法

方　　法	说　　明
SetEvent( )	设置事件为发信状态，并释放其他正在等待的线程
PulseEvent( )	设置事件为发信状态，并释放其他正在等待的线程，然后把事件设置为未发信状态
ResetEvent( )	设置事件为未发信状态

根据事件对象在发信之后，是否可以自动恢复为未发信状态，事件对象分为自动事件对象和手动事件对象两种。

1. 自动事件对象

在定义事件对象时，如果使用 CEvent 类构造函数的默认参数值的话，则定义的对象为自动事件对象。自动事件对象的初始状态为未发信状态，如果需要，可以使用对象的成员函数 SetEvent( )使它变为发信状态，从而使处于等待线程中的第一个线程恢复运行，但事件对象会随即自动把其状态变为未发信状态，从而使其他处于等待状态的线程仍然被阻塞。也就是说，自动事件对象一次只能启动一个处于等待状态的线程。

例 12-3　设计一个应用程序，当用户在程序窗口上按下鼠标左键时，会创建和启动两个线程，这两个线程被启动后，各自显示一个信息框，表明线程已被启动，随即被事件对象的 Lock 函数把线程挂起。当用户在程序窗口按下鼠标右键时，启动另一个线程，在该线程中把事件对象置为"发信"状态，从而启动了第一个被挂起的线程。

（1）用 MFC AppWizard 创建一个名称为 MFCexp12_3 的应用程序框架。

（2）为了使用事件对象，在应用程序的头文件中包含 afxmt.h。

```
#include<afxmt.h>
```

（3）在程序的视图类实现文件中定义一个全局事件对象。

```
CEvent eventObj;
```

（4）在程序的视图实现文件中编写如下线程函数：

```
UINT MessageThread1(LPVOID pParam)
{
    char * pMessage="Thread1 is started";
    CWnd * pMainWnd=AfxGetMainWnd();
    ::MessageBox(pMainWnd->m_hWnd,
        pMessage, "Thread message", MB_OK);          //显示一个信息框
    eventObj.Lock();                                 //使线程 1 处于等待状态
    pMessage="Thread1 is unblocked";
    ::MessageBox(pMainWnd->m_hWnd,                    //显示线程 1 解锁后的信息框
        pMessage, "Thread1 message", MB_OK);
    eventObj.Lock();                                 //使线程 1 再次处于等待状态
    pMessage="Thread1 is unblocked again";
    ::MessageBox(pMainWnd->m_hWnd,                    //显示线程 1 解锁后的信息框
        pMessage, "Thread1 message", MB_OK);
    return 0;
}
UINT MessageThread2(LPVOID pParam)
{
    char * pMessage="Thread2 is started";
    CWnd * pMainWnd=AfxGetMainWnd();
    ::MessageBox(pMainWnd->m_hWnd,
        pMessage, "Thread message", MB_OK);          //显示一个信息框
    eventObj.Lock();                                 //使线程 2 处于等待状态
    pMessage="Thread2 is unblocked";
    ::MessageBox(pMainWnd->m_hWnd,                    //显示线程 2 解锁后的信息框
        pMessage, "Thread2 message", MB_OK);
    return 0;
}

UINT MessageThread3(LPVOID pParam)
{
    eventObj.SetEvent();                             //把事件对象置为发信状态
    return 0;
}
```

（5）鼠标消息响应函数如下：

```
void CMFCexp12_3View::OnLButtonDown(UINT nFlags,
                                        CPoint point)
{
    AfxBeginThread(MessageThread1,
                    "Thread is started");            //启动线程 1
    AfxBeginThread(MessageThread2,
                    "Thread is started");            //启动线程 2
    CView::OnLButtonDown(nFlags, point);
```

```
}

void CMFCexp12_3View::OnRButtonDown(UINT nFlags,
                                    CPoint point)
{
    AfxBeginThread (MessageThread3,
                    "Thread is unblocked");        //启动线程 3
    CView::OnRButtonDown(nFlags, point);
}
```

程序的运行结果见图 12-6。

(a) 按下鼠标左键启动两个线程

(b) 关闭信息框后，再按下鼠标右键
使第一个被挂起的线程运行

(c) 关闭信息框后，再按下鼠标右键
使线程二恢复运行

(d) 关闭信息框后，再按下鼠标右键
重新使线程一运行

图 12-6　例 12-3 程序运行结果

在程序运行后，当用户在应用程序窗口按下鼠标左键，即在鼠标左键按下消息响应函数中创建并启动了两个线程 MessageThread1 和 MessageThread2，在这两个线程中都显示了一个信息框以使用户知道线程已经启动，然后又都使用了事件对象 eventObj 的成员函数 Lock 把线程挂起（见图 12-6(a)）。当用户把两个信息框都关闭后，如果在程序窗口上按下鼠标左键，则启动线程 MessageThread3，在该线程中使用事件对象 eventObj 的成员函数 SetEvent 函数，把事件对象 eventObj 由初始的"未发信"状态置为"发信"状态，通知系统运行第一个被挂起的线程 MessageThread1，该线程继续运行后显示一信息框，表示线程已经继续运行（见图 12-6(b)）。由于自动事件对象自动把状态恢复为"未发信"状态，故线程 MessageThread2 仍然处在被阻塞状态而不能继续运行。在关闭信息框后，如果用户又按下鼠标右键，则启动 MessageThread2 继续运行（见图 12-6(c)）。

2. 手工事件对象

手工事件对象一旦用函数 SetEvent 设置为"发信"状态,就一直处于有效状态,除非又使用对象的成员函数 PulseEvent 或 ResetEvent 把它重新设置为"未发信"状态。所以手工事件对象被用来恢复多个处在等待状态线程的运行。

例 12-4 在例 12-3 的例子中把事件对象定义为手工事件对象,然后运行该程序。

```
//把定义事件对象的代码改为
CEvent eventObj(FALSE,TRUE);
```

程序的运行结果见图 12-7。

(a) 按下鼠标左键启动两个线程　　(b) 关闭信息框后,再按下鼠标右键
　　　　　　　　　　　　　　　　使所有被挂起的线程恢复运行

图 12-7　例 12-4 程序运行结果

12.3.3　临界段

类 CCriticalSectiond 的对象叫做临界段,它只允许一个线程占有某个共享资源,因此这个类的对象是用来保护独占式共享资源的。它就像一把钥匙,哪个线程获得了它就获得了运行线程的权力,而把其他线程统统阻塞。

由于这个 CCriticalSectiond 类的构造函数没有参数,所以创建一个 CCriticalSectiond 类的对象非常简单。

```
CCriticalSectiond criticalSection;
```

如果一个线程希望获得临界段,则要使用临界段对象的成员函数 Lock( )把临界段锁定在线程中。线程在调用这个函数时会出现两种结果:当没有其他线程锁定这个临界段对象时,调用 Lock( )函数的线程将获得临界段对象,取得占用资源继续运行线程的权力;而当有其他线程锁定这个临界段对象且没有释放它时,线程将会被系统置于等待状态而阻塞。

当线程在不需要临界段对象时,要用临界段对象的成员函数 UnLock( )交出(解锁)临界段对象,以便其他线程使用它。

例 12-5 使用临界段编写一个有两个线程的应用程序。

(1) 用 MFC AppWizard 创建一个名称为 MFCexp12_5 的应用程序框架。

(2) 在应用程序的头文件中包含 afxmt.h 头文件。

```
#include<afxmt.h>
```

(3) 在视图类的实现文件中定义一个临界段对象。

```
CCriticalSection criticalSection;
```

（4）在视图类实现文件中定义两个线程函数：

```
UINT MessageThread1(LPVOID pParam)
{
    criticalSection.Lock( );
    char * pMessage="Thread1 is started";
    CWnd * pMainWnd=AfxGetMainWnd( );
    ::MessageBox(pMainWnd->m_hWnd,
        pMessage, "Thread message", MB_OK);
    criticalSection.Unlock( );
    return 0;
}

UINT MessageThread2(LPVOID pParam)
{
    criticalSection.Lock( );
    char * pMessage="Thread2 is started";
    CWnd * pMainWnd=AfxGetMainWnd( );
    ::MessageBox(pMainWnd->m_hWnd,
        pMessage, "Thread message", MB_OK);
    criticalSection.Unlock( );
    return 0;
}
```

（5）在视图类鼠标消息响应函数中编写如下代码：

```
void CMFCexp12_5View::OnLButtonDown(UINT nFlags,
                                        CPoint point)
{
    AfxBeginThread (MessageThread1,"Thread is started");
    AfxBeginThread (MessageThread2,"Thread is started");
    CView::OnLButtonDown(nFlags, point);
}
```

程序运行结果见图 12-8。

(a) 线程 1 先获得临界段　　　　(b) 关闭信息框后，线程 2 获得临界段

图 12-8　例 12-5 程序运行结果

12.3.4　互斥体

互斥体是 CMutex 类的对象,也只允许一个线程占有某个共享资源,以保护独占式共享资源。因此,互斥体的使用方法与临界段的使用方法极为相似,所不同的是临界段只能在同一个进程中对线程进行同步,而互斥体可以用在不同的进程中进行线程同步控制。

CMutex 类的构造函数为:

```
CMutex(
        BOOL bInitiallyOwn=FALSE,
        LPCTSTR lpszName=NULL,
        LPSECURITY_ATTRIBUTES lpsaAttribute=NULL
        );
```

其中:

bInitiallyOwn 用来指定互斥体对象初始状态是锁定(TRUE)还是非锁定(FALSE);

lpszName 用来指定互斥体的名称;

lpsaAttribute 为一个指向 SECURITY_ATTRIBUTES 结构的指针。

该对象的使用方法与临界段对象的使用方法相似,在线程中获得互斥体对象可以调用成员函数 Lock( ),需要交出互斥体对象时,调用成员对象 UnLock( )。

例 12-6　编写一个应用程序,实现进程间线程的同步。

(1) 用 MFC AppWizard 创建一个名称为 MFCexp12_6 的应用程序框架。

(2) 在应用程序的头文件中包含 afxmt.h 头文件。

```
#include<afxmt.h>
```

(3) 在视图类的实现文件中定义一个互斥体对象。

```
CMutex mutexObj(FALSE, "mutex1");
```

(4) 在视图类的实现文件中定义线程函数。

```
UINT MessageThread1(LPVOID pParam)
{
    mutexObj.Lock( );
    char * pMessage="Thread1 is started";
    CWnd * pMainWnd=AfxGetMainWnd( );
    ::MessageBox(pMainWnd->m_hWnd,
        pMessage, "Thread message", MB_OK);
    mutexObj.Unlock( );
    return 0;
}
```

(5) 在鼠标左键按下事件响应函数中添加如下代码。

```
void CMFCexp12_6View::OnLButtonDown(UINT nFlags, CPoint point)
{
```

```
AfxBeginThread (MessageThread1,"Thread is started");
CView::OnLButtonDown(nFlags, point);
}
```

启动程序的两个实例（进程），单击第一个实例的窗口，即启动了线程并在线程中锁定了互斥体，因此在用鼠标单击第二个实例的窗口时，会没有任何反应，因为第二个实例的线程在第一个实例线程未释放互斥体之前，不能获得互斥体。程序运行结果见图 12-9。

(a) 第一个进程的线程 1 先获得互斥体   (b) 在未关闭第一个进程的信息框前，
                                                第二个进程的线程 1 不能获得互斥体

图 12-9   例 12-6 程序运行结果

12.3.5 信号量

信号量是 CSemaphore 的对象，该对象的作用是对访问某个共享资源的线程的数目进行控制。

信号量对象中有一个可以设置初值的计数器，每当一个线程使用资源时，在该线程中就调用信号计数器对象的成员函数 Lock( ) 将该计数器的值减一，当计数值为 0 时，就不再允许其他线程访问该资源；而当一个线程使用信号量对象的成员函数 UnLock( ) 释放资源时，可以将计数器的值加一。因此，信号量对象允许多个线程访问同一个资源，但同时访问该资源的线程总数不能超过信号量对象的最大计数值。为此，在定义信号量对象时，要设定可以使用同一个资源的线程的最大数目及初始计数值。

CSemaphore 类的构造函数为：

```
CSemaphore(
        LONG lInitialCount=1,
        LONG lMaxCount=1,
        LPCTSTR pstrName=NULL,
        LPSECURITY_ATTRIBUTES lpsaAttributes=NULL
        );
```

其中：

lInitialCount 用来设定计数器的初始值；

lMaxCount 用来设定计数器的最大计数值。

例如：

```
CSemaphore semaphorObj(3,3);
```

即定义了一个最多允许 3 个线程访问共享资源,计数器的初值为 3 的信号计数器对象。

例 12-7　设计一个有 4 个线程的应用程序,理解信号量对象的使用。

(1) 用 MFC AppWizard 创建一个名称为 MFCexp12_7 的应用程序框架。

(2) 在应用程序的头文件中包含 afxmt.h 头文件。

```
#include<afxmt.h>
```

(3) 在视图类的实现文件中定义一个信号量对象。

```
CSemaphore semaphorObj(2,3);
```

(4) 在视图类的实现文件中定义 4 个线程函数。

```
UINT MessageThread1(LPVOID pParam)
{
    semaphorObj.Lock();
    char * pMessage="Thread1 is started";
    CWnd * pMainWnd=AfxGetMainWnd();
    ::MessageBox(pMainWnd->m_hWnd,
        pMessage, "Thread message", MB_OK);
    semaphorObj.Unlock();
    return 0;
}

UINT MessageThread2(LPVOID pParam)
{
    semaphorObj.Lock();
    char * pMessage="Thread2 is started";
    CWnd * pMainWnd=AfxGetMainWnd();
    ::MessageBox(pMainWnd->m_hWnd,
        pMessage, "Thread message", MB_OK);
    semaphorObj.Unlock();
    return 0;
}

UINT MessageThread3(LPVOID pParam)
{
    semaphorObj.Lock();
    char * pMessage="Thread3 is started";
    CWnd * pMainWnd=AfxGetMainWnd();
    ::MessageBox(pMainWnd->m_hWnd,
        pMessage, "Thread message", MB_OK);
    semaphorObj.Unlock();
    return 0;
}
```

```
UINT MessageThread4(LPVOID pParam)
{
    semaphorObj.Lock();
    char * pMessage="Thread4 is started";
    CWnd * pMainWnd=AfxGetMainWnd();
    ::MessageBox(pMainWnd->m_hWnd,
        pMessage, "Thread message", MB_OK);
    semaphorObj.Unlock();
    return 0;
}
```

（5）在鼠标左键按下消息响应函数中书写如下代码：

```
void CMFCexp12_7View::OnLButtonDown(UINT nFlags,
                                    CPoint point)
{
    AfxBeginThread (MessageThread1,"Thread is started");
    AfxBeginThread (MessageThread2,"Thread is started");
    AfxBeginThread (MessageThread3,"Thread is started");
    AfxBeginThread (MessageThread4,"Thread is started");
    CView::OnLButtonDown(nFlags, point);
}
```

例 12-7 程序运行结果如图 12-10 所示。

(a) 线程 1 和线程 2 先获得信号　　　　(b) 关闭线程 1 的信息框后，线程 3 获得信号

图 12-10　例 12-7 程序运行结果

12.4　线 程 通 信

通常，一个线程为了完成主线程交给的一些任务，就需要在线程与线程之间进行必要的数据联系（通信）。一般可以用两种方法来进行通信：使用全局变量和使用自定义消息。

12.4.1　利用全局变量进行通信

以前,曾经用过通过全局变量在不同的函数间进行通信的方法,当然使用这种方法也可以线程间进行通信。下面就用一个例子来说明它的使用方法。

例 12-8　设计一个以对话框为主界面的应用程序,当按下一个按钮时,启动一个从线程,该线程将显示一个表示正在运行的对话框(在对话框的标题上显示一个随时间增加的数字),而当按下另一个按钮时从线程结束运行。

图 12-11　程序界面

（1）用 MFC AppWizard 创建一个名称为 MFCexp12_8 基于对话框的应用程序框架。并按题目要求,在对话框上把 OK 按钮的标题改为"结束程序",把 Cancel 按钮的标题改为"线程结束",再增加一个标题为"线程开始"的按钮,设计后的对话框外观见图 12-11。

（2）在对话框实现文件中定义一个全局变量。

```
BOOL bThreadExit;
```

（3）在对话框的实现文件中定义一个线程函数。

```
UINT ThreadProc(LPVOID pParam)
{
    int i=0;
    CString str;
    while(bThreadExit!=TRUE)
    {
        str.Format("Wait Exit times=% d",i++);
        ::SetWindowText((HWND)pParam,str);
    }
    return 0;
}
```

（4）在添加按钮的消息函数中添加如下代码,启动线程。

```
void CMFCexp12_8Dlg::OnButton1()
{
    HWND hwnd=GetSafeHwnd();
    AfxBeginThread(ThreadProc,
            hwnd,THREAD_PRIORITY_NORMAL);
}
```

（5）重写 Cancel 按钮的消息响应函数以停止线程函数的运行。

```
void CMFCexp12_8Dlg::OnCancel()
{
    bThreadExit=TRUE;
}
```

程序运行结果见图 12-12。

图 12-12　例 12-8 程序运行结果

12.4.2 利用自定义的消息进行通信

使用自定义消息来实现线程之间的通信也是一种行之有效的方法。使用自定义消息来进行线程之间的通信，首先要由用户定义一个消息，即：

```
const WM_USRMSG=WM_USER+100;
```

其中，WM_USER 是由 Windows 系统定义的一个用户可以使用的消息号。

定义了用户自定义消息后，在程序需要的地方可以使用函数 PostMessage 发送消息。

例 12-9 设计一个工程名称为 MFCexp12_9 的基于对话框的应用程序，程序的界面与例 12-8 相同，见图 12-11。

（1）用 MFC AppWizard 创建一个名称为 MFCexp12_9 基于对话框的应用程序框架，并按例 12-8 设计程序界面。

（2）在 MFCexp12_9Dlg.cpp 文件中定义一个全局变量。

```
BOOL bThreadExit;
```

（3）在 MFCexp12_9Dlg.h 文件中定义自定义消息。

```
const WM_USRMSG=WM_USER+100;
```

（4）在 MFCexp12_9Dlg.h 的类文件中声明自定义消息响应函数。

```
afx_msg void OnThreadEnd(WPARAM wParam,LPARAM lParam);
```

（5）在 MFCexp12_9Dlg.cpp 文件中自定义消息映射。

```
ON_MESSAGE(WM_USRMSG,OnThreadEnd)
```

（6）在 MFCexp12_9Dlg.cpp 文件中实现自定义消息响应函数。

```
void CMFCexp12_9Dlg::OnThreadEnd(WPARAM wParam,LPARAM lParam)
{
    AfxMessageBox("线程结束");
}
```

（7）在 MFCexp12_9Dlg.cpp 文件中定义线程函数。

```
UINT ThreadProc(LPVOID pParam)
{
    int i=0;
    CString str;
    while(bThreadExit!=TRUE)
    {
        str.Format("Wait Exit times=% d",i++);
        ::SetWindowText((HWND)pParam,str);
    }
    ::PostMessage((HWND)pParam,WM_USRMSG,0,0);
```

```
    return 0;
}
```

(8) 定义"线程开始"按钮的消息响应函数。

```
void CMFCexp12_9Dlg::OnButton1()
{
    HWND hwnd=GetSafeHwnd();
     AfxBeginThread ( ThreadProc, hwnd, THREAD_
PRIORITY_NORMAL);
}
```

(9) 定义"线程结束"按钮的消息响应函数。

```
void CMFCexp12_9Dlg::OnCancel()
{
    bThreadExit=TRUE;
}
```

程序运行结果见图 12-13。

图 12-13　例 12-9 程序运行结果

小　　结

- 进程是一个正在运行的应用程序的实例,拥有应用程序的所有资源,进程由一个或多个线程组成。线程是进程中一个独立的执行路径。Windows 按照一定的规则,如优先级和先后次序,给线程分配 CPU 时间。
- MFC 按线程是否拥有用户界面,把线程分为工作线程和用户界面线程两种。用户界面线程有窗口和窗口函数,能响应用户消息;工作线程没有窗口,不处理用户消息,通常用来执行一些后台任务。
- 使用 AfxBeginThread() 函数来创建并启动一个工作线程,函数的第一个参数是包含线程代码的函数的地址。
- 创建用户界面线程也使用 AfxBeginThread() 函数,函数的第一个参数是类 CWinThread 的派生类,在类成员函数 InitInstance() 中编写线程的初始化代码 (主要是创建窗口),在 ExitInstance 中编写撤销线程对象时的代码。
- 在多线程系统中,要解决多个线程的线程同步问题。线程同步分为进程内线程同步,进程间线程同步。
- 如果线程必须等待某个事件的发生才能访问资源,则使用 CEvent。
- 如果要控制访问资源的线程数目,则使用 CSemaphore。
- 为防止多个线程同时对独占式资源的访问,使用 CCriticalSection 和 CMutex。 CCriticalSection 只能用于同一进程内线程间的同步控制,CMutex 可用于进程间线程同步控制。
- 线程间的通信可以使用全局变量和自定义消息的方法实现,也可以用 CMemFile 对象来实现。

练 习 题

12-1　什么是进程和线程？

12-2　什么叫做进程和线程的优先级？

12-3　工作线程和用户界面线程有什么区别？

12-4　怎样创建工作线程？

12-5　什么是线程同步？

12-6　MFC 提供的同步对象有哪几种？

12-7　手动事件和自动事件有什么区别？

12-8　临界段和互斥量有什么区别？

12-9　互斥量和信号量有什么区别？

第13章 动态链接库及其使用

在 Windows 中可以设计一种叫做动态链接库(dynamic linkable library,DLL)的文件,这种文件实质上是一种软件模块,它可以提供一些应用程序可以导入的数据、函数和类以致资源。DLL 平时驻留在磁盘中,只有当正在运行的应用程序确实要调用这些 DLL 的情况下,系统才会将它们装载到内存空间。这种方式不仅可以减少应用程序 EXE 文件的大小和对内存空间的需求,而且这些 DLL 可以同时被多个应用程序所共享,从而极大地方便了应用程序的设计。

本章主要内容:

- 动态链接库的概念及其组成。
- 动态链接库的创建。
- 动态链接库的使用。

13.1 链 接 库

链接库是一种软件模块,它通常是一个向应用程序提供某一特定功能的函数和类的集合。对于用户来讲,它是一个可以提供相应服务功能的黑匣子,从而可以免去用户管理源代码的麻烦和烦恼;对于库的开发者来说,库可以隐藏源代码,保护自己的知识产权。

根据库与应用程序的连接方式,链接库可分为静态链接库和动态链接库两类。

13.1.1 静态链接库

如果库与应用程序的连接是在编译连接时完成的,那么这种库就叫做静态链接库。由于连接器把要使用的库函数代码复制到应用程序的可执行文件中,所以在连接后,库文件是程序最终文件不可分割的一部分。

使用 Visual C++ 创建一个静态链接库的方法非常简单。

例 13-1　创建一个静态链接库，在库中定义一个求阶乘的函数 Factorial( )。

（1）选择 File|New 菜单，弹出 New 对话框。选择 Projects 标签，在项目类型列表框中选择 Win32 Static Library，在 Name 中输入 mySll，表明要创建一个 mySll. lib 的静态库文件。

（2）用 Project|Add to Project|Files 菜单向工程中加入头文件 mySll. h。

```
#ifndef MYSLL_H
#define MYSLL_H
extern "C"                        //表明下面的函数是 C 风格的外部可引用函数
{
    int Factorial(int n);         //声明函数原型
}
#endif
```

（3）用 Project | Add to Project | Files 菜单项向工程加入源文件 mySll. cpp。

```
#include"mySll.h"
int Factorial(int n)
{
    int Fact=1;
    int i;
    for(i=1;i <=n; i++)
    {
        Fact=Fact * i;
    }
    return Fact;
}
```

在 Build 菜单下，选择 Build 菜单下的 Build mySll. lib 选项后。Visual C ++ 会编译该工程，并在工程的 mySll\debug 目录下生成静态链接库文件 mySll. lib。

开发者在向用户交付，只需要提供静态链接库文件 mySll. lib 文件和头文件 mySll. h 即可，而不需要再提供任何源代码。

（4）下面用一个小程序 test 来测试这个静态库。由于要使用 mySll. lib 中的函数，首先要将 mySll. lib 和 mySll. h 两个文件复制到 test 目录下。然后用 Project | Add to Project | Files 菜单命令，将 mySll. lib 加入到工程中，并在 test. cpp 文件头部包含头文件 mySll. h。

测试程序 test. cpp 的代码为：

```
#include<iostream.h>
#include"mySll.h"
void main( )
{
```

```
    int f;
    f=Factorial(10);
    cout <<f <<endl;
}
```

测试运行结果如图 13-1 所示。

图 13-1　例 13-1 测试运行结果

13.1.2　动态链接库

采用上面的静态链接库虽然可以达到代码共享的目的,但这需要把库静态复制到用户的应用程序的最终执行文件中,从而也就产生一些缺点:一是在多个应用程序同时使用同一静态链接库时,由于每个应用程序中都有它的复件,因此会占用较大的内存空间,从而造成了系统资源的浪费;二是当库代码发生变化时,必须得重新编译应用程序,增加了编译的工作量和复杂性。

为解决上述问题,Windows 允许程序员把独立的程序模块创建为 DLL 文件。这种文件有 3 个为人们所欢迎的特点:一是动态链接的,即平时它驻留在计算机的硬盘中,只有当某应用程序确实要调用这些模块的情况下,系统才会将它们从磁盘装载到内存中,因此它不会使应用程序的代码量加大;二是公用的,即在内存中它占用的是共享内存区,可以被任何应用程序所调用,所以在内存中只有一份文件,节省内存空间;三是当确信没有应用程序再需要使用它时,它会自动卸载以释放所占用的内存。

1. 动态链接库的入口函数

每个动态链接库必须需要一个入口函数。在使用 MFC AppWizard 编写动态链接库时,MFC AppWizard 会自动提供一个默认的入口函数。例如,如图 13-2 所示选择选项时,MFC AppWizard 提供的入口函数为:

图 13-2　一般选择 A simple DLL project 选项

```
BOOL APIENTRY DllMain(
        HANDLE      hModule,              //动态链接库本身的句柄
        DWORD       ul_reason_for_call,   //调用动态链接库的原因
        LPVOID      lpReserved            //系统保留参数
```

```
            )
    {
        //可以在这里编写 DLL 的初始化代码
        return TRUE;
    }
```

当应用程序调用动态链接库时，会首先执行这个入口函数，因此这个函数的主要作用就是为动态链接库进行初始化工作。

为使动态链接库在不同的调用时刻，有不同的初始化过程，入口函数可根据参数 ul_reason_for_call 的值来执行不同的代码。

所以，MFC AppWizard 也会提供如下形式的入口函数框架。

```
BOOL APIENTRY DllMain( HANDLE hModule,
                       DWORD  ul_reason_for_call,
                       LPVOID lpReserved )
{
    switch(ul_reason_for_call)
    {
        case DLL_PROCESS_ATTACH:
        case DLL_THREAD_ATTACH:
        case DLL_THREAD_DETACH:
        case DLL_PROCESS_DETACH:
            break;
    }
    return TRUE;
}
```

参数 ul_reason_for_call 的可取值见表 13-1。

表 13-1   ul_reason_for_call 参数的可取值

常　数	说　明	常　数	说　明
DLL_PROCESS_ATTACH	进程被调用时	DLL_PROCESS_DETACH	进程被停止时
DLL_THREAD_ATTACH	线程被调用时	DLL_THREAD_DETACH	线程被停止时

2. 导出函数和内部函数

除了入口函数之外，动态链接库中的所有其他项目都可以声明为可导出的，即外部应用程序可以调用的。

如果被声明为可导出的项目是函数，那么这种函数就叫做导出函数（export function）；相反，函数如果只是供库内使用，那么就叫做内部函数（internal function）。当然，这里所说的导出函数是站在动态链接库的角度来看的，如果站在调用动态链接库的客户端角度来看，动态链接库的导出函数就叫做导入函数。

13.2　动态链接库的创建

编写动态链接库函数的方法与编写一般函数的方法基本相同,只不过要对库中的可导出函数进行必要的声明。声明导出函数的方法有两种:一种是在模块定义文件(扩展名为 DEF)中声明,另一种是在导出项前面使用关键字 declspec(dllexport)声明。

13.2.1　导出函数的声明

1. 使用 DEF 文件声明导出函数

Windows 有一种叫做模块定义文件的 DEF 文件,这是一个用于描述一个程序模块属性的文本文件。每个 DEF 文件一般要包括以下模块定义语句:

- LIBRARY 语句,用来指定模块名称。
- EXPORTS 语句,列出模块中可为外部使用的对象名称及序号(可选)。
- DISCRIPTION 语句,该语句用来说明模块的用途、特点等信息。

为了帮助对文件的理解,可以在分号";"的后面书写注释语句。例如,某 DEF 文件如下:

```
;Sample.def
;下面的语句指出模块的名字为 Sample
LIBRARY Sample
;下面的语句定义了模块中名称为 ShowMe 的对象为模块导出对象
EXPORTS
    ShowMe
;DEF 文件结束
```

在 Visual C++ 环境中创建 DEF 文件的方法很简单,如图 13-3 所示的方法创建一个文本文件,再按上面的方法书写 DEF 文件的内容后,以扩展名 def 将文件存盘即可。

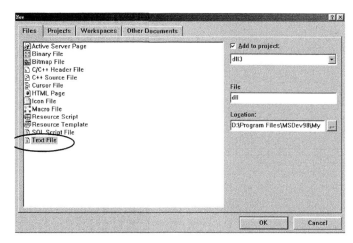

图 13-3　建立 DEF 文件的方法

至于编写一个 DLL 的源文件，那就更简单了，只要使用应用程序向导声称一个 DLL 源程序框架，在入口函数中填写必要的初始化代码，然后再按编写普通函数的方法编写其他函数就可以了。

编译器在创建一个 DLL 时，会根据 DEF 文件和动态链接库源文件创建两个文件：一个导入库文件（扩展名为 lib）和一个经中间文件（扩展名为 exp）所创建的动态链接库（扩展名为 dll）文件。导入库文件存放了外部应用程序可导入的 DLL 导出函数名称列表，而 DLL 文件则存放了函数的代码。

由于导入库文件相当于是 DLL 所提供的服务项目表。因此需要采取某种方法把它连接在需要使用 DLL 的应用程序中，这样应用程序才能以它为索引，到 DLL 文件中找要调用的函数。

例 13-2 创建一个 DLL，在应用程序中调用它提供的 ShowHello( ) 函数时，将弹出一个信息框，该信息框的信息为"Hello World!"。

(1) 使用 MFC AppWizard 创建一个空的 Win32 Dynamic-Link Library 工程，工程名称为 MFCexp13_2。

(2) 在工程中新建一个文本文件，命名为 MFCexp13_2. def，打开该文件并输入如下代码。

```
;DLL 模块的名称
LIBRARY MFCexp13_2
; 声明 ShowHello 为导出对象
EXPORTS ShowHello
;def 文件结束
```

(3) 新建一个源文件 MFCexp13_2.cpp，并在文件中书写如下代码。

```
# include <windows.h>
BOOL APIENTRY DllMain(    HANDLE hModule,
                          DWORD  ul_reason_for_call,
                          LPVOID lpReserved )
{
//本 DLL 模块无须初始化,故在此未填写任何代码
    return TRUE;
}
int ShowHello(void)        //需要导出的函数
{
    MessageBox(NULL,"Hello World! ","",MB_YESNO);
    return TRUE;
}
```

(4) 在 Visual C++ 6.0 环境中，选用菜单项 Build|Build MFCexp13_2. DLL 或者按键盘上的 F7 键，即会编译产生 MFCexp13_2. DLL 文件和 MFCexp13_2. lib 文件。

(5) 为了对上面编写的 DLL 进行测试，用 AppWizard 创建一个名称为 MFCexp13_2test 基于对话框的应用程序。生成应用程序框架后，选择 VC++ 环境的菜单项 Project|

Settings 打开工程设置对话框,并在 Link 选项卡的 Object/library modules 编辑框中添加 MFCexp13_2.lib,把前面设计的 DLL 的导入文件 MFCexp13_2.lib 连接到项目中。最后把 MFCexp13_2dll.DLL 和 MFCexp13_2dll.LIB 文件复制到应用程序所在的目录中。

（6）在对话框类实现文件 MFCexp13_2testDlg.cpp 中声明要使用的 DLL 函数。

```
int ShowHello(void);
```

（7）覆盖 OK 按钮的消息响应函数 OnOK( ),在这个函数中调用 ShowHello( )。

```
void CMFCexp13_2testDlg::OnOK()
{
    ShowHello();
    CDialog::OnOK();
}
```

（8）编译运行 MFCexp13_2test 程序,其运行结果见图 13-4。

图 13-4　例 13-2 程序运行并单击"确定"按钮后的结果

2. 使用关键字_declspec(dllexport)声明导出函数

使用 Visual C++ 6.0 环境开发 DLL 时,可以不使用 DEF 文件而在源文件中使用关键字_declspec(dllexport)直接声明导出项。例如,声明函数 ShowMsg( )为导出函数的语句为:

```
_declspec(dllexport) int ShowMsg(int s);
```

为了使一个用 C++ 语言编写的 DLL 函数可以在 C 语言编写的应用程序中使用,则需要在关键字_declspec(dllexport)之前附加另一个关键字 extern"C", 以通知编译器采用 C 链接方式。例如:

```
extern"C" _declspec(dllexport) int ShowMsg(int s);
```

例 13-3　重做例 13-2,用_declspec(dllexport)来声明导出函数。

（1）使用 MFC AppWizard 创建一个空的 Win32 Dynamic-Link Library 工程,工程名称为 MFCexp13_3dll。

（2）新建一个源文件 MFCexp13_3dll.cpp,并在文件中书写如下代码。

```
#include <windows.h>
BOOL APIENTRY DllMain( HANDLE hModule,
                       DWORD  ul_reason_for_call,
```

```
                    LPVOID lpReserved )
{
    return TRUE;
}
int _declspec(dllexport)  ShowHello(void)        //导出函数
{
    MessageBox(NULL,"Hello World! ","",MB_YESNO);
    return TRUE;
}
```

（3）在 Visual C++ 6.0 环境中，选用菜单项 Build|Build MFCexp13_3dll.DLL 或者按键盘上的 F7 键，即会编译产生 MFCexp13_3dll.DLL 文件和 MFCexp13_3dll.lib 文件。

13.2.2 用 MFC 编写 DLL

在 VC++ 中还可以使用 MFC 来编写 DLL。MFC 支持两种形式的 DLL：常规型 DLL 和扩展型 DLL。

1. MFC 常规型 DLL

常规型 DLL 又分为与 MFC 静态链接的 DLL 和与 MFC 动态链接的 DLL 两种。不管是哪种常规型的 DLL，它们都可以应用于 MFC 应用程序也可以用于非 MFC 应用程序。

使用 MFC AppWizard 创建 MFC DLL 框架时，要在 New 对话框中的 Projects 选项卡中选择 MFC AppWizard(dll)选项，并在确认后出现的对话框中选择是否创建常规型的 DLL。

MFC 把动态链接库的入口函数 DLLMain 封装在类 CWinApp 中，且在使用 MFC AppWizard(dll)创建 DLL 时自动生成了 CWinApp 派生类，因此无须程序员进行定义。

与一般的 DLL 一样，所有的导出项都要使用关键字_declspec(dllexport)来进行说明。

例 13-4 创建一个常规型 DLL，它可以提供一个导出函数 ShowMsg，当应用程序调用它时，将会显示一个信息框，该信息框上显示了字符串"MFC"。

（1）使用 MFC AppWizard 创建一个名称为 MFCexp13_4dll 的常规型 DLL。在头文件 MFCexp13_4dll.h 中添加导出函数原型声明代码。

```
_declspec(dllexport) int ShowMsg(void);
```

（2）在源文件 CMFCexp13_4DLLApp 中添加导出函数的实现代码。

```
_declspec(dllexport) int ShowMsg(void)
{
    char * msg="MFC";
    ::MessageBox(NULL,msg,"",MB_OK);
    return 1;
```

```
}
```

（3）修改 MFCexp13_4DLL.def 文件。

```
; MFCexp13_4dll.def : Declares the module parameters for
;the DLL.
LIBRARY        "MFCexp13_4dll"
DESCRIPTION    'MFCexp13_4dll Windows Dynamic Link Library'
EXPORTS
; Explicit exports can go here
    ShowMsg
```

（4）在 Visual C++ 6.0 环境中，选用菜单项 Build|Build MFCexp13_4dll.DLL 或者按 F7 键，即会编译产生 MFCexp13_4dll.DLL 文件和 MFCexp13_4dll.lib 文件。

（5）为了创建一个测试 MFCexp13_4dll.DLL 文件的程序，用 MFC App Wizard 创建一个名称为"MFCexp13_4test"的应用程序。

（6）生成应用程序框架后，选择 Visual C++ 环境的菜单项 Project|Settings 打开工程设置对话框，并在 Link 选项卡的 Object/library modules 编辑框中添加 MFCexp13_4dll.lib，把前面设计的 DLL 的导入文件连接到项目中。

（7）把 MFCexp13_4dll.lib 和 MFCexp13_4dll.dll 文件复制到应用程序所在的路径上去。

（8）在视图类的实现文件中声明要使用的 DLL 函数。

```
int ShowMsg();
```

（9）并在视图类的鼠标左键按下消息响应函数中添加代码。

```
void CMFCexp13_4testView::OnLButtonDown(UINT nFlags,
                      CPoint point)
{
    ShowMsg();
    CView::OnLButtonDown(nFlags, point);
}
```

应用程序运行后，在用户窗口上按下鼠标左键，即会出现图 13-5 所示的结果。

图 13-5　例 13-4 程序运行并按下鼠标左键后的结果

2. MFC 扩展型 DLL

使用 MFC 设计应用程序的优势就在于可以继承 MFC 类库中的类来派生所需要的类，从而使程序的设计工作变得更加快捷。为了使 DLL 也可以导出 MFC 的继承类，MFC 提供了扩展型 DLL。

在扩展型 DLL 中，只要在类的名称前面增加宏 AFX_EXT_CLASS，就可以把一个 MFC 继承类声明为导出类。例如：

```
calss AFX_EXT_CLASS CMyDllClass : public CObject
{
public:
    CMyDllClass( );
    Virtual ~ CMyDllClass( );
      ⋮
};
```

例 13-5 创建一个 MFC 扩展 DLL，使它可以输出一个自定义的对话框。

（1）用 MFC AppWizard(dll)创建一个名称为 MFCexp13_5dll 的扩展 DLL 工程。

（2）在工程中按图 13-6 定义一个对话框资源（假设标识为 IDD_DIALOG1），并以 CDialog 为基类派生一个自定义的对话框类 CMyDllDlg。

图 13-6   对话框的外观

（3）打开资源头文件 Resource.h，把其中的

```
#define IDD_DIALOG1          20000
```

复制到对话框头文件 MyDllDlg.h 中：

```
#ifndef IDD_DIALOG1
    #define IDD_DIALOG1          20000
#endif
```

（4）在对话框头文件 MyDllDlg.h 中把自定义的对话框类名称前加上前缀 AFX_EXT_CLASS。

```
class AFX_EXT_CLASS CMyDllDlg : public CDialog
```

（5）打开对话框实现文件 MyDllDlg.cpp 包含下列文件。

```
#include "stdafx.h"
#include "resource.h"
#include "MyDllDlg.h"
```

（6）在 VC++ 环境中，选用菜单项 Build|Build MFCexp13_5dll.DLL 或者按键盘上的 F7 键，即会编译产生 MFCexp13_5dll.DLL 文件和 MFCexp13_5dll.lib 文件。

（7）为了创建一个测试 MFCexp13_5dll.DLL 文件的程序，用 MFC App Wizard 创

建一个名称为 MFCexp13_5test 的应用程序。

（8）生成应用程序框架后，选择 Visual C++ 环境的菜单项 Project|Settings 打开工程设置对话框，并在 Link 选项卡的 Object/library modules 编辑框中添加 MFCexp13_5dll.lib，把前面设计的 DLL 的导入文件链接到项目中。

（9）把 MFCexp13_5dll.lib、MFCexp13_5dll.dll 和 MyDllDlg.h 文件复制到应用程序所在的路径上去。

（10）在 MFCexp13_5test 应用程序的视图实现文件中包含文件 MyDllDlg.h。

（11）鼠标左键按下消息响应函数的代码如下。

```
void CMFCexp13_5testView::OnLButtonDown(UINT nFlags, CPoint point)
{
    CMyDllDlg myDllDlg;
    myDllDlg.DoModal();
    CView::OnLButtonDown(nFlags, point);
}
```

程序运行后的结果见图 13-7。

图 13-7　例 13-5 应用程序运行结果

需要注意的是，一个扩展 DLL 只能与 MFC 采用动态联编方式链接并且只能被 MFC 应用程序使用。

13.3　动态链接库的使用

一个应用程序要想使用 DLL 中的函数或对象，那么它必须先与 DLL 链接起来，这个链接有隐式链接和显式链接两种方式。

13.3.1　隐式链接方式

前面说过，在建立一个 DLL 文件时，编译器会自动生成一个与该文件对应的导入库文件（扩展名为 lib）。该文件包含了 DLL 文件及其所有导出函数的名称，如果一个应用程序拥有了这个导入库文件，那么这个应用程序在需要调用 DLL 中的可导出对象时，就可以根据这个文件来寻找并加载 DLL。

把导入文件与应用程序链接起来的最简单方法就是在对应用程序进行编译时，把所需要的导入文件编译到项目中，如前面例子的做法。由于在程序中没有出现加载到入库文件的代码，所以把这种链接方式叫做隐式链接。

Windows 系统根据入库文件在系统中搜索对应 DLL 的顺序为：

(1) 包含应用程序 EXE 文件的目录；

(2) 进程的当前工作目录；

(3) Windows 系统目录；

(4) Windows 目录；

(5) 列在 Path 环境变量中的一系列目录。

13.3.2 显式链接方式

如果在应用程序中使用 Windows API 函数来完成 DLL 的链接及函数的调用，那么这种做法就叫显式链接方式，当然这时就不必再使用导入库文件了。具体步骤如下。

1. 获得 DLL 库

通过调用 Win32 的 LoadLibary( )函数，并以要使用的 DLL 文件所在的路径为参数取得 DLL。LoadLibary( )函数的原型如下：

```
HINSTANCE LoadLibrary(
        LPCTSTR lpLibFileName       //DLL 的路径
        );
```

函数的返回值为 DLL 库的句柄。

2. 获得 DLL 函数

获得 DLL 的句柄之后，接下在应用程序中调用 Win32 API 函数 GetProcAddress( )来获得要使用的导出函数。GetProcAddress( )的原型如下：

```
FARPROC GetProcAddress(
        HMODULE hModule,        //DLL 的句柄
        LPCSTR lpProcName       //导入函数的名称
        );
```

GetProcAddress( )函数的返回值为 DLL 导出函数的地址。

3. 释放 DLL 库

在使用完 DLL 之后，必须用 FreeLibrary( )函数来释放动态链接库。FreeLibrary( )函数的原型为：

```
BOOL FreeLibrary(
  HMODULE hLibModule          //DLL 句柄
);
```

采用显式链接方式调用 DLL 库，程序员可以决定加载哪个 DLL 文件。这就使程序的设计更为灵活。例如，某 DLL 库有两个带有字符串资源的 DLL 模块，一个是英语字符

串资源模块,而另一个是西班牙语字符串资源模块。如果使用显示链接方式,应用程序就可以在用户选择了语种后再加载与之对应的 DLL 文件。

例 13-6　创建一个应用程序,在该程序采用显式链接方式调用例 13-4 的 DLL 导出函数 ShowMsg,该导出函数可以显示一个对话框。

（1）创建一个测试程序,名称为 MFCexp13_6test。

（2）把例 13-4 中的 DLL 和导入库文件复制到 MFCexp13_6test 应用程序的路径中。

（3）使 MFCexp13_6test 程序视图类鼠标消息响应函数为:

```
void CMFCexp13_6testView::OnLButtonDown(UINT nFlags,CPoint point)
{
    typedef void ( TESTDLL) ( );
    HINSTANCE hDllInst;
    hDllInst=::LoadLibrary ("MFCexp13_6dll.dll");
    if(hDllInst==NULL)
    {
        AfxMessageBox("Fail");
    }
    TESTDLL * lpproc;
    lpproc= (TESTDLL * )GetProcAddress (hDllInst,"Show");
    if(lpproc!=(TESTDLL * )NULL) ( * lpproc)( );
    FreeLibrary(hDllInst);
    CView::OnLButtonDown(nFlags, point);
}
```

程序运行结果见图 13-8。

图 13-8　例 13-6 应用程序运行结果

小　　结

- 动态链接库(DLL)是程序运行时装载一种二进制文件,主要是通过它的各种导出函数、类、资源来向外界提供服务,并且该服务允许同时被多个不同的进程所共享。
- DllMain()是 Windows 的动态链接库的入口函数。主要作用是调用动态链接库时,完成初始化工作。

- 声明为导出函数有两种方法：在 .def 文件中用函数的名称来声明，使用关键字 __declspec(dllexport) 来声明。
- 在 Visual C++ 中，动态链接库分为非 MFC DLL、常规型 DLL 和扩展型 DLL 3 种。使用向导 Win32 Dynamic-Link Library 来创建第一种动态链接库，使用 MFC AppWizard(dll) 来创建第二和第三种动态链接库。
- 动态链接库的导出函数被其他程序模块调用，在这些调用函数的程序模块中称之为导入函数。
- 应用程序与 DLL 有隐式链接和显式链接两种链接方式。

练 习 题

13-1 动态链接库的特点是什么？

13-2 为什么要创建 DLL？

13-3 调用 DLL 函数的方法是什么？

13-4 MFC 支持哪两种形式的 DLL？

13-5 何时必须重新编译使用动态链接库的应用程序？

13-6 在 DLL 中，为了把 MFC 类或其派生类作为导出类，在声明类时要使用哪个宏？

13-7 应用程序中的导入函数与 DLL 文件中的导出函数进行链接有几种方式？各有什么特点？

13-8 简述用显式链接方式来使用 DLL 的步骤。

思 考 题

想一想，应用程序还有哪些可以采用动态加载方式。

第14章 组件对象模型基础

组件对象模型(component object model,COM)既是一种开发应用程序接口标准,也是一种软件开发技术。具有 COM 标准接口的软件模块叫做 COM 组件,通过 COM 标准接口,COM 组件可以毫无阻碍地被所有应用程序所使用,从而能以组装的方式开发大型软件。

本章主要内容:

- 函数模块、类模块、接口。
- 组件对象模型(COM)的基本概念。
- COM 的 C++ 实现。
- 使用 COM 组件。
- 使用 ATL 设计 COM 组件。

14.1 组件对象模型概述

简单地说,组件对象模型(COM)是一种开发应用程序接口的标准。该标准追求的目标是:不同厂商、不同语言、不同方法制作的软件模块,只要它们的接口符合 COM 标准,那么它们就可以无缝地进行组合而形成大型软件。

14.1.1 软件模块化的发展历程

从面向过程程序设计方法,到面向对象程序设计方法,再到现在的 COM,软件工程的发展,经历了一个漫长曲折的过程。在这个过程中,人们一直追求软件的生产能像汽车的生产那样,先按标准制造零件和部件,然后再把这些零件和部件组装成最终产品。于是,如何把一个大型软件划分成可以重复使用的标准模块就是解决问题的关键。显然,作为可重用的软件模块,它应该是一个功能相对独立、稳定,具有封装性,代码可以重用的程序实体。

1. 函数模块及其接口

最初,人们是按照代码段的功能以函数的形式来划分模块的,例如,下面的加法运算函数。

```
int Add(int x, int y)
{
    return x+y;
}
```

为了隐藏函数的实现代码，并使用户使用起来方便，函数的开发者要提供一个如下形式的头文件。

```
//Add.h
int Add(int , int);
```

函数用户在使用这个函数模块时只要在程序前面包含这个头文件就可以了，例如：

```
#include<iostream.h>
#include"Add.h"                  //包含头文件 Add.h
void main(void)
{
    int a=10,b=20;
    cout<<Add(a,b)<<endl;
}
```

可见，从用户的角度来看，Add 这个函数模块就是图 14-1 所示的样子。

图 14-1　函数模块及其接口示意图

这就是说，函数模块是图 14-1 所示的一个封装体，程序与函数模块是通过 Add(int,int) 实现连接的，故 Add(int,int) 是函数这个封装体的外露部分，所以也叫做函数模块的接口。

显然，当开发一个大型应用程序时，程序总设计人员可以利用这种函数形式的模块，把一个大规模的程序分成若干模块，在规定了模块的接口后把任务分配给不同的程序设计人员（甚至是不同的厂家）去设计模块实体，待所有模块设计完之后，再使用调用的方法把这些模块连接为最终产品。

显然，这可以大大提高软件开发效率，所以这种方法很快就在业界风行起来，特别是出现了第 13 章讲过的 DLL 之后，市场上很快出现了许多以第三方函数库为产品的软件供应商，以至于有人说"程序就是由函数组成的"。

2. 类模块及其接口

但是，随着软件规模的不断增大，以函数为软件模块的程序设计方法的缺点也日益明显。其中，数据与操作的分离是这种方法的致命弱点，经常导致程序出现张冠李戴、驴唇不对马嘴的现象。为解决这个问题，产生了面向对象的程序设计方法。

在长期实践中人们发现，世界是由各种不同的事物所组成的，事物有其固有属性和行为，是相对独立、稳定的，世界中的所有问题是依靠事物之间的联系和交互来解决的。所以在计算机程序设计中以事物为着眼点，用类来描述这种稳定的东西，并把类作为程序的基本模块应该是模块化的合理做法。例如下面的类 A：

```
class A
{
private:
    私有数据成员；
        ⋮
    私有函数成员；
        ⋮
public:
    void f1( ){⋯}
    void f2( ){⋯}
    void g1( ){⋯}
    void g2( ){⋯}
};
```

仿照声明函数原型的方法，人们把原型和实现分开来写成如下头文件和实现文件。

```
//类的头文件 A.h-----------------------------------------------------------------
class A
{
private:
    私有数据成员；
        ⋮
    私有函数成员原型；
        ⋮
public:
    void f1( );
    void f2( );
    void g1( );
    void g2( );
};

//类实现文件 A.cpp---------------------------------------------------------------
私有成员函数的实现
        ⋮
void A∷f1( ){⋯}
void A∷f2( ){⋯}
void A∷g1( ){⋯}
void A∷g2( ){⋯}
```

但是，类头文件中仍然含有类私有成员的声明，并没有实现私有成员的隐蔽。为了只把公有成员暴露在外面，人们把对类中的公有函数声明用另外一种意义更加清楚的类来表示。例如，把声明 A 类公有函数原型的头文件写成如下形式。

```
//头文件 IA.h-----------------------------------------------------
Class IA
{
public:
    virtual void f1( )=0;
    virtual void f2( )=0;
    virtual void g1( )=0;
    virtual void g2( )=0;
};
```

即用抽象类来描述，这样一个实体类便可以由抽象类来派生，并由实体类实现抽象类中所有的虚函数。例如，前面的 A 类。

```
//源文件 A.cpp------------------------------------------------------
class A : public IA
{
private:
    ⋮
public:
    void f1( ){…}
    void f2( ){…}
    void g1( ){…}
    void g2( ){…}
};
```

于是，暴露给用户的只是抽象类 IA，而 A 类代码就可以被隐藏起来了。这样，IA 就是类模块 A 的接口，从而实现了类模块的封装。

更进一步，还可以对类的共有成员函数进行分类为模块定义多个接口，例如，将类 A 的共有成员函数分成 IA 和 IB 两类。

```
//头文件 IA.h-----------------------------------------------------
Class IA
{
public:
    virtual void f1( )=0;
    virtual void f2( )=0;
};
//头文件 IB.h-----------------------------------------------------
Class IB
{
public:
    virtual void g1( )=0;
    virtual void g2( )=0;
};
```

```
//源文件 A.cpp------------------------------------------------------------
class A : public IA, public IB
{
private:
    ⋮
public:
    void f1( ){…}
    void f2( ){…}
    void g1( ){…}
    void g2( ){…}
};
```

图 14-2　类 A 模块及其接口示意图

则类模块 A 的示意图如图 14-2 所示。

凡是学过 C++ 的都知道,类的成员函数是通过该类的对象来调用的,但承担 A 类接口任务的 IA 和 IB 是两个不能定义对象的抽象类,那么抽象类如何来调用成员函数呢?因为 C++ 虽然不允许定义抽象类对象,但允许定义抽象类指针,这样就可以把一个抽象类派生类对象的指针赋给抽象类指针,让抽象类指针指向派生类对象,这样就可以调用派生类对象的成员函数。这就是说表面上看,是通过抽象类指针调用成员函数,但实质上还是派生类对象在调用成员函数,但仅限于调用派生类继承自抽象类并为实现的虚函数。

例 14-1　把上面的文件 A.cpp 改写成如下代码,并编写一个测试程序观察运行结果,体会上面所讲的内容。

```
//源文件 A.cpp------------------------------------------------------------
#include<iostream.h>
#include"IA.h"
#include"IB.h"
class A;
void QueryInterface(A * x,void * * ppv);
class A:public IA, public IB
{
private:
    char * s1, * s2, * s3, * s4;
public:
    A( )
    {
        s1="This is f1( )";
        s2="This is f2( )";
        s3="This is g1( )";
        s4="This is g2( )";
    }
    virtual void f1( ){cout<<s1<<endl;}
    virtual void f2( ){cout<<s2<<endl;}
    virtual void g1( ){cout<<s3<<endl;}
    virtual void g2( ){cout<<s4<<endl;}
```

```
};

//测试程序-------------------------------------------------
void main()
{
    IA * pIA;                            //定义 IA 指针
    A * a=new A;                         //定义 A 类对象
    QueryInterface(a,(void * *)&pIA);    //获得 IA 指针
    pIA->f1();                           //通过 IA 指针调用对象的 f1()
    //pIA->g1();                         //该行代码非法：pIA 不能访问 g1()
    delete a;                            //删除 a
}

void QueryInterface(A&x,void * * ppv){ * ppv=(IA * )(&x);}
```

上面程序运行后结果为：

```
This is f1()
```

按照面向对象程序设计的原则,应该把函数 QueryInterface() 封装到两个抽象类中,既然两个抽象类中的这两个函数名称、参数都一样,那么就再定义一个抽象类 IUnknown 作为 IA 和 IB 的基类。

例 14-2 定义一个类模块,要求：

（1）定义一个抽象类 IUnknown 作为 IA 和 IB 基类,把函数 QueryInterface() 定义在抽象类 IUnknown 中；

（2）在抽象类 IUnknown 中再定义一个用于销毁对象的函数 Release()；

（3）从抽象类 IUnknown 集成两个接口 IA 和 IB 每个接口定义两个服务函数；

（4）定义类 A 中实现 IA 和 IB 两个接口；

（5）定义一个全局函数 CoGetInst() 来创建一个 A 类对象,并使用户获得类模块接口的指针；

（6）编写一个用户程序,在获得类模块接口指针后使用类模块的服务；

（7）最后根据程序运行情况体会抽象类 IUnknown 的作用。

程序代码如下：

```
//抽象类 IUnknown 的头文件 IUnknown.h--------------------------
class IUnknown
{
public:
    virtual int QueryInterface(char * IName,void * * ppv)=0;    //查询其他接口的
函数
    virtual void Release()=0;                                   //销毁对象的函数
};
```

然后让 IA 和 IB 继承自 IUnknown,这两个抽象类的头文件如下：

```
//抽象类 IA 的头文件 IA.h-------------------------------------------------
#include"IUnknown.h"
class IA:public IUnknown
{
public:
    virtual void f1()=0;                      //IA 接口的服务函数 1
    virtual void f2()=0;                      //IA 接口的服务函数 2
};


//抽象类 IB 的头文件 IB.h-------------------------------------------------
class IB:public IUnknown
{
public:
    virtual void g1()=0;                      //IB 接口的服务函数 1
    virtual void g2()=0;                      //IB 接口的服务函数 2
};


//类 A 的源文件 A.cpp-------------------------------------------------
#include<iostream.h>
#include"IA.h"
#include"IB.h"
class A:public IA, public IB
{
private:
    char * s1, * s2, * s3, * s4;
public:
    A()
    {
        s1="This is f1()";
        s2="This is f2()";
        s3="This is g1()";
        s4="This is g2()";
    }
    virtual void f1(){cout<<s1<<endl;}
    virtual void f2(){cout<<s2<<endl;}
    virtual void g1(){cout<<s3<<endl;}
    virtual void g2(){cout<<s4<<endl;}
    virtual int QueryInterface(char * IName,void * * ppv)
    {
        if(IName=="IA")
        {
            * ppv=(IA * )(this);
            return 1;
        }
```

```
            else if(IName=="IB")
                {
                     * ppv=(IB * )(this);
                     return 1;
                }
            else
                return 0;
        }
    virtual void Release( ){delete this;}
};
//用于创建模块对象的函数-----------------------------------------------
A * GreateInst( )
{
    return new A;
}
//提供给用户使用,可以获得类模块接口的函数-------------------------------
void CoGetInst(
        char * IName,                         //待获得接口名称
        void * * ppv                          //返回的接口指针
            )
{
    A * a=GreateInst( );
    a->QueryInterface(IName,ppv);
}
//测试程序代码---------------------------------------------------------
void main( )
{
    IA * pIA;                                 //定义 IA 接口指针
    CoGetInst("IA",(void * * )&pIA);          //获得 IA 接口指针
    pIA->f1( );                               //通过 IA 指针获得 f1 服务

    IB * pIB;                                 //定义 IB 接口指针
    pIA->QueryInterface("IB",(void * * )&pIB); //通过 IA 获得 IB 指针
    pIB->g2( );                               //通过 IB 指针获得 g2 服务
    pIA->Release( );                          //模块使用完毕销毁
}
```

程序运行结果为：

```
This is f1( )
This is g2( )
```

由于 IA 和 IB 都继承自 IUnknown，所以与抽象类 IUnknown 一样都为类 A 提供了原型一致的函数 QueryInterface( )。也就是说，抽象类 IUnknown 定义了抽象类 IA 和 IB 必须提供的成员函数。这样，类 A 就具有了 IUnknown、IA 和 IB 3 个接口，而且可以

通过任一接口的函数 QueryInterface( )获得其他接口的指针。

显然,通过上面的一系列封装,用户能看到的只是类模块的接口,即实现了模块实现代码和接口的分离,给实现可组装模块奠定了基础。如果进一步把这种类模块封装到 DLL 或 EXE 中,那么它就可以成为可动态加载的程序模块了。

3. COM 的诞生

但无论是把类模块封装到 DLL 还是 EXE 中,它还是有一个致命的弱点,即它的代码重用是基于源码的,它依赖于编程语言,因此妨碍了模块的跨语言应用。而且作为通用模块来说,类模块至少还有以下两方面的不足:

(1) 类名、接口名重名的问题。作为希望所有应用程序都可以使用的通用模块,就应该放置在一个公共场所——系统目录下,那么全世界所有开发者提供模块都放在这一个公共场所就势必会出现重名的问题。

(2) 模块的跨语言应用问题。上面的例子中,类模块接口的抽象类是用 C++ 语言编写的,如果不解决跨语言问题,那么该模块在其他语言编写的应用程序中就不能使用。

可喜的是,经过多年不懈的努力,人们最后终于较好地解决了上述问题并取得了成果,这就是 COM。

14.1.2　组件对象模型

COM 这个词是组件对象模型的英文缩写。COM 把软件的应用分成了两大部分:COM 服务器和 COM 客户,如图 14-3 所示。

COM 服务器可以是 DLL 也可以是 EXE,它的任务就是提供软件模块;而使用 COM 服务器所提供的软件模块的应用程序就是 COM 客户。如图 14-3 所示,客户必须通过软件模块接口才能获得模块的服务,客户可以知道从服务器的软件模块中能得到什么服务,但不必知道该服务的实现细节。

图 14-3　COM 应用的构成

这就像人们在饭店吃饭一样,顾客必须通过菜单来选择所需要的服务,如果顾客点了菜单上的某个菜,那么顾客就可以吃到这个菜肴,至于这个菜是在什么地方以及如何制作的,顾客完全可以不必知道,顾客只要能看懂菜单,而饭店能按菜单提供合格的菜肴也就可以了。在这个例子中,顾客是客户,饭店就是服务器,而饭店提供的菜单、歌单、酒水单等分类说明服务项目的各种单就是接口。

显然,为了使客户和服务器可以毫无障碍地进行沟通,接口是一个至关重要的关键环节,即接口必须按照一个双方都能识别的标准格式来制作,这个标准就是组件对象模型(component object model,COM)。

14.1.3　COM 术语

简单地说,具有符合 COM 标准的接口软件模块叫做组件。

1. 组件类、组件对象和组件服务器

以 C++ 编写的模块为例,由一个或多个抽象类派生出来,并实现了抽象基类的各个纯虚函数的类叫做 COM 类,或组件类(例如前面的类 A)。

组件类的实例叫做组件对象或 COM 对象。组件类的抽象基类是组件对象的接口。

含有一个或多个组件类的 DLL 或 EXE 叫做 COM 服务器或组件。当然也可以这样说，可以提供一个或多个组件对象的 DLL 和 EXE 叫做 COM 服务器或组件。

2. COM 库及 COM API

作为可以支持 COM 的操作系统都应该有一些管理组件的函数，这些函数的集合称为 COM 库，它以 DLL 的形式存于操作系统，向客户提供查找注册表、组件定位及返回组件对象接口指针等操作函数，这些函数叫做 COM API。客户一般不能直接管理 COM 对象，而只是通过 COM API 向 COM 库提出请求，以获得 COM 对象的接口指针来享用组件的服务。组件类、组件服务器、COM 库之间的关系如图 14-4 所示。图中带阴影的是客户正在连接到组件。

图 14-4　组件类、组件服务器和 COM 库

常用的 COM API 有 CoInitialize( )、CoCreateInstance( ) 和 CoUninitialize( ) 等。

在使用上，COM 库与其他库有所不同，它要求在使用 COM 库之前必须由客户调用函数 CoInitialize( ) 对其进行初始化，在使用完毕后还要调用函数 CoUninitialize( ) 来恢复它。客户用函数 CoCreateInstance( )（类似例 14-2 中的 CoGetInst( )）来获得一个 COM 对象接口指针。

3. 进程内组件、进程外组件、本地组件和远程组件

按照组件在运行时是否占用进程空间，它被分为两种类型：进程内组件、进程外组件。用 DLL 实现且运行在客户程序地址空间的组件叫做进程内组件，凡是在 EXE 实现的组件都叫做进程外组件。按照组件在运行时是否在本地计算机上，进程外组件又分为本地组件和远程组件：与客户在同一台计算机上运行的叫做本地组件；与客户程序不在同一台计算机，而运行在与客户机连网的某台计算机上的叫做远程组件。

14.2　组件类、接口的标识及注册

COM 规定，组件类与接口均应有唯一的标识，并且该标识应该能被不同语言编制的客户程序所识别。为此，COM 规定，组件与组件接口的标识必须是一个 128 位的二进制

数字,而且这个二进制数字的标识不能由组件设计者指定,而是由编译器按照一个可以确保产生唯一二进制数字的算法随机产生,并且该标识一经发布,就不允许再做更改。这样产生的标识叫做全局唯一标识符(globally unique identifier,GUID)。

用于标识组件接口的 GUID 叫做接口标识符 IID(interface identifier);而用来标识组件类的 GUID 叫做类标识符 CLSID(ClassID)。

例如,在 C++ 中某一个组件类的标识符为:

```
extern "C" const GUID CLISID_MYSPELLCHECKER=
        {0x54bf6567, 0x1007, 0x11d1,
        {0xb0, 0xaa, 0x44, 0x45, 0x53, 0x54, 0x00, 0x00}}
```

同样的标识符在其他非 C 环境中为:

```
{54bf6567-1007-11d1-b0aa-444553540000}
rrrrrrrr-tttt-tttt-oooo-aa-aa-aa-aa-aa-aa
```

随机数　　时间戳　与机器重启次数有关的数　一般为网卡的地址

为了使客户程序能够方便地找到组件,COM 规定,组件必须把标识、存放位置等信息登记到系统的注册表中,即得进行注册(registration)。这样,当客户需要组件时,只要到注册表上去找就可以了,而不必担心组件的真正位置。

取消注册(unregistration)则相反——从注册表删除这些组件的所有信息。

14.3　COM 规定的标准服务

接口是组件能够对外进行服务的项目进行归类之后的列表,是一组功能相关的函数原型的集合。COM 规定,一个功能完善的组件至少应该有 IUnknown、IClassFactory 和 IDispatch 3 个接口(作为约定,COM 中的所有接口名称都以字母"I"开头)。其中 IUnknown 为提供基本服务的接口,为使组件的所有接口都能提供这些基本服务,COM 规定组件上的其余接口(包括 IClassFactory 和 IDispatch)必须由 IUnknown 来派生。

14.3.1　接口 IUnknown

为了保证组件接口在基本功能上的标准化,COM 定义了与前面例题 14-2 中的抽象类 IUnknown 基本相同的一个基本接口 IUnknown,组件其他所有接口必须由这个 IUnknown 接口或其派生类来派生,这样就保证了组件的所有接口都能向客户提供同样的基本服务。

接口 IUnknown 的 C++ 声明为:

```
class IUnknown
{
public:
```

```
virtual HRESULT _stdcall QueryInterface(const IID& iid, void**ppv)=0;
virtual ULONG _stdcall AddRef()=0;
virtual ULONG _stdcall Release()=0;
};
```

可以看到，除了 QueryInterface( )之外，现在的 IUnknown 接口比例 14-2 中的 IUnknown 多定义了两个纯虚函数：AddRef( )和 Release( )。IUnknown 中的这 3 个虚函数就规定了组件所有接口都应该具备的三大服务项目。

1. QueryInterface( )函数

前面谈到，组件一般不只一个接口，所以 COM 规定，组件的每个接口都必须具有提供本组件其他接口的能力。即当客户程序取得组件对象的任意一个接口后，客户能通过这个接口来得到该组件的其他接口。所以在接口 IUnknown 定义了一个接口查询函数 QueryInterface( )，并要求组件类必须实现它，QueryInterface( )函数的原型为：

```
virtual HRESULT _stdcall QueryInterface(
                    const IID& iid,         //需要查询接口的 IID
                    void**ppv               //查询后得到的接口指针
                    );
```

当查询成功后，函数的返回值为 S_OK。所以，在使用 QueryInterface( )查询一个接口后，客户必须使用宏 SUCCEEDED 或 FAILED 宏来判断查询是否成功。

2. AddRef( )和 Release( )函数

AddRef( )和 Release( )这两个函数是用来控制组件对象生存期的。

客户程序在使用组件之前，要申请创建组件对象，如果客户不再需要这个组件对象，则应该及时释放该组件对象。显然在多个客户程序可以使用同一个组件对象的情况下，对象是否应该存在只能由组件自己来管理。为此，COM 要求组件对象必须记录客户使用自己的情况。为达到这个目的，组件对象内设置了一个计数器，当客户程序在引用组件对象时，客户就调用函数 AddRef( )把计数器的值加一；而当客户程序不再引用该组件对象时，客户就调用 Release( )函数把计数器的值减一。这样，组件对象就可以根据计数器的值，随时知道有多少个客户程序正在引用自己，在 Release( )函数中一旦发现计数器的值为 0，那就意味着已经没有客户程序引用自己了，于是组件就可以销毁自己。

带有接口 IUnknown 的组件示意图如图 14-5 所示。组件的更一般的画法如图 14-6 所示。

图 14-5　组件 A 及其接口示意图

图 14-6　组件的一般图形表示

下面是一个组件的主要代码。其中一个接口的名称为 ISum,另一个接口的名称为 IMult。在 ISum 接口中有一个对两个数求和的函数,在 IMult 接口中有一个对两个数求乘积的函数。

接口声明:

```
//ISum 接口的声明------------------------------------------
static const GUID IID_ ISum=
{ 0x6aaf876e, 0xfced, 0x4ee0, { 0xb5, 0xd3, 0x63, 0xcd, 0x6e, 0x22, 0x42, 0xf5 } };

class ISum : public IUnknown
{
public:
    virtual HRESULT Sum( int x, int y, int * z)=0;
};


//IMult 接口的声明------------------------------------------
static const GUID IID_IMult=
{ 0x5f144d5c, 0xa20c, 0x42e7, { 0x8f, 0x91, 0x4d, 0x5c, 0xae, 0x43, 0xb, 0x29 } };

class IMult : public IUnknown
{
public:
    virtual HRESULT Mul(int x,int y,int * z )=0;
};


//组件类的声明------------------------------------------------
static const GUID CLISID_Meth=
{ 0xabfa7022, 0x7e2f, 0x4d0e, { 0x8a, 0x4f, 0xf5, 0x8b, 0xbc, 0xeb, 0xb2, 0xda } };

class Meth : public ISum,public IMeth
{
public:
    Meth();                 //构造函数
    ~Meth();                //析构函数
    //重写 IUnknown 的 3 个函数
    HRESULT QueryInterface(const IID& iid, void ** ppv);
    ULONG AddRef();
    ULONG Release();
    //接口中的两个方法
    HRESULT Sum( int x, int y, int * z);
    HRESULT Mul(int x,int y,int * z);
Private:
    ULONG m_ulRef;          //组件引用计数器
};
```

```
//组件类的实现------------------------------------------------
Meth:: Meth ( )                    //构造函数的实现
{
    m_ulRef=0;                     //给组件引用记数变量置初值
}
//查询函数的实现
HRESULT Meth:: QueryInterface(const IID& iid, void ** ppv)
{
    if (iid==IID_IUnknown || iid==IID_ISum)
    {
        * ppv=(ISum * )(this);
        (ISum * )( * this)->AddRef( );
    }
    else if (iid==IID_IMult)
        {
            * ppv=(IMult * )(this);
            (IMult * )( * this)->AddRef( );
        }
        else
        {
            * ppv=NULL;
            return E_NOTINTERFACE;
        }
    return S_OK;
}
//组件生命期加一函数的实现
ULONG Meth:: AddRef( )
{
    return++m_ulRef;        //引用计数器加一
}
//组件生命期减一函数的实现
ULONG Meth:: Release( )
{
    m_ulRef--;              //引用计数器减一
    if (m_ulRef <=0)
    {
            m_ulRef=0;
            delete this;    //当计数器为 0 时销毁组件对象自己
    }
    return m_ulRef;
}
//加法函数的实现
HRESULT Meth:: Sum( int x, int y, int * z)
{
```

```
        * z=x+y;
        return S_OK;
    }
//乘法函数的实现
HRESULT Meth∷Mul(int x,int y,int * z);
    {
        * z=x * y;
        return S_OK;
    }
```

3. 服务函数的返回值类型

COM 规定,为了远程调用的安全,组件接口中的函数除了 AddRef( )和 Release( )之外,其余服务函数都应该以 HRESULT 为返回值的类型,以备调用者来判断函数的调用用是否成功,当函数调用成功时,函数的返回值为 S_OK,如果有错误则应返回表 14-1 中所列的结果。

表 14-1　当函数有错时可能的返回值

值	说　　明	值	说　　明
E_INVALIDARC	函数中有一个或多个参数无效	E_OUTOFMEMORY	内存不够
E_NOINTERFACE	对象没有此接口	E_UNEXPECTED	产生未知错误

14.3.2　接口 IClassFactory 和 IDispatch

为支持组件的跨语言应用,COM 除了用二进制规定了 GUID 标识符之外,还要求组件必须提供 IClassFactory 和 IDispatch 两个接口。

1. 类工厂接口 IClassFactory

已经知道,客户程序中使用的是组件类的对象,但由于两个原因这个对象不能由客户程序创建,一是因为只要由客户来创建对象,那么客户就必须先获得组件类的头文件,这不利于类代码的隐藏;二是因为编写客户程序的语言往往与编写组件类的程序设计语言不相同,因此客户程序根本就没有办法来创建这个对象,而作为以提供服务为目标的服务器也不应该让客户来创建这个对象,所以也只能由管理组件的 COM 库按客户提供的 GUID 创建这个对象。

显然这是一个类似先前讲过的对象动态创建的问题,只不过这次与 GUID(相当于类名称)相对应的不是一个函数,而是一个实现 IClassFactory 接口并被叫做组件类旁类的类。旁类实现 IClassFactory 接口的一个用于创建组件对象的服务函数 CreateInstance( )(类似例 14-2 中的 CreateInst( ))。而创建旁类对象的任务则由 COM API 函数 CoCreateInstance( )(类似例 14-2 中的 CoGetInst( ))来负责。CoCreateInstance 函数的原型为:

```
STDAPI CoCreateInstance(
        REFCLSID rclsid,            //组件类的标识 CLSID
```

```
LPUNKNOWN pUnkOuter,        //是否需要支持聚合
DWORD dwClsContext,         //组件类型
REFIID riid,                //欲申请的接口标识
LPVOID * ppv                //返回所申请的接口指针 IID
        );
```

当客户需要一个组件时，将调用 COM API 函数 CoCreateInstance( )向系统发出请求，COM 库根据函数参数中的 CLSID 在注册表中找到组件类的名称后，先创建该组件的旁类对象，然后再调用旁类对象的成员函数 CreateInstance( )来创建组件类对象，最后再按参数 IID 把客户所请求的接口指针返回给客户，接下来客户便可以享用组件的服务了。

CoCreateInstance( )的执行过程如图 14-7 所示。

图 14-7　CoCreateInstance( )的执行过程

由于这个旁类对象是用来创建组件类对象的，故这个旁类的对象叫做类工厂（似乎叫组件对象工厂更合适），而 IClassFactory 则叫做类工厂接口。

另外，为使接口 IClassFactory 能提供 IUnknown 所规定的 3 个基本服务，COM 要求它必须由 IClassFactory 来派生。

2. 调度接口 IDispatch

IDispatch 接口也是从接口 IUnknown 继承来的，是组件执行调度任务的一个接口。

在前面已经知道，有些组件类（例如 C ++ 类）是使用指针来调用服务函数的。但是，并不是所有的计算机程序设计语言都支持指针，典型的如 VBScript、JavaScript 这些脚本语言就不支持指针，那么这些语言编写的客户程序如何来使用组件呢？ 这时就要用到调度接口提供的服务了。调度接口的服务函数把组件中的每一个函数及每一个属性都编上号，在不能使用指针的客户程序要调用这些函数和属性的时候就把这些编号传给客户，而客户再根据这些编号来调用相应的函数。当然实际过程远比这复杂得多，因为调用函数时还需要解决参数、参数类型以及返回类型等一些其他问题。如果读者希望了解相关情况请参考其他专著。

14.4 COM 接口的二进制标准及 IDL 语言

从前面的叙述中已经知道,客户获得的是组件的接口,因此客户是否能理解并使用这个接口就是一个至关重要的问题。

为实现跨语言的接口,COM 规定了接口内存结构的二进制标准。为满足这个二进制标准,组件设计者在声明接口时,必须使用一种独立于普通编程语言并可以为所有语言都能够理解的语言。微软选用的是开放软件基金会(OSF)为分布式计算环境 RPC(远程过程调用)软件包开发的,用来定义接口的工具 IDL。

为了将 IDL 语言应用于 COM 系统中,微软对 IDL 语言的语法进行了扩充。

例如,某接口 ISum 的 IDL 描述为:

```
import "unknwn.idl";
[ object, uuid(6AAF876E-FCED-4ee0-B5D3-63CD6E2242F5) ]
interface ISum : IUnknown
{
    HRESULT Sum([in] int x, [in] int y, [out, retval] int * retval )
};
```

代码中方括号括起来的部分为 IDL 语言部分。注意,作为接口的抽象类的关键字不再是 class 而是更为规范的 interface 了。

14.5 使用 ATL 设计组件

设计一个组件是一件极其繁杂、劳累的工作,为了使程序设计人员可以快速地开发出高质量的 COM 组件,Visual C++ 提供了一个 ActiveX 模板库 ATL(activeX tempelate library)。ATL 使用模板对 COM 提供了充分的支持,组件设计者通过对 ATL 所提供的模板的继承,可以直接获得 IUnknown、IDispatch、IClassFactory 和组件所需的其他实现,从而形成一个高质量的组件框架,并通过加入自己所需的各种 COM 功能片段来完成组件的设计。

14.5.1 ATL 对 COM 的支持

ATL 对 COM 的原始支持是从对 IUnknown 的支持开始的,下面是在创建一个名称为 First 的组件时,由 Visual C++ 的 ATL 向导生成的组件类的声明代码。

```
class ATL_NO_VTABLE CFirst :
    public CComObjectRootEx<CComSingleThreadModel>,
    public CComCoClass<CFirst, &CLSID_First>,
    public IDispatchImpl<IFirst, &IID_IFirst, &LIBID_ABCLib>
{
public:
```

```
CFirst()    {    }
DECLARE_REGISTRY_RESOURCEID(IDR_FIRST)
DECLARE_PROTECT_FINAL_CONSTRUCT()
BEGIN_COM_MAP(CFirst)
    COM_INTERFACE_ENTRY(IFirst)
    COM_INTERFACE_ENTRY(IDispatch)
END_COM_MAP()
//IFirst
public:
};
```

从代码中可以看到，组件是由三个模板（CComObjectRootEx、CComCoClass 和 IDispatchImpl）为基类派生的。

在模板 CComObjectRootEx 中实现了对 IUnknown 的支持，在模板 CComCoClass 实现了对类工厂的支持，而在模板 IDispatchImpl 中实现了对接口 IDispatch 的支持。

在上面的接口声明代码中，值得注意的是宏 BEGIN_COM_MAP( )到宏 END_COM_MAP( )之间的内容。ATL 在这两个宏之间使用宏 COM_INTERFACE_ENTRY( )说明了该组件的接口，由于组件开发人员目前还没有声明别的接口，因此在这段代码中只有两个接口的声明：IFirst 和 IDispatch。

14.5.2 使用 ATL 设计组件的步骤和方法

例 14-3 使用 ATL 设计一个组件，该组件中提供了一个方法 AddNumbers，该方法可以对两个数求和。

（1）创建组件工程。选择菜单 File|New 选项，在 Projects 选项卡中选择 ATL COM AppWizard，然后在 Project Name 栏中输入工程名称 Simple_ATL，单击 OK 按钮，在下一个对话框中单击 Finish 按钮。随即向导会生成组件工程的框架代码。

（2）插入 COM 对象。选择菜单 Insert|New ATL Object 选项，在弹出的 ATL Object Wizard 对话框中按图 14-8 进行选择。

图 14-8 ATL Object Wizard 对话框

（3）单击 Next 按钮，在出现的【ATL Object Wizard 属性】对话框中的 Short Name

栏中添入组件名称(本例为 First),其余属性由向导自动添加,见图 14-9。单击【确定】按钮,向导将会自动产生组件的代码。

图 14-9 【ATL Object Wizard 属性】对话框

在 Visual C++ 工作空间管理窗口的 ClassView 选项卡上可以看到,向导生成了一个组件类和一个接口,见图 14-10。

图 14-10 Workspace 窗口的 Class View 卡

(4) 在接口中加入方法。在 Workspace 窗口的 ClassView 选项卡中选择接口 IFirst并右击鼠标,在弹出的菜单中选择 AddMethod 选项,在弹出的对话框中的 Method Name栏中填写方法名称 AddNumbers,在【参数】栏中填写方法的参数[in] long Num1,[in] long Num2,[out] long * ReturnVal,见图 14-11。

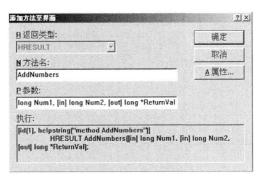

图 14-11 给接口添加 AddNumbers 方法

（5）实现方法。

```
STDMETHODIMP CFirst::AddNumbers(long Num1,
                         long Num2, long * ReturnVal)
{
    //TODO: Add your implementation code here
    * ReturnVal=Num1+Num2;
    return S_OK;
}
```

至此，组件程序编写完毕，编译该程序后就会建立一个进程内组件。接下来使用菜单 Tools|RegisterControl 选项，注册该组件。

（6）编写一个测试程序。

```
#include<iostream.h>
#include "C:\Program Files\Microsoft Visual Studio\
MyProjects\Simple_ATL\Simple_ATL.h"
#include "C:\Program Files\
Microsoft Visual Studio\
MyProjects\Simple_ATL\Simple_ATL_i.c"
void main(void)
{
    //声明 Simple_ATL 接口指针
    HRESULT hr;
    IFirst_ATL * IFirstATL=NULL;
    hr=CoInitialize(NULL);            //初始化 COM
    if(SUCCEEDED(hr))                 //检查能否得到一个接口指针
    {
        hr=CoCreateInstance( CLSID_First,
                         NULL,
                         CLSCTX_INPROC_SERVER,
                         IID_IFirst_ATL,
                         (void**) &IFirstATL);

        if(SUCCEEDED(hr))             //如果成功,则调用 AddNumbers 方法
        {
            long ReturnValue;
            IFirstATL->AddNumbers(5, 7, &ReturnValue);
            cout <<"The answer for 5+7 is: "
                    <<ReturnValue <<endl;
            IFirstATL->Release( );
        }
        else
        {
        cout <<"CoCreateInstance Failed." <<endl;
```

```
        }
    }

CoUninitialize();                          //释放 COM
}
```

程序运行结果为:

14.5.3 浏览 ATL 生成的代码

为了了解 ATL 生成的 DLL 型组件的概貌,下面列出了该组件的主要文件和代码。
组件概貌如图 14-12 所示。

图 14-12 ATL 生成的组件概貌

1. COM 组件(服务器)的文件

```
//Simple_ATL.cpp : Implementation of DLL Exports.
//Note: Proxy/Stub Information
//      To build a separate proxy/stub DLL,
//      run nmake- f Simple_ATLps.mk in the project directory.

#include "stdafx.h"
#include "resource.h"
#include <initguid.h>            //系统头文件
#include "Simple_ATL.h"          //接口定义和类型定义
#include "Simple_ATL_i.c"        //包含接口、组件类和类型 ID 的文件

CComModule _Module;              //定义全局模块

BEGIN_OBJECT_MAP(ObjectMap)      //对象映射表
OBJECT_ENTRY(CLSID_First, CFirst) //把 CFirst 对象加入映射表
END_OBJECT_MAP()
```

```
//DLL 入口函数-----------------------------------------------------------------

extern "C"
BOOL WINAPI DllMain(HINSTANCE hInstance,
            DWORD dwReason, LPVOID /* lpReserved */)
{
    if (dwReason==DLL_PROCESS_ATTACH)
    {
        _Module.Init(                      //初始化程序全局模块
        ObjectMap, hInstance, &LIBID_SIMPLE_ATLLib);
        DisableThreadLibraryCalls(hInstance);
    }
    else if (dwReason==DLL_PROCESS_DETACH)
        _Module.Term( );
    return TRUE;      //ok
}
//以下均是提供给 COM 库调用的函数///////////////////////////////////////////////////
//判断 COM 对象是否可卸载的函数------------------------------------------------------

STDAPI DllCanUnloadNow(void)
{
    return (_Module.GetLockCount( )==0) ? S_OK : S_FALSE;
}


//获得类工厂对象的函数------------------------------------------------------------
STDAPI DllGetClassObject(REFCLSID rclsid, REFIID riid, LPVOID * ppv)
{
    return _Module.GetClassObject(rclsid, riid, ppv);
}


//自动注册函数------------------------------------------------------------------
STDAPI DllRegisterServer(void)
{
    //registers object, typelib and all interfaces in typelib
    return _Module.RegisterServer(TRUE);
}


//自动反注册函数----------------------------------------------------------------

STDAPI DllUnregisterServer(void)
{
    return _Module.UnregisterServer(TRUE);
}
```

显然这是一个动态链接库 DLL。

与这个文件相配套的模块描述文件(DEF 文件)如下：

```
; Simple_ATL.def : Declares the module parameters.
LIBRARY        "Simple_ATL.DLL"
EXPORTS
    DllCanUnloadNow            @ 1 PRIVATE
    DllGetClassObject  ·       @ 2 PRIVATE
    DllRegisterServer          @ 3 PRIVATE
    DllUnregisterServer        @ 4 PRIVATE
```

可以看到，DLL 中的 4 个函数均为可导出函数，而且函数内只是简单地调用了全局模块对象的成员函数。因为全局模块所属的 CComModule 类封装了对组件对象进行操作的函数，所以这个类叫做组件中心模块类。CComModule 类对象用一个叫做对象映射表的表来记录 COM 对象的信息，其中的每一项都包含了 COM 对象的 CLSID 以及类工厂接口指针等信息，组件的可导出函数 DllGetClassObject( )就是依据这些信息获取类工厂对象的。

2. 接口的 IDL 声明文件(部分)

```
import "oaidl.idl";
import "ocidl.idl";
    [
        object,
        uuid(09DE34FD-0136-45EA-B0FD-7B3D22EC4463),
        dual,
        helpstring("IFirst Interface"),
        pointer_default(unique)
    ]
    interface IFirst : IDispatch
    {
        [id(1), helpstring("method AddNumbers")]          //用户添加的服务
        HRESULT AddNumbers([in] long Num1,
                    [in] long Num2, [out] long * ReturnVal);
    };
```

3. 组件类的声明和实现文件

```
//组件类 CFirst 的声明文件---------------------------------------------------
class ATL_NO_VTABLE CFirst :
    public CComObjectRootEx<CComSingleThreadModel>,
    public CComCoClass<CFirst, &CLSID_First>,
    public IDispatchImpl<IFirst, &IID_IFirst, &LIBID_SIMPLE_ATLLib>
{
public:
    CFirst( )
```

```
    {
    }

DECLARE_REGISTRY_RESOURCEID(IDR_FIRST)

DECLARE_PROTECT_FINAL_CONSTRUCT()

BEGIN_COM_MAP(CFirst)                                    //接口映射表
    COM_INTERFACE_ENTRY(IFirst)
    COM_INTERFACE_ENTRY(IDispatch)
END_COM_MAP()

//IFirst
public:
    STDMETHOD(AddNumbers)(/* [in] */ long Num1,          //用户添加的方法声明
            /* [in] */ long Num2, /* [out] */ long * ReturnVal);
};

//组件类实现文件---------------------------------------------------------------
STDMETHODIMP CFirst::AddNumbers(long Num1, long Num2, long * ReturnVal)
{
    //TODO: Add your implementation code here
    * ReturnVal=Num1+Num2;
    return S_OK;
}
```

14.6　组件的包含与聚合

采用组件的一个目的就是实现代码的重用，因此在组件的设计中，可以在组件的内部使用其他组件，但必须得保证它看起来是一个对象（外层对象）。也就是说，外层对象必须具有使客户程序能通过外层对象接口的 QueryInterface() 函数查询到内层对象所有接口的能力。根据实现这种功能的方式，组件的重用分为包含和聚合两种方式。

14.6.1　包含

图 14-13 是实现组件对象包含的示意图，从图中可以看到，组件对象 B 包含了组件对象 A，即 B 为外层组件对象；A 为内层组件对象。如果希望客户能通过外层 B 对象来访问内层 A 对象接口 IMult 的最简单方法就是给外层组件也定义一个 IMult 的接口，然后在接口的实现中创建组件 A，并调用内层组件的 IMult。这其实就是以外层组件作

图 14-13　组件包含的示意图

为客户,而把内层组件作为服务器的方式。

14.6.2　聚合

当采用聚合模式时,外层组件对象 B 仍然要负责创建组件对象 A,但对象 B 自己并不实现 IMult 接口,而是把内层组件对象 A 的 IMult 接口指针如图 14-14 所示的那样直接返回给客户程序。为此,组件 B 和组件 A 对象必须相互保存对方的 IUnknown 接口指针,即把内层组件对象的 IUnknown 接口指针 pUnknownInner 保存在外层组件对象中的 IUnknown 接口中,而把外层组件对象的 IUnknown 接口指针 pUnkownOuter 保存在内层组件对象的 IUnknown 接口中。

图 14-14　组件聚合的示意图

当客户通过对象 B 接口的 QueryInterface( )函数请求 A 对象接口时,对象 B 只要将请求再传递给 pUnknownInner 指向的 A 对象接口的 QueryInterface( )函数就可以了。

最重要的是,无论何时当客户程序请求 IUnknown 接口时,都必须向客户返回 B 的 IUnknown 接口指针,以使客户只能看到外层组件对象 B 的 IUnknown 接口。

小　　结

- 组件对象模型(COM)是一种二进制应用程序接口标准,是一种基于 C/S 模型的组件软件体系结构。COM 客户是使用 COM 服务器的应用程序,客户必须通过组件的接口才能获得服务器的服务,客户可以知道从服务器可以获得什么服务,但不知道该服务实现的细节。
- COM 使用一个称为全局唯一标识符(globally unique identifier,GUID)的 128 位二进制数字来唯一地标识一个组件对象或接口。标识组件接口的 GUID 叫接口标识符(interface identifier,IID),标识某种类型组件的 GUID 叫类标识符 CLSID (ClassID)。组件注册后才能使用。
- IUnknown 是 COM 定义的基本接口,其他接口都从此接口派生。
- 微软使用 IDL 语言来描述接口,以使其满足 COM 标准。
- 组件对象库(component object library)是系统组件,它提供 COM 管理机制。
- 客户程序通过组件对象库和相应的 GUID 申请组件对象、获得该对象的接口指针并通过接口指针使用组件所提供的服务。

- 使用 ATL 可以快速地开发出高质量的 COM 组件。ATL 使用基于模板的方法，充分地对 COM 进行支持。通过对 ATL 提供的模板的继承，可以直接获得 IUnknown、IDispatch、IClassFactory 和组件所需的其他实现，通过加入所需的 COM 功能片段来完成组件的设计。

练 习 题

14-1 划分软件模块的原则是什么？
14-2 什么是组件、COM 和组件对象？
14-3 什么是组件接口？其作用是什么？
14-4 COM 最基本的接口是什么？都起什么作用？
14-5 组件对象是怎样控制自身的生存期的？

思 考 题

思考一下，COM 组件是采用了哪些措施来实现代码封装的，在这些措施中有什么体会？组件还应该有哪些应用？

第 **15** 章　　ActiveX 应用基础

　　ActiveX 是 Microsoft 提出的一组符合 COM 规范,以使组件可以在网络环境中进行交互的技术。作为针对 Internet 应用开发的技术,ActiveX 被广泛应用于 Web 服务器以及客户端的各个方面。当然,ActiveX 技术也可以应用于桌面系统。

　　本章主要内容:
- ActiveX 技术的基本概念。
- ActiveX 容器。
- ActiveX 服务器。
- ActiveX 控件与 ActiveX 文档。

15.1　ActiveX 技术概述

　　ActiveX 是以 COM 为基础的技术,它的前身是对象链接和嵌入(object linking and embedding,OLE)。

15.1.1　ActiveX 的前身——OLE

　　早期,Windows 在进程间进行通信采用的是动态数据交换(dynamic data exchange,DDE)技术,如图 15-1 所示。

　　DDE 技术利用内存共享缓冲区来完成进程间数据交互,由于它不是应用层协议,所以不能在不同的应用程序间实现数据的共享。而起源于复合文档(compound document)的 OLE 技术则使情况发生了质的变化。

图 15-1　进程通信的 DDE 技术

　　1. 复合文档

　　如果把当前应用程序所建立的文档叫做本地数据,把其他应用程序建立的文档叫做异地数据,则把除了包含本地数据之外还链接或嵌入了异地数据的文档叫做复合文档。

复合文档并不是什么新鲜东西，大家熟知的中国画就是一种复合文档。之所以把它叫做复合文档，是因为在文档中除了图画之外，还有文字、名人题跋、印章等各种不同的信息，如图 15-2 所示。这些信息的复合使得文档图文并茂、意趣深远，极富艺术感染力。同样，今天的报纸上既有文本又有图片的版面也是一种复合文档。当然还有更复杂的复合文档，这些文档除了包含图片和文字之外，还可以包含音频、视频等其他对象。显然，对于计算机来说，所谓的复合文档就是一个含有不同应用程序制作的文档结合体。言外之意就是说，在计算机技术中必须使用多种工具（应用程序）来制作这种复合文档。

图 15-2　中国画就是一种典型的复合文档

2. 实现复合文档的方法 —— 链接和嵌入

建立复合文档实质上就是想办法把其他应用程序所建立的数据引用到本地应用程序中，目前有链接和嵌入两种引用方式。

所谓链接就是在本地程序建立一个类似于 C 语言中的指针，它在本地程序中用于占位并指向外部数据对象，数据对象本身仍然存放在它最初创建的应用程序中。因此，复合文档是靠着指针来保持与外部对象链接的。当本地应用程序修改被连接的数据时，存放在外部应用程序中的数据会同步发生变化。

嵌入则类似于应用程序的自动变量，被引用的数据对象被复制到这个变量并保存在本地。对于被嵌入的对象来说，它是存储在复合文档中的，所以当本地应用程序修改被嵌入的数据时，存放在外部应用程序中的数据不会发生变化。

提供可供链接、嵌入对象的程序叫做服务器，而接受链接、嵌入对象的程序叫做容器，也叫做客户。

Windows 附件组中的写字板就是一个应用 OLE 的实例，如果在菜单上选择【对象】|【插入】选项，写字板会弹出如图 15-3(a) 所示的对话框，在对话框中列出了已在系统中注册的 OLE 服务器（如公式编辑工具、绘图工具、报表生成工具等），这些服务器可以为写字板提供嵌入、链接的对象。如果选择了某个插入对象，那么在写字板程序界面上就会出现被插入对象的内容，如图 15-3(b) 所示。

(a)【插入对象】对话框   (b) 插入对象

图 15-3 应用 OLE 的实例

3. COM 是实现链接和嵌入的技术基础

显而易见,为了实现对象的嵌入或链接,充当提供对象的应用程序和使用对象的应用程序的接口都必须符合某种通用规范,目前这个规范就是 COM。

OLE 是第一个 COM 架构的软件系统。符合 COM 规范的,用来提供可链接或嵌入对象的应用程序叫做 OLE 服务器;符合 COM 规范的,用来使用链接和嵌入对象的应用程序叫做 OLE 容器。OLE 技术在一定程度上实现了"文档是目标,应用程序是工具,以文档为中心"的程序设计理念。

15.1.2 ActiveX 技术的缘起

随着技术的进步,要求链接和嵌入的对象无论种类还是复杂程度都有了大幅度增加和提高,只依靠本地计算机服务器所提供的服务已经远远不能满足这种飞速增长的要求。于是,人们把眼睛转向了互联网,希望可以从互联网得到所需要的服务器。于是,微软在1996 年适时地发表了 ActiveX 技术。ActiveX 技术把互联网看作计算机的外围设备,对COM 规范进行扩展,使得互联网上的所有计算机可以互相无阻碍地共享服务。

COM、OLE 和 ActiveX 之间的关系如图 15-4 所示。

图 15-4 COM、OLE、ActiveX 之间的关系

15.1.3 ActiveX 自动化

1. ActiveX 自动化

ActiveX 自动化的早期名称叫 OLE 自动化,即便到现在仍然还有人使用这个称呼。

所谓的 ActiveX 自动化，是指客户应用程序可以深入到服务器应用程序内部，直接调用服务器的组件获得服务。也就是说，ActiveX 自动化技术的目的是为了在应用程序之间实现功能上的共享。即服务器不单单向客户提供数据，而且还自动提供对数据的编辑操作功能。

例如，如果用户在写字板应用程序中选择了 PowerPoint 文档作为插入对象形成了复合文档，那么当用户需要对 PowerPoint 文档进行编辑操作时，就可以不用进入PowerPoint，只用鼠标左键双击 PowerPoint 文档，就能在客户端自动启动 PowerPoint 的编辑功能（前提是系统中安装有 PowerPoint）来对链接、嵌入的对象进行编辑，如图 15-5所示。之所以能这样做，是因为微软已经把写字板、PowerPoint 都设计成 ActiveX 自动化程序，它们可以共享对方的功能。

图 15-5　仍然是写字板程序，但菜单已变为 PowerPoint

2. ActiveX 容器和 ActiveX 服务器

ActiveX 自动化程序在应用时，用户所在的应用程序为客户，而其他提供服务的应用程序为服务器。在 ActiveX 技术中，客户常常被叫做容器。

ActiveX 容器是为链接或嵌入的对象提供存储和存储控制的应用程序。在提供了显示嵌入和链接对象的场所的同时，还提供处理链接和嵌入对象的通知消息的机制，在ActiveX 容器程序中必须包含与服务器交互的接口及接口实现。

ActiveX 服务器是向 ActiveX 容器提供嵌入或链接对象的应用程序。ActiveX 服务器可以有两种实现方式，一种是全服务器（full server），这种服务器是一个可以单独运行的程序；另一种是微型服务器（mini server），它一般被设计成动态链接库，它必须在容器的进程空间里运行。ActiveX 服务器中必须包含与 ActiveX 容器交互的接口和接口实现。

15.1.4　ActiveX 控件

ActiveX 控件是一种微型应用程序，它可以与服务器应用程序分离并嵌入到容器来运行。也就是说,ActiveX 控件是一个不需要服务器管理的完整实体,服务器的任务只是在客户需要 ActiveX 控件时把它交给客户就是了。

ActiveX 控件的最重要的用途之一是为 Web 页提供计算能力,如果把某个应用程序设计成 ActiveX 控件,那么就可以把它嵌入 Web 页,当用户登录该 Web 页时,系统会自动下载 ActiveX 控件并在 Web 页中运行它。

15.1.5　ActiveX 文档

ActiveX 文档是 Microsoft 在 OLE 文档的基础上,结合 Internet 发展而成的一种可以从 Web 服务器下载的特殊文档类型。传统概念中的文档就是数据,而且是静态数据。而 ActiveX 文档可以看成是一种活动的数据,这种数据除了数据本身之外还携带了与数据相关的其他信息,它可以通过互联网传送给远程计算机的客户应用程序(一般是 Web 页浏览器),并利用自身携带的与数据相关的信息,指导客户端对文档进行正确的管理和显示。

当浏览器发现 ActiveX 文档文件时,它会自动从硬盘上装入与该 ActiveX 文档相对应的服务程序,并且接管整个浏览器窗口,用以显示文档的内容,用户可以查看文档的内容,也可以编辑文档。例如,在 Internet Explorer 浏览器中访问 Web 服务器上的 Excel 文件时,只要本地硬盘上安装了 Microsoft Excel 电子表格软件,浏览器就会利用该软件打开文件,并且把 Excel 界面和浏览器界面结合在一起。对用户来说,感觉不到有两个独立的程序在运行,而且,浏览器中的历史记录也会把该文档作为 Web 页面记录下来,以后"后退"时仍然可以回到该页面。可以把下载的 ActiveX 文档保存于本地硬盘,不允许把修改过的文档上载。

其实,ActiveX 文档就是一个既包含数据,也包含管理这个数据所需工具的文档包。从这个角度看,ActiveX 文档有时更像一个可以运行在客户端并携带有大量数据的应用程序。

15.1.6　ActiveX 文档与 ActiveX 控件的区别

ActiveX 文档和 ActiveX 控件都是 OLE 技术与 Internet 结合之后发展起来的技术,Microsoft Internet Explorer 是它们共同的容器,但在行为特性上两种技术有显著的区别,概括如下:

(1) 程序类型不同。ActiveX 文档的服务程序运行在自己的进程中,通常服务程序是一个 EXE 程序;而 ActiveX 控件通常是一个 DLL 或 OCX 程序,它运行在其容器进程中。

(2) 界面方式不同。ActiveX 文档服务程序占用浏览器的整个窗口,而 ActiveX 控件通常只占用浏览器窗口的一个矩形区域。

(3) 在 HTML 文件中的使用方式不同。ActiveX 文档与 HTML 文件无关,但可以在 HTML 中通过超链接指向 ActiveX 文档文件;而 ActiveX 控件作为对象被嵌入在 HTML 文件中。

(4) 数据保存方式不同。ActiveX 文档服务程序可以操作磁盘文件,而 ActiveX 控件一般不操作磁盘文件。

（5）服务程序下载。方式不同 ActiveX 控件可以自动下载并由浏览器登记注册，而 ActiveX 文档服务程序不支持这种特性。

15.2 用 MFC 设计 ActiveX 容器

MFC 对 ActiveX 容器提供了比较完整的支持，如果用 AppWizard 创建应用程序时选择了 ActiveX 容器的选项，则该应用程序就具备了 ActiveX 容器所应具备的大部分功能。

15.2.1 ActiveX 容器的结构

既然容器可以操纵嵌入或链接来的对象，那么容器必须提供相应的机制来管理这些

图 15-6 ClientSite 的结构

对象，MFC 是通过数据结构和内部的 C++ 对象实现这个机制的。这个结构称作客户位置（ClientSite 或 ContainerSite），对于被管理的每一个嵌入或链接的对象，容器都会为其创建一个客户位置。每个客户位置包含嵌入或链接的对象可以使用的两个容器端接口：IOleClientSite 和 IAdviseSink，如图 15-6 所示。客户位置接口是服务器用来与它的对象的客户位置进行对话的接口。文档中嵌入的每个对象都是该类的一个实例。

同时，ActiveX 容器为了实现与 ActiveX 服务器的通信必须实现如下四个接口。

1. IOleDocumentSite

它是 ActiveX 容器专用的接口，可使 ActiveX 对象直接被容器程序激活，ActiveX 对象调用 IOleDocumentSite∷ActiveMe( ) 成员函数激活自身。

2. IOleClientSite

这是 OLE 技术使用的接口，也用于 ActiveX 文档技术。ActiveX 对象通过该接口获取它的显示状态、显示区域的大小以及容器提供的其他一些资源信息。

3. IOleInPlaceSite

这是 OLE 技术使用的接口，也用于 ActiveX 技术。ActiveX 对象通过该接口控制激活操作，在进行界面整合操作前给容器发出通知。

4. IOleInPlaceFrame

服务程序通过 IOleInPlaceFrame 接口实现菜单的合并以及一些界面状态的控制。

15.2.2 用 MFC 设计 ActiveX 容器

在 Visual C++ 中可用 MFC AppWizard 快速创建 ActiveX 容器程序的框架，框架包含了所有接口及其实现。由于 ActiveX 技术是由 OLE 技术发展而来，所以在 MFC 实现的 ActiveX 容器程序框架中类或函数的名称中都有 Ole 的字样。

例 15-1 设计一个名称为 ContainerApp 的 ActiveX 容器应用程序。

（1）选择菜单 File | New，在打开的 New 对话框中，选择 Projects 选项卡并选择

AppWizard(exe)项目创建一个名称为 ContainerApp 的新工程。

（2）在 MFC AppWizard-Step1 对话框中选择 Single Document 选项。

（3）接受 MFC AppWizard-Step2 对话框中的默认选项。

（4）在 MFC AppWizard-Step3 对话框中选择 Container 选项（如图 15-7 所示），通知 AppWizard 生成 ActiveX 容器所需的代码。

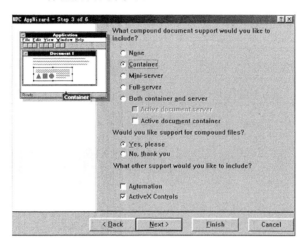

图 15-7　在本对话框中选择 Container 选项

（5）在 MFC AppWizard-Step4 对话框中关闭除了 3D 控制之外的所有选项。

（6）在 MFC AppWizard-Step5 对话框中选择 As a Statically Linked Library 选项。

（7）单击 Finish 按钮。在随后出现的对话框中单击 OK 按钮，生成程序框架代码。

编译并运行这个应用程序，将会看到，在应用程序的【编辑】菜单上出现了一个新选项【插入新对象】，见图 15-8。如果选择了这个选项，则会弹出【插入对象】对话框，并在对话框中列出计算机中可以提供链接或嵌入对象的服务器。如果选择了某服务器（见图 15-9），并单击对话框的【确定】按钮，则该服务器提供的对象将显示在容器应用程序的用户区中，见图 15-10（这里是选择了 Microsoft Excel 图表）。

图 15-8　在菜单中出现了【插入新对象】选项

首先看一下 AppWizard 创建的 ActiveX 容器应用程序的代码与一般 MFC 应用程序的代码有什么主要的区别。

从图 15-11 中可以看到，程序中增加了一新类 CContainerAppCntrItem。这是框架为了支持容器操作而增加的，该类从 COleClientItem 派生而来的，它封装了处理客户位置（client site）接口的代码。文档中的每个对象占用一个客户位置。

另外，在 CWinApp 的派生类 CContainerAppApp 中 InitInstance 函数的开始处，可以看到对 AfxOleInit 的调用，该调用启动了 OLE DLL 并对它进行了初始化。

图 15-9　选择了【插入新对象】选项将弹出【插入对象】对话框

图 15-10　在容器应用程序中插入了一个 Microsoft Excel 图表对象

图 15-11　容器应用程序增加了一个类

变化最大的是文档类 CContainerAppDoc，它并不直接继承自 CDocument，而是继承自 COleDocument，从而使文档类的行为发生了根本性的改变。为了维护链接和嵌入对象，COleDocument 中包含了一个对象的列表。为了在视图中正确地显示这些对象，框架中的视图类可以通过某种方式得到该列表，再有就是 AppWizard 在消息映射中也增加了与容器操作有关的条目。

CContainerAppView.cpp 对视图类进行了修改使之能够处理 OLE 对象上的时间、OLE 插入和其他与 OLE 有关的任务。例如，OnDraw 函数包含有重画文档对象的代码。

要注意的是，到目前为止，只是得到了一个 ActiveX 容器的框架，它还有很多方面需要完善，要获得一个可以使用的 ActiveX 容器，还必须做一些其他工作。例如，嵌入对象位置及大小的管理，用鼠标对对象进行选择和撤销选择，对象的删除，等等。

15.3　用 MFC 设计 ActiveX 服务器

用 MFC AppWizard 创建 ActiveX 服务器应用程序框件的方法与前面创建 ActiveX 容器应用程序的方法极其类似,只不过在 AppWizard 的第 3 步选择 Full-server 选项即可,见图 15-12。

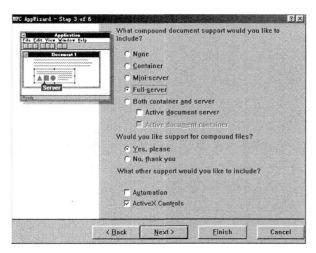

图 15-12　选择 Full-server 选项

例 15-2　设计一个名称为 MFCexp15_2 的 ActiveX 服务器应用程序。

按照上面的方法用 MFC AppWizard 创建 ActiveX 服务器应用程序框架。

编译运行本程序后可以看到,该程序可以与一般应用程序一样单独运行(这正是 Full-server 程序的特点)。

如果运行例 15-1 中设计的容器应用程序后,并选择【编辑】|【插入新对象】菜单,则在弹出对话框的【对象类型】选项框中可以看到新增加了一个新选项：MFCexp Document,见图 15-13。

图 15-13　在例 15-1 的容器程序的插入对象对话框中出现了 MFCexp Document 文档对象

15.4　用 MFC 设计 ActiveX 自动化应用程序

15.4.1　用 MFC 设计 ActiveX 自动化服务器

使用 AppWizard 创建支持自动化的 ActiveX 服务器非常简单，只要在第 3 步选中 Automation 选项，就可以使创建的这个应用程序支持自动化，见图 15-14。稍微麻烦一点的是自动化服务程序必须要指定它可以提供的服务，这些服务就是自动化客户程序可以访问的属性和方法。

例 15-3　创建一个自动化服务器程序，它运行后会在应用程序窗口的客户区画一个圆形，同时它还给客户提供了一个方法，客户使用这个服务可以改变服务器所画的圆形的参数。

（1）首先创建一个项目 AutoServer，如图 15-14 所示的方法选择选项，确保启用自动化支持。

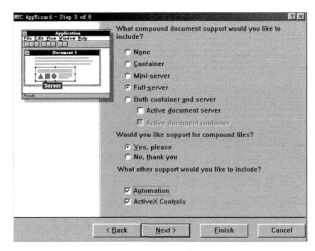

图 15-14　除了选择 Full-server 选项之外还要选择 Automation 选项

（2）在程序的文档类中定义 3 个存储圆参数的成员变量。

```
public:
    UINT m_yPos;        //存储圆的 y 轴方向的位置的成员变量
    UINT m_xPos;        //存储圆的 x 轴方向的位置的成员变量
    UINT m_diameter;    //存储圆半径的成员变量
```

（3）在文档类的构造函数中对这 3 个成员变量进行初始化。

```
m_diameter=200;
m_xPos=20;
m_yPos=20;
```

（4）在文档类的 Serialize 函数中填写序列化代码。

```
void CAutoServerDoc::Serialize(CArchive& ar)
```

```
{
    if (ar.IsStoring())
    {
        ar <<m_diameter <<m_xPos <<m_yPos;
    }
    else
    {
        ar>>m_diameter>>m_xPos>>m_yPos;
    }
}
```

（5）在视图类的 OnDraw 函数中填写绘制圆的代码。

```
pDC->Ellipse(pDoc->m_xPos,pDoc->m_yPos,
        pDoc->m_diameter+pDoc->m_xPos,
        pDoc->m_diameter+pDoc->m_yPos);
```

图 15-15　例 15-3 程序运行结果

运行该程序，可以观察程序绘制圆的效果，见图 15-15。

（6）接下来，选择菜单 View | ClassWizard 打开 ClassWizard 对话框来定义服务器向客户程序提供的属性和方法。在对话框中选择 Automation 选项卡，在 Class name 框中选择 CAutoServerDoc，然后单击 Add Property 按钮，在随后的 Add Property 对话框中的 External name（外部名称）框中输入 Diameter，在 Type 框中选择数据类型（例如 short），这样就定义了客户可以访问的属性（半径，对应于服务器应用程序中的 m_diameter）。接着再选中 Get/Set 选项，这样通知客户应用程序可以用 GetDiameter 方法获取这个属性值，而使用 SetDiameter 方法可以设置这个属性值，见图 15-16。最后单击 OK 按钮进行确认。

图 15-16　添加属性及访问属性的方法

（7）在文档类中实现这两个在客户端可以访问服务器属性的方法。

```
short CAutoServerDoc::GetDiameter( )
{
        return m_diameter;
}
void CAutoServerDoc::SetDiameter(short nNewValue)
{
        m_diameter=nNewValue;
        UpdateAllViews(NULL);
        SetModifiedFlag( );
}
```

（8）为了在客户应用程序中可以观察客户对圆的修改效果，再添加一个方法来显示服务器的窗口。具体做法为，在 Class Wizard 中，单击 Add Method 按钮。在打开的 Add Method 对话框中，在 External name 框中输入方法名 DispSvWindow，在 Return 框中选择 void，如图 15-17 所示。然后在该方法中输入如下代码：

```
void CAutoServerDoc::DispSvWindow( )
{
        CFrameWnd * pWnd=(CFrameWnd * )AfxGetMainWnd( );        //获得窗口指针
        pWnd->ActivateFrame(SW_SHOW);                           //显示窗口
}
```

图 15-17   添加方法

最后，编译并运行使应用程序可以注册到系统的类型库中，这样自动化客户在需要自动化服务时就可以在系统的类型库中检索到这个服务器了。

在自动化服务器运行后，也可以看到它在单独运行时与一般的应用程序并没有什么不同。为了观察自动化服务器是如何为客户应用程序服务的，还得制作一个自动化客户应用程序。

15.4.2　用 MFC 设计 ActiveX 自动化客户

例 15-4　设计一个可以使用例 15-3 创建的自动化服务器的客户应用程序,在该客户应用程序中单击事件中访问服务器中的 Diameter(圆的直径)属性,当其属性值为＞30 时,客户程序把它改为 30 后显示该图形。

(1) 用 AppWizard 创建一个名称为 AutoClient 的应用程序框架。

(2) 由于要与自动化服务器进行通信,故在应用程序类 CAutoClientApp 的 InitInstance 函数中添加初始化 ActiveX 的代码:

```
BOOL OleEnabled=AfxOleInit();
if(!OleEnabled)
    return-1;
```

(3) 应用 Class Wizard 从类型库(Type liberary)把服务器的 AutoServer.tlb 文件导入客户应用程序的视图类中,因为只有导入该文件后,客户应用程序的视图类才能访问服务器所提供的属性和方法。具体方法为:首先在 Class Wizard 中选择 Message Maps 选项卡,在 Class name 框中确认了 CAutoClientView 类后,单击 Add Class 按钮,在出现的下拉菜单中选择 From a typeliberary 选项(见图 15-18),然后在随后出现的对话框中找到 AutoServer.tlb 文件并单击【确认】按钮(见图 15-19),并在随后的 Confirm classes 对话框中找到它并单击【打开】按钮。于是在 Client 的工程管理窗口的 Class View 选项卡上可以看到,自动化服务器接口 IAutoServer 已经添加到 Client 工程中,这样就可以在需要的地方定义它的对象,并通过对象来使用服务器所提供的服务(见图 15-20)。

图 15-18　选择类型库导入文件

(4) 在 ClientView.h 中添加包含文件的代码:

```
#include"AutoServer.h"
```

图 15-19 自类型库导入 tlb 文件

图 15-20 在工程管理窗口中可以看到新增加的类

（5）按题目要求，在 CClientView 类中定义一个对象。

```
IAutoServer m_server;
```

（6）然后在 CClientView 类的 OnCreate 事件函数中用如下代码来装载服务器的文档。

```
int CClientView::OnCreate(LPCREATESTRUCT lpCreateStruct)
{
    if (CView::OnCreate(lpCreateStruct)==-1)
        return-1;
    BOOL loaded=m_server.CreateDispatch("AutoServer.Document");
    if(!loaded)
        return-1;
    return 0;
}
```

（7）在视图类的单击事件的响应函数中用如下代码来操作服务器的属性（如果圆形的直径大于 100，则使其变为 30）：

```
void  CClientView :: OnLButtonDown (UINT
nFlags, CPoint point)
{
    if(m_server.GetDiameter( )>100)
        m_server.SetDiameter(30);
    m_server.DispSvWindow( );
    CView::OnLButtonDown(nFlags, point);
}
```

程序运行结果如图 15-21 所示。

图 15-21 在应用程序窗口的用户区单击将弹出服务器的窗口

15.5　用 MFC 设计 ActiveX 控件

为了可以快速开发 ActiveX 控件，Visual C++ 提供了一个开发向导 MFC ActiveX ControlWizard，下面用一个实例来说明 ActiveX 控件的开发过程。

例 15-5　设计一个具有图 15-22 所示外观的 ActiveX 控件。当用户在控件的编辑框中输入一行文字后单击【确认】按钮，则输入的文字会在控件的下部显示出来。

图 15-22　控件的外观

首先创建应用程序框架。

（1）使用菜单 File|New 在 New 对话框的 Projects 选项卡中启动一个 MFC ActiveX ControlWizard 工程，在 Project name 框中输入工程名 Control。

（2）在 MFC ActiveX ControlWizard-Step1 of 2 对话框中，接受所有默认选项，然后单击 Finish 按钮。

（3）在随后出现的 New Project Information 对话框中单击 OK 按钮。于是 MFC ActiveX ControlWizard 就可以创建 ActiveX 控件的框架代码。

接下来创建控件的用户界面。

（1）在 CControlCtrl 类声明中添加两个成员变量：CButton m_button 和 CEdit m_edit，给控件添加一个编辑框和一个按钮。

（2）在 Resource.h 文件中定义标识。

```
#define IDC_BUTTON      101
#define IDC_EDIT        102
```

（3）在 CControlCtrl 的 WM_CREATE 消息响应函数 OnCreate 中用如下代码创建控件的用户界面。

```
int CControlCtrl::OnCreate(LPCREATESTRUCT lpCreateStruct)
{
    if (COleControl::OnCreate(lpCreateStruct)==-1)
      return-1;
    m_edit.Create(WS_CHILD|WS_BORDER|WS_VISIBLE|
        ES_AUTOHSCROLL,CRect(20,70,120,100),
        this,IDC_EDIT);
    m_button.Create("确认",WS_CHILD|WS_BORDER|
        WS_VISIBLE|BS_PUSHBUTTON,
        CRect(130,70,230,100),this,IDC_BUTTON);
    return 0;
}
```

（4）在 CControlCtrl::OnDraw 函数中绘出控件。

```
void CControlCtrl::OnDraw(CDC * pdc,
        const CRect& rcBounds, const CRect& rcInvalid)
```

```
{
    pdc->FillRect(rcBounds,
        CBrush::FromHandle((HBRUSH)GetStockObject(WHITE_BRUSH)));
    pdc->TextOut(10,40,"请输入相关信息");
    pdc->TextOut(10,180,m_string);
}
```

有时需要观察一下控件的外观是否满足要求，这时需要使用 Visual C++ 提供的工具 ActiveX Control Test Container，具体做法如下：

（1）选择菜单 Build|Build Control.ocx 选项编译、连接和注册控件，以使其他应用程序或 Web 页可以使用它。

（2）选择菜单 Tools|ActiveX Control Test Container 选项，并在出现的测试应用程序的菜单中选择 Edit|Insert New Control 选项，见图 15-23。

图 15-23　选择 Insert New Control 选项向窗口添加控件

在随后出现的 Insert New Control 对话框中查找并选择要添入的控件，并单击 OK 按钮，见图 15-24。于是，在控件测试应用程序的窗口上就显示出了所设计的控件的外观了，见图 15-25。

图 15-24　在 Insert Control 窗口中找到所要添加的控件

图 15-25　控件在容器中的外观

前面已经谈到,ActiveX 控件是一个可以在其他应用程序中运行的微型应用程序。在使用控件的应用程序中,用户是通过控件的属性和方法来控制控件的外观和行为的。因此,设计一个完整的控件还应该需要设计它的属性和方法。给控件添加属性和方法的步骤如下所示。

(1) CControlCtrl 类中添加一个成员变量。

```
CString m_string;
```

用来存放编辑框的属性值(该值是编辑框中的字符串)。

(2) 按 Ctrl＋W 组合键打开 ClassWizard,选择 Automation 选项卡。单击 Add Property 按钮。在 Add Property 对话框的 External name 框中添入属性名 InputString,在选择 Get/Set 选项之后,在 Type 框中选择该属性的数据类型 BSTR(BSTR,这是自动化函数中字符串的数据类型),然后在 Get 和 Set 这两个方法中输入如下代码。

```
BSTR CControlCtrl::GetInputString()
{
    CString strResult;
    //TODO: Add your property handler here
    strResult=m_string;          //返回属性值
    return strResult.AllocSysString();
}

void CControlCtrl::SetInputString(LPCTSTR lpszNewValue)
{
    //TODO: Add your property handler here
    m_string=lpszNewValue;       //设置属性值
    SetModifiedFlag();
}
```

(3) 右击工程管理窗口 Class View 卡中的类名 CControlCtrl,从弹出的快捷菜单中选择 Add Member Function 选项。在出现的 Add Member Function 对话框添加按钮消息响应函数 afx_msg void OnButtonClicked。

（4）在消息影射中 ON_OLEVERB 的下一行添加。

```
ON_BN_CLICKED(IDC_BUTTON,OnButtonClicked)
```

（5）编写按钮的代码，以使用户在单击控件的按钮后可以用编辑框中的字符串给控件的成员变量 m_edit 赋值。

```
CControlCtrl::OnButtonClicked ( )
{
    char str[21];
    m_edit.GetWindowText(str,20);
    SetInputString(str);
    InvalidateRect(NULL);
}
```

（6）再次用 Visual C++ 的 Control Test Container 工具测试控件可以看到，在控件的编辑框中输入文字后单击【确认】按钮，输入的文字会在控件的下部显示出来，见图 15-26。

图 15-26　控件在容器中运行后的结果

小　　结

- ActiveX 是一种基于 COM，为了适应互联网需要而发展起来的技术。ActiveX 框架的主要目的是允许软件组件之间进行互操作。即使这些组件是来自不同的开发商，用不同的语言和工具在不同的时间开发的，这些组件对象在进程内以及在不同的进程间，甚至在网络上的计算机之间都可以进行通信。
- ActiveX 容器是为链接或嵌入的对象提供存储和存储控制的应用程序。ActiveX 服务器是向 ActiveX 容器提供嵌入或链接对象的应用程序。
- ActiveX 自动化允许一个客户应用程序可以深入到系统内部，通过服务器应用程序来调用服务器的组件获得服务。
- ActiveX 文档是一个既包含了数据，又包含了管理这个数据所需工具的文档包。

- ActiveX 控件是一种可以与服务器应用程序分离的可编程组件,它实质上相当于一种可以嵌入到容器应用程序中运行的微型应用程序。

练 习 题

15-1　复合文档与普通文档有什么区别?

15-2　OLE 技术中对象链接和嵌入有什么区别?

15-3　什么是 ActiveX 容器及 ActiveX 服务器?

15-4　ActiveX 自动化应用程序有什么特点?

15-5　什么是 ActiveX 控件?

15-6　什么是 ActiveX 文档?

15-7　ActiveX 控件与 ActiveX 文档有什么区别?

15-8　为什么进程内服务器不能单独运行?

第*16*章 用 MFC 设计数据库应用程序

数据库应用程序是在数据库管理系统(DBMS)支持下对数据库中数据进行加工、处理的程序。MFC 提供了两组数据库类来支持数据库应用程序的开发,其中一组是基于 ODBC(open database connectivity)的,而另一组是基于 DAO(data access objects)的。本章主要从程序设计的角度介绍如何使用 MFC 的数据库类编写数据库应用程序。

本章主要内容:

* 数据库应用系统及数据库系统。
* ODBC 的基本概念和结构。
* 使用 ODBC 数据库类编写数据库应用程序。
* 使用 DAO 数据库类编写数据库应用程序介绍。

16.1 数据库系统及数据库应用程序

16.1.1 数据库系统

数据库系统由数据库、数据库管理系统、数据库应用系统 3 个部分组成,它们与数据库用户之间的关系如图 16-1 所示。

数据库是存放数据的仓库,数据库管理系统完成对数据库中数据的组织、存储、获取、维护和管理工作,数据库应用系统通过数据库管理系统对库中数据进行加工、处理,并将结果提供给用户,其功能由数据库应用程序实现。

图 16-1 数据库系统的组成

由于不同的数据库在实现它的数据库管理系统时都具有一些不同的特性,因而使得用某个数据库管理系统开发的数据库应用系统将无法在其他数据库管理系统上使用。所以,为了使一个数据库应用系统可以适用于所有的数据库管理系统，人们在数据库应用系统和数据库管理系统之间增加一个符合某种规范的标准接口，从而使按照标准接口设计的数据库应用系统可以访问所有支持标准接口的数据库管理系统。常用的标准接口有 ODBC、ADO、JDBC 等，如图 16-2 所示。MFC 支持 ODBC 和 ADO。

图 16-2　数据库管理系统与数据库应用系统之间的标准接口

16.1.2　数据库应用系统的设计

创建数据库应用程序通常分为数据库设计和数据库应用程序设计两个方面。

1. 数据库设计

数据库设计是创建数据库应用系统首先要完成的工作。通过数据库设计最终建立数据库，包括所需的表、索引、视图、关系图等。具体方法和过程可参考数据库方面的书籍和所使用的 DBMS。

2. 数据库应用程序设计

建立数据库后，即可开始数据库应用程序的设计。一般分为配置数据源（如建立 ODBC 连接）和编写数据库应用程序（如使用 Visual C++ 编写）两步。

由于数据库设计不是本课程的内容，所以本书只介绍数据库应用程序的设计，在不会引起歧义的情况下，本章的其余部分将把数据库应用程序简称为"应用程序"。

16.2　ODBC 的基本构成

开放数据库互连（open database connectivity，ODBC）是一种数据库应用程序设计接口（API）技术。它建立了一组访问数据库的通用规范，并提供了相应的标准 API（应用程序编程接口），使用 ODBC 可以编写独立于具体数据库的应用程序。以 SQL Server 为例的 32 位 ODBC 的体系结构及其与应用程序和数据库之间的关系见图 16-3，而表 16-1 则列出了 ODBC 各组成部分的功能。

在 ODBC 中，应用程序不能直接对数据库进行访问，它必须使用数据源名（DSN）通过 ODBC 管理器和数据库交换信息。

所谓数据源就是数据库位置、数据库类型以及 ODBC 驱动程序等信息的集合。数据源负责将运行结果送回应用程序。

图 16-3　ODBC 的结构及其与应用程序和数据库之间的关系

表 16-1　ODBC 体系结构的组成及功能

组　　成	功　　能
应用程序	调用 ODBC API 函数与 ODBC 数据源通信,提交 SQL 语句,处理结果集
驱动程序管理器	管理应用程序和 ODBC 驱动程序之间的通信
ODBC 驱动程序	处理所有应用程序的 ODBC 函数调用,连接数据源,将应用程序的 SQL 语句传递给数据源,并将结果返回给应用程序
数据源	包含驱动程序访问 DBMS 数据所需的所有信息

　　ODBC 管理器(administrator)负责安装驱动程序,管理数据源,并帮助程序员跟踪 ODBC 函数调用。同时也负责将应用程序的 SQL 语句及其他信息传递给驱动程序,而驱动程序则负责将运行结果送回应用程序。

　　Visual C++ 为大多数数据库提供了 ODBC 驱动程序(如 SQL Server、Microsoft Access、Microsoft FoxPro、Microsoft Excel、dBASE、Paradox、Microsoft Oracle ODBC 和 Text 文件等)。

16.3　配置 ODBC 数据源

　　从图 16-3 中可以知道,设计一个以 ODBC 为接口的应用程序首先要使用 ODBC 管理器来配置数据源,以便向应用程序提供数据源名称及其他与数据源相关的信息。在 Windows 9X 操作系统的控制面板中,有一个名为"ODBC 数据源(32 位)"的图标,通过它可以激活专门为用户设置 ODBC 环境的程序(ODBC data source administrator,ODBC 数据源管理器)。在 Windows 2000 操作系统中,上述图标被放置在控制面板的"管理工具"

里面。

16.3.1 ODBC 管理器

ODBC 管理器支持多种数据库管理系统（database management system，DBMS）。当要增加一个数据源和一个所需要的驱动程序时，可以通过 ODBC 管理器的配置对话框配置特定类型的数据库。大多数情况下，在编写对数据库操作的程序时，至少需要知道诸如数据库文件名、系统（本地或远程）、文件夹等信息，同时要给数据源命名。

使用 ODBC 管理器可以定义以下 3 种类型的数据源。

（1）用户数据源：作为位于计算机本地的用户数据源而创建的，并且只能被创建这个数据源的用户所使用。

（2）系统数据源：作为属于计算机或系统而不是特定用户的系统数据源而创建的，用户必须有访问权才能使用。

（3）文件数据源：指定到文件中作为文件数据源而定义的，任何已经正确地安装了驱动程序的用户都可以使用这种数据源。

16.3.2 配置 ODBC 数据源的方法和步骤

假设计算机中已安装了 MS SQL Server 系统，服务器名称为 lym。并且已经使用 SQL Server 的企业管理器创建了一个名称为 TMS 的数据库，在数据库 TMS 中创建一个表 student（学生表），该表中具有 3 个字段：sno（学号）、sname（姓名）、ssex（性别）。

下面以数据库 TMS 作为应用程序的数据源为例，具体说明配置 ODBC 数据源的方法和步骤。

（1）在 Windows 9.x 中，选择菜单【开始】|【设置】|【控制面板】选项打开计算机的控制面板，双击 ODBC 数据源（32 位）图标，然后在打开的【ODBC 数据管理器】对话框中选择【系统 DSN】选项卡，如图 16-4 和图 16-5 所示。

图 16-4　在控制面板中选择 ODBC 数据源（32 位）

图 16-5　ODBC 数据源管理器

（2）单击【添加】按钮，打开【创建数据源】对话框，选择 ODBC 的驱动程序 SQL Server，如图 16-6 所示。

图 16-6　创建新数据源

（3）单击【完成】按钮，打开【建立新的数据源到 SQL Server】对话框，在【名称】文本框中输入 tmsDSN，在【服务器】下拉列表框中输入 lym，从而把数据源名与服务器连接起来，如图 16-7 所示。

（4）单击【下一步】按钮，在打开的对话框中再单击【下一步】按钮，在打开的对话框中单击【更改默认的数据库为：】复选框，从其对应的下拉列表选择 tms 数据库，如图 16-8 所示。

（5）单击【下一步】按钮，在打开的对话框中单击【完成】按钮，在打开的对话框中单击【测试数据源】按钮进行测试。在测试成功后单击【确定】按钮返回到如图 16-5 所示的【系统 DSN】选项卡。在【系统数据源】窗口中就会看到新建的名称为 tmsDSN、驱动程序为 SQL Server、数据库为 TMS 的 ODBC 数据源。

图 16-7 把数据源连接到 SQL Server 服务器

图 16-8 选择数据库 tms

这样，就完成了 ODBC 数据源的配置工作。在下面的实例中将使用 ODBC 数据源 tmsDSN。

16.4 MFC 的 ODBC 类

在 MFC 中，用来支持 ODBC 的类有 CDatabase（数据库类）、CRecordset（记录集类）、CRecordView（可视记录集类）、CfieldExchange（数据交换类）、CDBException（异常类）。这些类的对象相互配合可以完成诸如连接数据源、选择和操纵记录、在表单中显示操纵数据、直接调用 ODBC API 函数和使用 SQL 语句等工作，也可以与 MFC 的文档/视图框架结构协同工作。

概括地讲，CDatabase 针对某个数据库，它负责连接数据源；CRecordset 针对数据源中的记录集，它负责对记录的操作；CRecordView 负责界面；而 CFieldExchange 负责 CRecordset 与数据源的数据交换。其中，数据库应用程序的主要工作是由 CDatabase 和 CRecordset 类完成的，CRecordView 和 CFieldExchange 类只是起着辅助作用。辅助类的使用可参考 MFC 的有关资料，下面主要介绍 CDatabase、CRecordset 和 CDBException 类。

16.4.1　CDatabase 类

CDatabase 类对象提供了对数据源的连接,通过它可以对数据源进行操作。

应用程序要访问数据源提供的数据,必须先创建一个与数据源相关联的 CDatabase 类对象。CDatabase 类在 MFC 中的层次关系如图 16-9 所示,在这个类中封装了一些与数据源进行连接相关的操作,其主要成员见表 16-2。

图 16-9　CDatabase 在 MFC 类层次中的位置

表 16-2　CDatabase 主要成员

成　　员	说　　明
m_hdbc	数据源 ODBC 连接句柄,HDBC 类型
CDatabase( )	构造 CDatabase 对象(构造后必须调用 OpenEx/Open 初始化)
Open ( )/ OpenEx( )	建立到数据源的连接
Close( )	关闭数据源连接
GetConnect( )	返回 ODBC 连接字符串
BeginTrans( )	开始事务
BindParameters ( )	调用 CDatabase∷ExecuteSQL 前绑定参数
CommitTrans( )	提交由 BeginTrans 开始的事务
Rollback( )	回退由 BeginTrans 开始的事务
ExecuteSQL( )	执行一条 SQL 语句,无记录返回

表 16-2 中 Open 函数的原型为:

```
virtual BOOL Open(LPCTSTR lpszDSN,
        BOOL bExclusive=FALSE,
        BOOL bReadOnly=FALSE,
        LPCTSTR lpszConnect="ODBC;",
        BOOL bUseCursorLib=TRUE);
```

当函数调用成功时函数返回非 0 值。

Open 函数的主要参数说明如下所示。

LpszDSN:指定一个数据源名(在 ODBC 驱动程序管理器中注册的,如 16.3 节中的 tmsDSN)。

bReadOnly:是否以只读方式打开数据源,默认值为 FALSE。

lpszConnect:指定一个连接字符串。连接字符串可能包括数据源名、数据源用户 ID、密码及其他信息。连接字符串必须以"ODBC;"开始。

bUseCursorLib:是否装载 ODBC 游标库,默认为 TRUE。游标库只支持静态快照和向前游标。

例如，下面的代码创建了一个 CDatabase 对象 m_db 并与数据源 tmsDSN 进行了连接。

```
CDatabase m_db;                //创建 CDatabase 对象
//使用数据源 tmsDSN 或连接字符串"ODBC;UID=sa"(无口令)连接
m_db.Open( _T( "tmsDSN" ),
        FALSE, FALSE,
        _T( "ODBC;DSN=tmsDSN;UID=sa" ) );
```

OpenEx 函数原型为：

```
virtual BOOL OpenEx( LPCTSTR lpszConnectString,
                    DWORD dwOptions=0);
```

函数调用成功返回非 0 值。

主要参数说明如下所示。

lpszConnectString：指定一个 ODBC 连接字符串。包括数据源名、用户 ID、密码等其他信息，如"DSN=tmsDSN；UID=SA；PWD="。

dwOptions：由位屏蔽组合指定打开选项。默认值为 0，表示以共享方式打开数据库，带写访问，不装载 ODBC 游标库。dwOptions 可选择的值见表 16-3。

表 16-3　dwOptions 的可选值

值	说　　明
CDatabase∷openReadOnly	只读打开
CDatabase∷UseCursorLib	装载 ODBC 游标库
CDatabase∷noOdbcDialog	不显示 ODBC 连接对话框
CDatabase∷forceOdbcDialog	显示 ODBC 连接对话框

例如：

```
CDatabase m_db;
//以只读方式连接数据源
m_db.OpenEx( _T( "DSN=tmsDSN;UID=sa" ),
    CDatabase∷openReadOnly | CDatabase∷noOdbcDialog );
```

当 CDatabase 对象被使用后，要用成员函数 Close 关闭对象，Close 函数的原型为：

```
virtual void Close( );
```

16.4.2　CRecordset 类

CRecordset 类对象提供了从数据源中提取出的记录集，它是 MFC 的 ODBC 类中最重要、功能最强大的类。

CRecordset 对象通常用于两种形式：动态行集（dynaset）和快照集（snapshot）。动态

行集能与其他用户所做的更改保持同步,快照集则是数据的一个静态视图。每种形式在
记录集被打开时都提供一组记录,所不同的是,当在一个动态行集里滚动到一条记录时,
由其他用户或应用程序中的其他记录集对该记录所做的更改会相应地显示出来。

使用 CRecordset 派生类的对象可以选择和操纵数据源
数据。例如,检查当前记录的数据字段,过滤、排序记录集,
编写默认的 SQL SELECT 语句,对选择的记录进行滚动,添
加、修改、删除记录,刷新记录集等。

CRecordset 类在 MFC 中的层次关系如图 16-10 所
示。CRecordset类在头文件 afxdb. h 中声明,主要成员见
表 16-4。

图 16-10　CRecordset 在 MFC
类层次中的位置

表 16-4　CRecordset 主要成员

成　员	说　明
m_hstmt	记录集的 ODBC 语句句柄,HSTMT 类型
m_nFields	记录集中字段数据成员的个数,UINT 类型
m_nParams	记录集中参数数据成员的个数,UINT 类型
m_pDatabase	CDatabase 对象指针,用于记录集与数据源的连接
m_strFilter	存放 SQL WHERE 子句的字符串(CString 类型),用于过滤
m_strSort	存放 SQL ORDER BY 子句的字符串(CString 类型),用于排序
CRecordset( )	构造 CRecordset 对象
Open( )	通过检索表或执行查询打开记录集
Close( )	关闭记录集和关联的 ODBC HSTMT
CanAppend( )	如果可以使用成员函数 AddNew 添加记录,返回非 0 值
CanRestart( )	如果可以使用成员函数 Requery 重新检索,返回非 0 值
CanScroll( )	如果可以滚动记录,返回非 0 值
CanUpdate( )	如果记录集可以更新(如添加、删除记录),返回非 0 值
GetODBCFieldCount( )	返回记录集中字段个数
GetRecordCount( )	返回记录集中记录个数
GetStatus( )	获取记录集状态,如当前记录号、所有记录是否检索完毕
GetSQL( )	获取选择记录的 SQL 语句
IsBOF( )	是否到记录集头
IsEOF( )	是否到记录集尾
AddNew( )	为添加新记录作准备,调用 Update 将数据保存到数据源
Delete( )	删除当前记录,删除后,程序须显式地滚动到其他记录
Edit( )	为编辑当前记录作准备,调用 Update 将数据保存到数据源
Update( )	完成 AddNew 或 Edit 操作,将数据保存到数据源

续表

成　员	说　明
Move( )	移动到距当前记录指定距离的记录
MoveFirst( )	移动到记录集头
MoveLast( )	移动到记录集尾
MoveNext( )	下移一条记录
MovePrev( )	前移一条记录
SetAbsolutePosition( )	移动到指定位置的记录
GetFieldValue( )	返回当前记录指定字段的值
GetODBCFieldInfo( )	返回字段信息
GetRowStatus( )	返回记录集中行的状态
IsFieldDirty( )	如果当前记录的指定字段的值被修改,返回非 0 值
RefreshRowset( )	刷新指定行的数据和状态
Requery( )	刷新选择的记录
SetFieldDirty( )	标记当前记录的指定字段的值被修改
DoBulkFieldExchange( )	执行 Bulk RFX
DoFieldExchange( )	执行 RFX

下面介绍 CRecordset 类的主要成员函数。

CRecordset 函数的原型为：

```
CRecordset( CDatabase * pDatabase=NULL);
```

其中,参数 pDatabase 为 CDatabase 对象指针。

Open 函数的原型为：

```
virtual BOOL Open( UINT nOpenType=AFX_DB_USE_DEFAULT_TYPE,
            LPCTSTR lpszSQL=NULL,
            DWORD dwOptions=none );
```

其中,nOpenType 的默认值为 AFX_DB_USE_DEFAULT_TYPE,也可用其他值,见表 16-5。

表 16-5　参数 nOpenType 可选的值

值	说　明
CRecordset∷dynaset	—
CRecordset∷snapshot	双向滚动 snapshot(默认值)
CRecordset∷dynamic	通常不支持
CRecordset∷forwardOnly	只读、向前滚动

lpszSQL 可输入的值见表 16-6。

表 16-6　lpszSQL 可输入的值

值	说　　明
NULL	使用由 GetDefaultSQL 返回的值
表名	使用表的所有字段,如 " student "
存储过程名	使用存储过程定义的字段,如 "{call sp}"
SELECT 语句	如 "SELECT sno, sname, ssex FROM student"

在 MFC 中,可以使用 dynaset 和 snapshot 两种方式和 CRecordset 对象对数据源进行操作。以 dynaset 方式使用的记录集对象也简称为 dynaset。在多用户环境中,其他用户可以编辑、删除 dynaset 中的记录,也可以向与 dynaset 相关的表中添加记录。添加、删除的记录会反映在 dynaset 里。其他用户修改、删除 dynaset 的记录也会反映在 dynaset 里;添加的记录要调用成员函数 Requery 才能反映在 dynaset 里。如果对同一数据源同时建立多个连接(即多个 CDatabase 对象),其情形与此类似。

Snapshot 是一种反映数据静态视图的记录集,分为可修改和只读两种。可修改的 snapshot 不反映其他用户对记录的改变,只反映自己对记录的修改和删除。添加的记录只有调用成员函数 Requery 后才可见。

使用的步骤是:

(1) Recordset 派生一记录集类,假设为 CXRecordset。

(2) 构造一个 CXRecordset 对象,将一 CDatabase 对象指针传递给其构造函数。

(3) 调用 CXRecordset 成员函数 Open 从数据源选择数据。在此指定该对象是 dynaset 还是 snapshot。

(4) 依据记录集的使用方式进行检索、编辑等操作或调用成员函数 Requery 刷新记录集。在 CRecordset 的派生类中,使用 RFX (record field exchange)或 Bulk RFX (bulk record field exchange)机制实现记录集对象与数据源之间的数据交换。

(5) 操作完成后调用成员函数 Close 关闭记录集。

几种调用 Open 函数的方式为:

```
CDatabase db;
db.Open(_T("tmsDSN"));
CRecordset rs(&db);
//使用默认 SQL 语句以 snapshot 方式打开只读记录集
rs.Open( CRecordset::snapshot,
            NULL, CRecordset::readOnly );
//传递完整 SELECT 语句,以 dynaset 方式打开
rs.Open( CRecordset::dynaset,
            _T( "Select L_Name from Customer" ) );
//以默认方式打开
rs.Open( );
```

下面是一个从打开数据源使用其中的记录一直到关闭数据源的代码片段。

```
CDatabase m_db;
m_db.Open(_T("tmsDSN"),
          FALSE,FALSE,
          _T("ODBC;UID=sa"),
          FALSE);
CRecordset m_set(&m_db);
m_set.Open(AFX_DB_USE_DEFAULT_TYPE,
          "select * from student");
//使用记录集
m_set.Close();
m_db.Close();
```

16.4.3　CDBException 类

进行数据库操作时，经常会由于各种原因导致操作失败，如数据完整性问题、网络

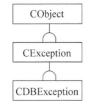

图 16-11　CDBException 在 MFC
类层次中的位置

I/O 问题等。因此，程序中必须对此进行相应的处理。

在 MFC ODBC 调用失败时，通常会返回一个 CDBException 类的异常对象，其中包含一个描述失败的字符串。这个 CDBException 对象由数据库类的成员函数构造并抛出。

CDBException 类在 MFC 中的层次关系如图 16-11 所示。

CDBException 类在头文件 afxdb.h 中声明，主要成员见表 16-7。

表 16-7　CDBException 类的主要成员

成　　员	说　　明
m_nRetCode	ODBC 返回码，RETCODE 类型
m_strError	描述错误的字符串
m_strStateNativeOrigin	ODBC 返回的错误码

下面是 MFC 处理 ODBC 异常的一个代码片段。

```
//rs 为 CRecordset 派生类的对象

try
{
    rs.Delete();
}
catch(CDBException * e)
```

```
    {
        AfxMessageBox(e->m_strError, MB_ICONEXCLAMATION);
        e->Delete();                      //删除 CDBException 对象
        rs.MoveFirst();                   //丢失记录位置,移到记录集头
        return;
    }
    rs.MoveNext();
```

16.5　ODBC 应用程序实例

下面通过实例介绍 MFC ODBC 应用程序的编写,实例中将使用前面提到的数据库 TMS 和表 student,以及 ODBC 数据源 tmsDSN。

16.5.1　显示和处理表中的数据

下面编写的代码将使应用程序具有按记录显示表 student 的内容,通过导航按钮浏览表,通过数据处理按钮对表中数据进行编辑、添加和删除的功能。具体开发步骤及方法为:

(1) 用应用程序向导 MFC AppWizard(exe)建立基于对话框的应用程序 tms。

(2) 在 Workspace 的 ResourceView 中打开 Dialog 文件夹,双击 IDD_TMS_ DIALOG,在右侧的设计窗口中建立如图 16-12 所示的界面。给各控件设置好属性,使用 MFC ClassWizard 给控件添加成员变量,具体设置见表 16-8。

图 16-12　应用程序运行后的界面

表 16-8　控件的属性及绑定的成员变量

对象类型	ID	Caption	Member Variables	Type
静态文本	IDC_STATIC	学号		
静态文本	IDC_STATIC	姓名		
静态文本	IDC_STATIC	性别		
按钮	IDC_BUTTONtop	|<		
按钮	IDC_BUTTONpre	<		
按钮	IDC_BUTTONnext	>		
按钮	IDC_BUTTONbottom	>|		
按钮	IDC_BUTTONedit	编辑		
按钮	IDC_BUTTONadd	添加		
按钮	IDC_BUTTONdel	删除		

续表

对象类型	ID	Caption	Member Variables	Type
按钮	IDC_BUTTONrefresh	刷新		
文本框	IDC_EDITsno		m_esno	CString
文本框	IDC_EDITname		m_ename	CString
文本框	IDC_EDITsex		m_esex	CString

（3）使用 MFC ClassWizard 添加新类，名字为 CtmsSet，其 Base class 为 CRecordset，选择 ODBC 数据源 tmsDSN，选择表 student。

（4）编写代码。

```
//在 tmsSet.h 文件的开始部分添加代码
#include <afxdb.h>
//在 tmsDlg.h 文件中添加代码
#include "tmsSet.h"
class CTmsDlg : public CDialog
{
    protected:
    CDatabase m_db;
    CtmsSet m_rs;
        ⋮
};
//在 BOOL CTmsDlg∷OnInitDialog( )中添加代码
{
        ⋮
    //TODO: Add extra initialization here
    m_db.Open(_T("tmsDSN"));
    m_rs.m_pDatabase=&m_db;
    m_rs.Open( );
    m_esno=m_rs.m_sno;          //给与文本框绑定的成员变量赋值
    m_ename=m_rs.m_sname;
    m_esex=m_rs.m_sex;
    UpdateData(FALSE);          //刷新文本框

    return TRUE;
}
//给按钮"|<"添加单击事件响应代码
void CTmsDlg∷OnBUTTONtop( )
{
    //TODO: Add your control notification handler code here
    m_rs.MoveFirst( );          //移动到记录集的第一条记录
```

```
        m_esno=m_rs.m_sno;
        m_ename=m_rs.m_sname;
        m_esex=m_rs.m_sex;
        UpdateData(FALSE);
}
//给按钮">|"添加单击事件响应代码
void CTmsDlg::OnBUTTONbottom()
{
        //TODO: Add your control notification handler code here
        m_rs.MoveLast();                //移动到记录集的最后一条记录
        m_esno=m_rs.m_sno;
        m_ename=m_rs.m_sname;
        m_esex=m_rs.m_sex;
        UpdateData(FALSE);
}
//给按钮">"添加单击事件响应代码
void CTmsDlg::OnBUTTONnext()
{
        //TODO: Add your control notification handler code here
        m_rs.MoveNext();                //后移一条记录
        if(m_rs.IsEOF())
            m_rs.MoveLast();
        m_esno=m_rs.m_sno;
        m_ename=m_rs.m_sname;
        m_esex=m_rs.m_sex;
        UpdateData(FALSE);
}
//给按钮"<"添加单击事件响应代码
void CTmsDlg::OnBUTTONpre()
{
        m_rs.MovePrev();                //前移一条记录
        if(m_rs.IsBOF())
            m_rs.MoveFirst();
        m_esno=m_rs.m_sno;
        m_ename=m_rs.m_sname;
        m_esex=m_rs.m_sex;
        UpdateData(FALSE);
}
//给按钮"确定"添加单击事件响应代码
void CTmsDlg::OnOK()
{
        m_rs.Close();
        m_db.Close();
```

```
        CDialog::OnOK( );
}
//给按钮"添加"添加单击事件响应代码
void CTmsDlg::OnBUTTONadd( )
{
    try
    {
        m_rs.AddNew( );          //添加新记录
        UpdateData(TRUE);        //刷新与文本框绑定的成员变量
        m_rs.m_sno=m_esno;
        m_rs.m_sname=m_ename;
        m_rs.m_sex=m_esex;
        m_rs.Update( );          //更新数据源
    }
    catch(CDBException * e)
    {
        AfxMessageBox(e->m_strError, MB_ICONEXCLAMATION);
        e->Delete( );
        m_rs.MoveFirst( );
        m_esno=m_rs.m_sno;
        m_ename=m_rs.m_sname;
        m_esex=m_rs.m_sex;
        UpdateData(FALSE);
    }
}
//给按钮"删除"添加单击事件响应代码
void CTmsDlg::OnBUTTONdel( )
{
    //TODO: Add your control notification handler code here
    if(m_rs.IsEOF( )||m_rs.IsBOF( ))
        return;
    try
    {
        m_rs.Delete( );
    }
    catch(CDBException * e)
    {
        AfxMessageBox(e->m_strError, MB_ICONEXCLAMATION);
        e->Delete( );
        return;
    }
    m_rs.MoveFirst( );
    m_esno=m_rs.m_sno;
```

```
        m_ename=m_rs.m_sname;
        m_esex=m_rs.m_sex;
        UpdateData(FALSE);
}
```

//给按钮"编辑"添加单击事件响应代码

```
void CTmsDlg::OnBUTTONedit()
{
    //TODO: Add your control notification handler code here
    CString csSno,csSname,csSsex;
    csSno=m_rs.m_sno;
    csSname=m_rs.m_sname;
    csSsex=m_rs.m_sex;
    try
    {
        m_rs.Edit();
        UpdateData(TRUE);
        m_rs.m_sno=m_esno;
        m_rs.m_sname=m_ename;
        m_rs.m_sex=m_esex;
        m_rs.Update();
    }
    catch(CDBException * e)
    {
        AfxMessageBox(e->m_strError, MB_ICONEXCLAMATION);
        e->Delete();
        m_esno=csSno;
        m_ename=csSname;
        m_esex=csSsex;
        UpdateData(FALSE);
    }
}
```

//给按钮"刷新"添加单击事件响应代码

```
void CTmsDlg::OnBUTTONrefresh()
{
    //TODO: Add your control notification handler code here
    try
    {
        m_rs.Requery();
    }
    catch(CDBException * e)
    {
        AfxMessageBox("Can not Requery! ",
                MB_ICONEXCLAMATION);
```

```
        e->Delete();
    }
}
```

16.5.2　连接两个表

下面编写的代码实现了两个表的连接功能。编写代码的步骤为：

(1) 在数据库 tms 中添加一新表 department，其字段有 dno(系号)、dname(系名)等，

图 16-13　应用程序运行后的界面

在表 student 中添加一字段 dno(系号)。

(2) 在上个例子的程序用户界面上添加一个静态文本、一个文本框两个控件，如图 16-13 所示。文本框用于显示系名。

(3) 在 MFC ClassWizard 的 Member Variables 选项卡中选中类 CtmsSet。单击 Update Columns 按钮，选择 ODBC 数据源 tmsDSN，选择表 department，加入 department 表的字段。

(4) 添加代码。

```
//编辑 CtmsSet::GetDefaultSQL 函数如下
  CString CtmsSet::GetDefaultSQL()
  {
        return _T("[dbo].[student],[dbo].[department]");
  }


//给两个表同名字段 dno 添加表名加以限制，编辑 CtmsSet::DoFieldExchange
//函数如下
  void CtmsSet::DoFieldExchange(CFieldExchange * pFX)
  {
    //{{AFX_FIELD_MAP(CtmsSet)
    pFX->SetFieldType(CFieldExchange::outputColumn);
    RFX_Text(pFX, _T("[sname]"), m_sname);
    RFX_Text(pFX, _T("[sno]"), m_sno);
    RFX_Text(pFX, _T("[ssex]"), m_sex);
    RFX_Text(pFX, _T("[dbo].[student].[dno]"),
        m_dno);            //添加表名
    RFX_Text(pFX, _T("[dname]"), m_dname);
    //}}AFX_FIELD_MAP
  }


//编辑 CTmsDlg::OnInitDialog 函数如下
  BOOL CTmsDlg::OnInitDialog()
  {
```

```
                ⋮
//TODO: Add extra initialization here
m_db.Open(_T("tmsDSN"));
m_rs.m_pDatabase=&m_db;
//CRecordset 的数据成员 m_strFilter 的值用于 SQL 的 Where 子句
//参见表 16-4,必须在成员函数 Open 调用前赋值
m_rs.m_strFilter=_T("[dbo].[student].[dno]
                =[dbo].[department].[dno]");
m_rs.Open();
m_esno=m_rs.m_sno;
m_ename=m_rs.m_sname;
m_esex=m_rs.m_sex;
m_ednamé=m_rs.m_dname;
UpdateData(FALSE);
return TRUE;
}
```

16.6　使用 DAO 设计数据库应用程序简介

16.6.1　DAO 简介

DAO 基于 Microsoft Jet 数据库引擎(database engine)技术,使用 Jet 访问数据库。所谓数据库引擎就是 DBMS 的核心进程,如 Access、SQL Server。通俗地说,就是不带图形界面管理工具的 DBMS,主要用于数据的存储、检索和改变。Jet 是 Access 的数据库引擎。

DAO 使用 COM 技术实现,包括一组 COM 接口和实现这些接口的对象。使用这些对象可以访问 Microsoft Jet (.MDB)数据库、ODBC 数据源和 ISAM(indexed sequential access method)数据库,如 dBASE、Paradox、Microsoft FoxPro 等。

图 16-14 显示了在 Microsoft 产品体系中数据访问的几种连接方式,并表明了 DAO 和 ODBC 之间的关系。

图 16-14　数据访问的连接方式

16.6.2　DAO 和 MFC

MFC 使用 DAO 类将 DAO 功能封装起来。主要的 DAO 对象都有对应的 MFC 类,但没有 field、indexe、parameter、relation 等 DAO 对象。这些对象可通过 MFC 类提供的接口(成员函数)访问,见表 16-9 和表 16-10。

表 16-9　DAO 对象和 MFC 类映射表

MFC 类	DAO 对象	说　明
CDaoWorkspace	Workspace	提供数据库引擎，管理事务空间（transaction space）
CDaoDatabase	Database	数据库连接
CDaoTableDef	Tabledef	用于检查和操纵表结构
CDaoQueryDef	Querydef	用于在数据库中存储查询
CDaoRecordset	Recordset	用于管理结果集
CDaoException	Error	异常处理，响应 DAO 错误
CDaoFieldExchange	无	管理数据库记录与记录集字段数据成员之间的数据交换

表 16-10　非映射 DAO 对象和 MFC 类的关系表

DAO 对象	MFC 管理方法
Field	由类 CDaoTableDef 和 CDaoRecordset 封装，提供成员函数完成添加、删除、检查等功能
Index	由类 CDaoTableDef 和 CDaoRecordset 封装，提供成员函数管理
Parameter	由类 CDaoQueryDef 封装，提供成员函数管理
Relation	由类 CDaoDatabase 封装，提供成员函数管理

16.6.3　使用 MFC DAO 类编程

如果应用程序要访问的是 Microsoft Jet（.MDB）数据库，那么使用 MFC DAO 类编写应用程序是最合适的。MFC DAO 类和 MFC ODBC 类的使用方法在许多方面非常相似。

下面介绍如何修改 16.5 节中实例使它成为一个应用 DAO 来访问数据库的应用程序，并且主要介绍 MFC DAO 类和 MFC ODBC 类在使用上的不同之处。其中用到了 CdaoDatabase 类的成员函数 Open，它的函数原型为：

```
virtual void Open(LPCTSTR lpszName,
                BOOL bExclusive=FALSE,
                BOOL bReadOnly=FALSE,
                LPCTSTR lpszConnect=_T("") );
```

其中，参数 lpszName 为 Microsoft Jet（.MDB）数据库文件名的字符串；lpszConnect 为打开数据库的字符串，字符串由数据库连接参数组成，使用此参数时 lpszName 应为空串""。如：

```
_T("Paradox 4.X;DATABASE=C:\\test\\tt")
_T("ODBC;DSN=tmsDSN")
```

用 MFC DAO 类修改 16.5 节中实例的步骤如下：

（1）用 Microsoft Access 建立数据库 tms. mdb，库中建表 student。

（2）在使用 MFC ClassWizard 添加新类 CtmsSet 时，Base class 选择 CDaoRecordset，选择 DAO 数据源，库文件选择 tms. mdb，表选择 student。

（3）在头文件＜afxdao. h＞中包含 MFC DAO 类的头文件。

```
#include<afxdao.h>
```

（4）将 CDatabase m_db 改为 CDaoDatabase m_db。

（5）BOOL CTmsDlg∷OnInitDialog（）中打开数据库代码为：

```
m_db.Open(_T("d:\\lym\\tms.mdb"));                    //打开数据库 tms.mdb
```

小　　结

- 数据库系统一般由数据库、数据库管理系统、数据库应用系统构成。数据库是存放数据的仓库。为使一个数据库应用系统适用于所有的数据库管理系统，人们在数据库应用系统和数据库管理系统之间增加一个公认的标准接口。ODBC 和 ADO 是两个常用的标准接口。
- MFC 有两组数据库类，一组是基于 ODBC(open database connectivity)的，一组是基于 DAO(data access objects)的。
- ODBC 是一个应用程序设计接口（API）。数据库应用程序使用 API 并通过 ODBC 驱动程序管理器，调用 ODBC 驱动程序中相应的函数。驱动程序使用结构化查询语言（SQL）与 DBMS 交互，并将结果返回给应用程序。
- 使用控制面板中的 ODBC 数据源（32 位）来定义数据源。
- MFC 基于 ODBC 的数据库类主要有 CDatabase、CRecordset、CRecordView、CFieldExchange、CDBException。这些类相互配合可以完成如连接数据源、选择和操纵记录、在表单中显示操纵数据、直接调用 ODBC API 函数和使用 SQL 语句等工作。
- DAO 基于 Microsoft Jet 数据库引擎(database engine)技术，使用 Jet 访问数据库。所谓数据库引擎就是 DBMS 的核心进程。通俗地说，就是不带图形界面管理工具的 DBMS，主要用于数据的存储、检索和改变。Jet 是 Access 的数据库引擎。
- MFC 使用 DAO 类将 DAO 功能封装起来。MFC DAO 类和 MFC ODBC 类的使用方法相似。

练　习　题

16-1　简述数据库系统的组成。

16-2　MFC 支持哪几种数据库连接？

16-3　请总结 DAO 与 ODBC 的相同之处。

16-4　请总结 DAO 与 ODBC 的不相同之处。

第**17**章

CHAPTER

异常和异常处理

异常也是一种事件,但与键盘事件和鼠标事件等由用户或系统有意激发的事件不同,它们是由于系统运行中的错误而引发的事件,并不是设计人员所希望或所需要的事件。显然,这种异常事件必须被及时处理,否则将会发生不可预料的后果。

17.1 异常处理的基本思想

在小型应用程序中,往往是在出现异常后,就地处理。例如,当出现除零错误时,给出提示信息并停止程序运行。

```cpp
#include<iostream.h>
double fuc(double x,double y)
{
    if(y==0)
    {
        cerr<<"Error of dividing zero.\n";
        exit(1);                //退出程序
    }
    return x/y;
}
void main()
{
    fuc(2,3);
    fuc(4,0);
}
```

但是,在大型程序中,这种处理异常的方式就显得过于粗糙。因为在大型程序中,函数之间有着明确的分工和复杂的调用关系。发现错误的函数往往处在函数调用链的底层,因此简单地在发现错误的函数中处理异常,就没有机会把调用链中的上层函数已完成的一些工作做妥善的善后处理(例如,上层函数已经申请了堆对象,那么释放堆对象的工作显然不能在低层函数中处理），从而使程序不能正常运行。

C++ 处理异常的方式和人类社会处理意外事件的方式一样：在底层发生的问题，需要逐级向上报告，一直报告到有处理该意外能力的那级为止。

在应用程序中，如果某个函数发现了错误，于是就引发一个异常，这个函数就将这个异常向上级调用者传递，希望它的调用者可以捕获这个异常并处理这个错误。如果调用者也不能处理这个错误，就继续向它的上级调用者传递，一直传递到异常被处理为止。如果程序始终没有相应的代码处理这个错误，那么这个异常最后被系统所接受，简单地终止程序运行。异常的传递见图 17-1。

C++ 把处理异常的程序分成了两个部分：try 语句块和若干个 catch 语句块。

图 17-1　异常的传递

```
try
{
    可能出现异常的语句块
}
catch(异常类型声明 1)
{
    异常处理语句块 1
}
catch(异常类型声明 2)
{
    异常处理语句块 2
}
⋮
catch(异常类型声明 n)
{
    异常处理语句块 n
}
```

在 try 语句块中放置的是需要监视的程序段，在这个程序段后，放置了由若干个 catch 语句块组成的异常处理程序段。如果在 try 语句块的程序段中（包括在其中调用的函数）发现了异常，则需要使用 throw 语句抛掷异常，该语句的语法为：

```
throw 表达式;
```

于是程序流程就会跳出 try 语句块，并用 throw 后表达式的类型与 try 语句块后面 catch 语句后的异常类型声明去比较，如果被抛出的异常类型与某个 catch 语句的异常类型相匹配，则运行该异常处理语句块进行异常处理。

例 17-1　处理除数为 0 的异常。

程序：

```
#include<iostream.h>
double Div(double x,double y)
{
    if(y==0)throw x;              //如果除数为零则抛掷一个 int 型异常
    return x/y;
}
void main()
{
    try
    {                             //可能出现异常的程序段
        cout<<"10/8="<<Div(10,8)<<endl;
        cout<<"10/5.4="<<Div(10,5.4)<<endl;
        cout<<"15/0="<<Div(15,0)<<endl;
        cout<<"10.7/5.4="<<Div(10.7,5.4)<<endl;
    }
    catch(double)                 //捕获 double 型异常
    {
        cout<<"Error of dividing zero."<<endl;
    }
    cout<<"that is ok"<<endl;
}
```

运行结果：

```
10/8=1.25
10/5.4=1.85185
Error of dividing zero.
that is ok
```

从运行结果中可以看出，当执行 cout<< "15/0="<< Div(15,0)<< endl;语句时，在函数 Div( )中发生了 double(因为表达式 x 是 double 型的)类型的异常，异常被抛掷后，在 main( )函数中，该异常与异常捕获语句 catch(double)相匹配，于是，程序执行 catch (double)语句块的异常处理程序，输出信息"Error of dividing zero."，然后，程序执行 catch 语句块后的程序，输出"that is ok"。而函数中 cout<< "15/0="<< Div(15,0) << endl语句后的语句未被执行。

如果把 cout<< "15/0="<< Div(15,0)<< endl;语句去掉，程序运行结果为：

```
10/8=1.25
10/5.4=1.85185
10.7/5.4=1.98148
that is ok
```

从结果中可以看到，在函数中未发生异常时，catch 语句块不被执行。

现将 C ++ 的异常处理过程说明如下：

- 如果在 try 监视段执行期间没有发生异常，则 catch 语句块不被执行。
- 如果在 try 监视段执行期间发生了异常，并有异常抛掷，则该异常将沿调用链上传，直至找到与该异常类型相匹配的 catch 语句块来处理异常。异常处理后将执行所有 catch 语句块的程序。
- 如果未找到与该异常类型相匹配的 catch 语句块，则由 C++ 终止程序的运行。

注意，catch(...)语句可以捕获全部异常，因此如果使用这个语句的话，应将它放置在所有 catch 语句块之后。

在 Visual C++ 环境中，使用异常处理机制须打开 Project Settings 对话框，并选择 Enable exception handling 复选项，见图 17-2。

图 17-2　设置 MFC 的异常处理功能

为了增强程序的可读性，C++ 允许在函数的声明中，注明函数可能抛掷的异常类型，其语法为：

返回值类型 函数名(形参列表)throw(异常类型 1,异常类型 2,…)

例如，例 17-1 中的函数的声明可写为：

```
double Div(double x,double y) throw(int);
```

这种做法，叫做异常接口声明。

17.2　异常对象

异常处理的 catch 语句的括号中，除了可以使用数据类型外，还可以在数据类型的后面使用标识符。也就是说，异常处理语句块实质上是一个异常处理函数，括号中的内容实质是函数的形参，而 throw 语句中的表达式相当于实参。这样，就可以利用 throw 语句中的表达式，把异常发生地的某些信息传递给异常处理语句块，以使异常处理语句块对异常进行合理的处理。

throw 中的表达式也叫做异常对象。

例 17-2　抛掷一个类型的异常。

程序：

```
#include<iostream.h>
//定义了一个描述飞机的类
class Aircraft
{
public:
    char * AircraftType;                    //飞机类型
    int passMax;                            //最大乘员数
    int passengers;                         //实际乘员数
public:
    void print()                            //输出异常信息的函数
    {
        cout<<"Aircraft Type is:"<<AircraftType<<endl;
        cout<<" passengers is:"<<passengers <<endl;
    }
};
//记录乘员数目的函数
void fuc(int passengers )
{
    Aircraft A;
    A.AircraftType="Queen";
    A. passMax=100;
    A. passengers=passengers;
    if (A. passengers>A. passMax) throw A; //如果超员则抛掷异常对象 A
}

void main()
{
    try
    {
        fuc(125);
    }
    catch(Aircraft B)                       //捕获 Aircraft 类型异常
    {
        B. print();
    }
}
```

程序运行结果：

```
Aircraft Type is:Queen
passengers is:125
```

17.3 MFC 的异常类

MFC 把 Windows 应用程序中可能遇到的大多数异常对象抽象成了 MFC 异常类。

17.3.1 CException 类

CException 类继承自 CObject，是 MFC 所有其他异常类的基类，并且是一个纯虚类。

CException 类提供了两个公共方法：一个是用来描述异常信息的 GetErrorMessage( )；另一个是可以为用户显示一个包含了错误信息的信息对话框。

17.3.2 CException 类的子类

在 MFC 中，CException 类的子类有很多，其名称及用途见表 17-1。

表 17-1 CException 类的子类

类 名	描 述
CArchiveException	该类对象可以提供串行化异常状态
CDaoException	该类对象用来表示基于 DataAccessObjects 数据库类的异常状态
CDBException	该类对象用来表示 MFC 数据库类的异常状态
CFileException	该类对象用来提供文件输入输出时的异常状态
⋯	⋯

下面以 CArchiveException 类作为例子来介绍 MFC 异常类的应用。

CArchiveException 类继承自 CException 类，当一个串行化工作出现异常时，MFC 的异常机制会产生一个 CArchiveException 类的对象。该对象的成员 m_cause 的值表示了异常的原因。成员 m_cause 的值及异常原因见表 17-2。

表 17-2 CArchiveException∷m_cause 的值

值	异 常 描 述
none	没有错误发生
generic	未指定的错误
readOnly	试图对只读文件进行写操作
endOfFile	读取文件已到达文件尾
writeOnly	试图读一个只写文件
badIndex	非法文件格式
badClass	试图读一个对象到一个错误类型的对象中
badSchema	试图读一个对象，它带有不同的类的版本

例 17-3　判别一个文件串行化异常的原因。

```
void CMyDocument::Serialize(CArchive&ar)
{
    try
    {
        If ( ar.IsLoading( ))
        {
            //load from archive
        }
        else
        {
        //stare the archive
        }
}
catch(CArchiveException * e )
{
    switch ( e->m_cause )
    {
    case CArchiveException::reneric:
        //handle generic exception
        break;
    case CArchiveException::readOnly:
        //handle readOnly exception
        break;
        ⋮
        default:
            throw;
    }
    }
}
```

小　结

- C++ 的异常处理机制使用了 3 个关键字：try、catch 和 throw。catch 代码段是异常处理的程序段，throw 相当于是对 catch 的调用；throw 与 catch 匹配的规则是 throw 抛掷的对象类型必须与 catch 参数的类型一致。
- MFC 支持 C++ 的异常处理机制。
- MFC 提供了程序中的大多数异常类，该类的对象可以作为 throw 抛掷的对象，对象中含有异常的信息。在异常处理程序段中可以利用这些信息对异常进行分析和处理。

练 习 题

17-1 什么叫做异常？为什么要进行异常的处理？

17-2 说明 try 语句块与 catch 语句块的作用，throw 语句应该在程序的什么地方使用？

17-3 C++ 是用什么信息来区分不同的异常的？

17-4 简述异常的处理过程。

17-5 什么叫做异常对象？它起什么作用？

17-6 阅读 MFC 的一个异常类的代码。

第 *18* 章 Visual C++.NET 简介

本世纪初,应网络分布式运算需求,微软公司推出了应用程序开发和运行平台规范.NET。该规范内容广泛,涵盖了诸如.NET 组件格式、编程语言、标准类和工具等多个方面。作为规范的制定者,微软公司自己还向业界提供了一套.NET 的实现,即基于 Windows 平台的.NET Framework。因其有意探索从新的方向发展改造微软公司以前的 COM/Win32/C++/VB/ASP 等诸多技术,故该平台以一个新的理念整合了其原有的 Visual Basic、Visual C++等编程工具,力图使其开发的程序可以跨语言、跨平台使用。

本章主要内容:

- .NET 的概念及其术语。
- CLR 的基本概念。
- Visual C++.NET 及 C++/CLI。

18.1 .NET 及.NET Framework

.NET 与.NET Framework 的关系如图 18-1 所示。

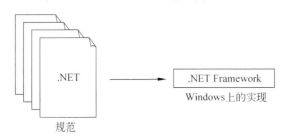

图 18-1 .NET 与.NET Framework 的关系

18.1.1 .NET 的出现

20 世纪 90 年代,互联网的蓬勃发展不仅给计算机业带来了极其广阔的应用前景,同时也提出了一些亟待解决的技术问题,其中之一就是程序的跨平台运行问题。

众所周知,计算机硬件及运行于硬件之上的操作系统是应用程序的运行平台,但经多年发展,现有的这些运行平台,无论硬件还是操作系统,不仅特性不同而且在结构上也存在着较大的差异。于是,其现状就为互联网应用造成了一个致命障碍:在某一个平台上开发的程序只能运行于该平台,尽管它们可能由同一种计算机编程语言编写,即可执行程序具有平台相关性,从而不能在互联网上由不同的平台来运行。于是,解决跨平台问题就成为网络应用初期的一大难题,如图 18-2 所示。

图 18-2　同一个源程序在不同平台上开发的应用程序不能互换的问题

为了攻克这个难题,全世界的各大计算机厂商及研究机构都投入了大量的资金和力量。当然,微软公司也不例外,它借助自己的技术(特别是那个已经研究和应用了一段时间的 COM 技术)、资金、市场优势也加入了这场竞争。

神奇的是,在这个声势浩大的竞争之中,一个名不见经传的小公司率先取得了成果,这就是 Sun 公司。Sun 公司的开发人员认为,之所以程序不能跨平台,就是因为各种平台的差异性导致了平台之间的"不平坦",因此解决这个问题的办法就是想办法把它们"垫平",其方法就是在原有操作系统之上再设计一个对用户具有统一界面的软件层,只要所有的平台都装上这个软件层,那么所有的平台也就被这个软件层"垫平"了。也就是说,有了这个软件层之后,在这个新软件层上设计的应用程序就能在这个软件层上畅行无阻,从而也就跨平台了,其核心思想如图 18-3 所示。

图 18-3　实现跨平台的思想

那么用什么做这个软件层呢? Sun 公司在自己搁置了几年的一个项目中找到了解决办法,这就是那个当年用来对 Oak 语言(Java 的前身)做仿真试验的虚拟机。Sun 公司早年间曾为某个嵌入式项目设计了一种新语言 Oak,这种语言需要运行在一种尚未开发的处理器上,因此为了对这种新语言进行实验,Sun 公司用软件实现了这种尚未开发的处理器并称之为虚拟机,但新语言设计成功后并没有出售出去,于是这个项目也就不了了之了。当网络需要一种跨平台解决方案时,Sun 公司想到了这个虚拟机和 Oak 语言,因这个虚拟机不仅相当小,而且稍加改造制作成各种可以“垫平”操作系统的软件层,从而可以在这个层面上运行 Oak 语言程序,进而使“虚拟机＋Oak 语言”成为解决跨平台问题的方案。当初“虚拟机＋Oak 语言”的实验系统结构如图 18-4 所示。

图 18-4　Oak 程序仿真实验系统原理示意图

由于虚拟机非常之小,特别适合在网络上传输,如果将之通过网络传输并下载、安装到需要运行 Oak 程序的本地计算机上,那么就可以实现 Oak 语言应用程序的跨平台运行了。看到商机之后,Sun 就在快速修改了 Oak 之后,将其更名为 Java 向业界推出了这套包括虚拟机和可以随同网页一起在网络上传输的 Applet(小程序)在内的 Java 技术。此项技术一经推出,立即就获得了广泛的响应和支持,其声势巨大,时称“Java 旋风”。Java 技术的总貌如图 18-5 所示。

18.1.2　.NET 概览

在 Java 在网络应用上大发展时,拥有强大技术优势的微软公司很快便发现了 Java 的弱点:Java 只可以跨平台,但不能跨语言应用。这就是说,很多在 Java 出现之前所设计的软件产品将不能借助于 Java 虚拟机在网络上应用,受影响最大的当然就是当时已拥有大量的前期软件产品及客户的微软公司。于是,微软公司便致力于一个新型运行平台的开发,力图使之既可以跨平台也可以跨语言。其实,对于微软公司来说,Java 技术的崛起不能不说是一件令其扼腕之事,因为它早在其 COM 技术中就已经在相当程度上解决了程序的跨语言应用问题,只是互联网应用发展太快,使得微软公司因偶然而错过了解决

图 18-5　Java 技术

跨平台问题的先机，从而使它落在了 Sun 公司的后面。为了迎头赶上，微软公司把跨语言的 COM 和跨平台的相应研究进行了整合，相继在 2000 年 6 月宣布它正在开发一项包含一种名为 C♯的新编程语言的新技术，并在不久之后的 2002 年正式发布了该项目的第一个可用版本，名称为.NET。

微软公司用以实现跨平台和跨语言的思想如图 18-6 所示。

图 18-6　实现跨平台和跨语言的思想

将.NET 方案和 Java 粗略比较一下就会知道，微软公司的解决方案多了一个中间语言（MSIL）层。

1. 中间语言 MSIL

如何跨语言应用？别无他法，最直接的办法就是创建一个统一语言。那么原有的各种语言怎么办？也别无他法，只能为它们配置专门的编译器，从而利用这些专门的编译器将各种不同语言源程序编译成统一语言的中间程序。如果把虚拟机看作是统一语言程序与本地平台的接口，那么编译器就是不同语言与统一语言之间的接口。也就是说，可以在系统中使用两个接口来实现跨语言和跨平台。

为此,微软公司采取了两项措施:一是发展了一种叫做 MSIL 的中间语言;二是提出了一个叫做 CLS(Common Language Specification,公共语言规范)的编译器规范。其中的 MSIL 也叫做 IL(Intermediate Language),它是一种为虚拟机配套的汇编语言。

有了上述两项技术的支持,那些使用各种不同编程语言的应用程序也就可以通过中间语言进行所谓的跨语言应用了。

2. 公共类型(Common Type System,CTS)库

其实,在二进制层面上,语言的统一还只能部分解决跨语言问题,因为不同程序设计语言的差异不仅表现在语句的表达上,而且还表现在数据的内存布局上。即不同语言的同一类型数据所占用内存的大小和布局均有所区别。例如,C 语言中的字符串是一个以 ASCII 码字符 NULL(在程序中通常用'\0'表示)为结尾的字符数组;而在 Pascal 语言中,数组中的第一个字节就包含了字符串的长度,从而也就没有必要需要一个类似的'\0'结束标志。所以,.NET 除了需要统一语言之外,还需要对数据类型进行统一。为此,.NET 提供了一套统一的数据类型,并把这套数据类型的集合叫做公共类型库,即 CTS。也就是说,编译器除了必须把应用程序转换成中间语言之外,还要将程序中所有不符合 CTS 的数据类型,都转换成统一的类型。

3. 基础类库 BCL

作为一个程序开发平台,.NET 必须为用户提供一个用于程序设计的 API。即需要提供一组基础类,从而使用户可以用这些类为基类来派生自己的类,这组基础类就叫做 BCL。BCL 类似于前面讲过的 MFC,只不过 MFC 是基于 C++ 的,而 BCL 是基于 MSIL 的。

4. 公共语言运行时(Common Language Runtime,CLR)

.NET 用来"垫平"各种不同平台的软件层叫做公共语言运行时(Common Language Runtime,CLR),是.NET 框架应用程序的执行引擎,它为应用程序提供了许多基础服务,其中包括代码管理(装入和执行)、类型安全性验证、元数据(高级类型信息)访问、为管理对象管理内存、管理代码,COM 对象和预生成的 DLLs(非管理代码和数据)的交互操作性,对开发人员服务的支持,等等。其中的即时编译器负责将中间语言的 MSIL 代码编译为二进制机器语言代码,然后由该软件层中的虚拟处理器来运行它,所以从应用程序角度来看,这个 CLR 相当于一个带有操作系统的虚拟机。

.NET 规范和.NET Framework 之间的关系及其层次结构如图 18-7 所示。

图 18-7　.NET 和.NET Framework 的组成及其层次

18.1.3　开发语言和开发工具

作为第一套的.NET 开发和运行平台，微软公司为用户提供了多种开发语言和开发工具。

1. 开发语言

在微软公司的.NET 实现中，微软公司不仅提供了包含 CLR 在内的.NET Framework，还为用户提供了一组可扩展的开发语言，例如 C♯、Visual Basic.NET、Visual C++.NET、Visual J♯ 等。其中的 C♯ 是专门为.NET 而开发的一种新型程序设计语言，它是一种总结了 C++ 及 Java 的成功和失败经验之后，由微软公司开发的一种新型语言。

2. 开发工具

与其他程序开发平台一样，.NET 为用户提供的最基本程序开发工具是.NET Framework SDK。另外，微软公司按照它的一贯风格还为用户提供了可视化的.NET 集成开发环境 Microsoft Visual Studio。如果用户安装了 Microsoft Visual Studio，可以在其"新建项目"选项卡上看到它所提供的一组开发语言，如图 18-8 所示。

图 18-8　Microsoft Visual Studio 2010 所支持的编程语言

18.1.4　托管和非托管代码

1. 托管的概念

其实，把 CLR 称作"虚拟机"并不太严谨。因为从功能上来看，它更接近于一个操作系统，它对运行在它上面的程序负有文件加载、内存管理、代码安全、线程控制等一系列管理责任，它实质上是个应用程序管理者。

也就是说，如果用户在一个已经安装了操作系统的计算机中安装了.NET，那么在该系统中就会有两个应用程序的管理者：本地系统和 CLR。于是，运行在本地系统之上的应用程序就叫做"本地代码"，而需要运行在 CLR 之上的代码因之受 CLR 管理而叫做"托管代码"。意思是说，这种托管代码的管理任务由本地系统委托给 CLR 来完成了。当然，托管代码一定得符合 CLS 规范，而那些不符合该规范的就一定是非托管代码，而 CLR 这个软件层也就被叫做了"托管环境"，如图 18-9 所示。

2. Windows 的 PE 文件

在 Windows 中，凡是可执行文件（dll 和 exe）都是 PE 文件。PE 的意思就是 Portable Executable（可移植执行体），这是任何 Win32 平台 PE 装载器都能识别的可执行文件格式。

在 .NET 出现以前，Windows 的 PE 文件结构如图 18-10 所示。

图 18-9　Windows 中的托管代码和非托管代码　　　　图 18-10　PE 文件结构

所有 PE 文件均以一个简单的 DOS MZ header 开始。一旦程序在 DOS 下执行，DOS 就能识别出这是有效的执行体，然后运行紧随 MZ header 之后的 DOS stub。

DOS stub 实际上是个由汇编器/编译器自动生成的可执行程序段，在不支持 PE 文件格式的操作系统中，它将简单地显示一个错误提示（类似于字符串 "This program requires Windows"）。

紧接着 DOS stub 的是 PE header，其中包含了许多 PE 装载器用到的重要域。

PE 文件的真正内容都被存放在称之为 sections（节）的区段中。

当在支持 PE 文件结构的操作系统中打开一个 PE 文件时，系统的 PE 装载器将在 DOS MZ header 里查找 PE header 的偏移量。如果找到，则跳转到 PE header。PE 装载器检查 PE header 的有效性。如果有效，就跳转到 PE header 的尾部。随后，便由 PE 装载器读取文件中的节信息，并将这些节映射到内存。

自从开发 .NET 以后，微软公司便有了用 .NET 来取代 Windows 的意图，但为了不改变老用户的使用习惯，所以凡是可运行在 .NET 上的托管代码仍然是 PE 格式文件，而且其扩展名仍为 .dll 和 .exe。但为了系统能够识别一个文件是否为托管代码文件，微软公司在传统的 PE 文件中加入了一个 CLR 头，并在其中记录了执行该文件所要求的 CLR 版本、标志以及托管模块入口方法（Main 方法）等信息。所以读者一定要清楚：托管代码与非托管代码的可执行文件虽然都是 PE 文件，但它们并不相同。也就是说，在 Windows 中，普通的 exe 和 dll 不能在 .NET 上运行，反之亦然。

3. 托管环境的功能

那么运行在托管环境中的代码究竟会享受到什么特殊待遇呢？大体上来说，托管环境为托管代码提供了 3 项服务：代码安全检查、类型安全和垃圾自动收集。

由于.NET 经常要运行从网络上下载的程序代码，因此为了防止恶意代码的入侵，CLR 的一个重要工作就是要对下载的代码进行严格的安全性检查。

.NET 的另一个很重要的特性就是类型安全。一方面，编译器在对程序进行编译时会严格检查所有对象的类型，这样就会避免在运行时出现类型不匹配的错误，从而保证不会出现错误的类型转换和非法的越界操作。

另外，为了防止用户因错误的销毁对象而使系统崩溃，CLR 设置了一个自动垃圾收集器（Garbage Collector，GC）。当收集器的一个回收周期到来时，它会对系统中的所有对象进行检查，如果发现某些对象已不再被应用程序所使用，垃圾收集器会立即销毁这些对象以释放它们所占用的内存。

总之，如果把本地系统看作自己家的话，那么托管环境就类似于托儿所，从配备的设施和提供的服务上来看，托儿所对儿童的照顾就比家里更为全面和安全。

18.2   Visual C++ 与 .NET

在发展.NET 时，微软公司并没有忘记他们的老功臣 Visual C++ 6.0，仍然把它所能制作的工程项目含在了.NET 开发工具的 Visual Studio 之中。当然，面对新任务新形势，微软公司对 Visual C++ 做了如下 3 方面的工作：

- 首先对原来的 C++ 编译器进行了大规模的改进，从而使之所支持的 C++ 语言更符合现今的标准。
- 将 Visual C++ 6.0 中包括 MFC 在内的所有 C++ 项目，以非托管应用程序项目保留在了.NET 之中。
- 为使 C++ 和 MFC 真正融合于.NET，微软公司发展了 C++/CLI 语言，从而可以使用户设计托管 C++ 程序（即开发环境中所指的 CLR 项目）。

以上所有项目合起来叫做 Visual C++ .NET。

18.2.1   符合标准的 C++

由于 C++ 标准的出现比较晚，从而致使微软公司的 Visual C++ 6.0 中的 C++ 有相当一部分不符合现今的 C++ 标准，据说 Visual C++ 6.0 对 C++ 标准(std)的支持只能达到 86%，从而在符合标准的 C++ 中运行程序时经常出现一些错误，例如在 Visual C++ 6.0 中就不能运行如下程序片段：

```
for (int i =0; i !=n; ++i)
//....
for (int i =0; i !=n; ++i)
```

因为 Visual C++ 6.0 认为这是对 i 定义两次，属于变量的重复定义，但却是完全符合 C++ 标准的,其中每一个 i 都有自己的作用域,第一个 i 的作用域是第一个 for 的{}内,第二个则是第二个 for{}内。

鉴于诸多与上述类似有关标准的问题,微软公司在发展.NET 并在其中包括 C++ 及 MFC 时,就一直在对其 C++ 编译器进行改造,目前声称其最新版本 Visual Studio 2010 不仅对 C++ 新标准 C++0x 实现了全面支持而且还兼容 Visual C++ 6.0,Visual Studio 2008/2005/2003 开发的程序。

1. 主函数类型

C++ 标准对 Visual C++ 6.0 的一个比较重要改变应该是主函数 main() 的形式。在 Visual C++ 6.0 中,主函数的返回值类型为 void,即:void main()。而在标准 C++ 中,主函数的返回值类型为 int,即 int main(){... return 0;}或 int main(int argc, char * argv[])。

2. 头文件名称

另外,C++ 标准规定所有(标准库)的头文件统一去掉后缀.h,从 C 语言中继承来的头文件除了没有后缀.h 之外,还要在文件名之前加上前缀 c。即原来的

```
#include <iostream.h>
#include <math.h>
```

等都是错误的,符合 C++ 标准的写法应该为:

```
#include <iostream>//C++原有的头文件
#include <cmath>//从 C 继承来的头文件
```

3. 名字空间 namespace

由于软件规模的持续增加,其中的各种名称符号数目也越来越大,按照传统的一维方式对程序实体进行命名已经很难解决名称的唯一性问题。因此,有必要像地名那样进行分区命名。例如,北京地区的八里庄有"海淀::八里庄"、"朝阳::八里庄"、"丰台::八里庄",这种方法很好地解决了命名的冲突性问题。从命名方法学的角度看,这里的海淀、朝阳、丰台等上级地名就是所谓的名字空间。

从代码上来看,命名空间就是在程序中使用关键字 namespace 来命名的一个有名区域,如下所示:

```
namespace 命名空间名
{
    定义数据变量
    定义函数
    定义类
    ...
}
```

在该区域中定义的所有实体名称,只要在本区域中为唯一,那么其以命名空间名加实体名称组成全限定名在全局上便是唯一的。当然,其前提是名字空间名在全局唯一。例如:

```
namespace A
{
    int x;
    void func(){…}
}
namespace B
{
    int x;
    void func(){…}
}
```

于是，在程序

```
int main()
{
    A::x=100;
    A::func(){…}
    B::x=200;
    B::func(){…}
    …
}
```

中，A::x 与 B::x，A::func() 与 B::func() 都是不同的名称。

一个命名空间是一个逻辑意义上的分区，并不受物理文件的限制。与命名地名的方法相同，允许命名空间嵌套，例如：

```
namespace 空间名 1
{
    定义数据变量
    定义函数
    定义类
    …
    namespace 空间名 2
    {
        定义数据变量
        定义函数
        定义类
        …
    }
}
```

如果一个类被定义在一个这样的语句块中，那么这个类的全限定名称就为：

```
名字空间名 1::名字空间名 2::类名
```

从上面的介绍中可知，当一个名称处在一个多层嵌套命名空间的较深位置时，其全限定名会很长，所以事先在程序的合适位置用 using 关键字事先指出被引用名称的名字空间是一个解决问题的方法。即如果有名称 temp 定义于名字空间 sdm：

```
namespace sdm {
    int temp;
       ...
}
```

那么在一个文件中可以用三种用法引用该名称：

- 直接使用全限定名 sdm::temp，例如：

```
cout <<sdm::temp <<endl;
```

- 在引用名称 temp 之前的某个位置写入语句："using namespace sdm；"标注该名称所在的名字空间，然后再使用变量 temp。代码段如下：

```
...
using   namespace   sdm;
...
temp=9;
...
```

- 在引用名称 temp 之前的某个位置写入语句"using sdm::temp；"明确指定使用 temp。

在实际编程时，前两个方法用得较多。

例 18-1　因 C++ 的运算符 cout 和 endl 定义于名字空间 std，故程序中对这两个名称的用法通常与本例用法相同。

```
#include<iostream>
int main()
{
    std::cout<<"Hello World"<<std::endl;
    std::system("pause");
    return 0;
}
```

或

```
#include<iostream>
using   namespace std;
int main()
{
    cout<<"Hello World"<<endl;
    system("pause");
    return 0;
}
```

4. 字符串

现在，在 Windows NT/2000/XP 中采用了 Unicode 字符，为双字节编码，所以在

MFC 编程中,通常需要使用双字节的字符类型 wchar_t 和对应的字符串及其指针类型
LPCWSTR 和 LPCTSTR,并在常字符串前添加了 L 转换符,串长计算函数不能用 strlen
而改用 wcslen,串格式打印函数也不能用 sprintf,而是改用 swprintf(字符和串格式符也
从%c 和%s 改为%lc 和%ls)。

wchar_t 类型,在标准 C++ 中为内置的数据类型和关键字;在 C99 标准中则为
typedef 类型,其等价的数据类型与具体的实现有关,在 Win32 和 Visual C++ 中定义为:

```
typedef  unsigned short  wchar_t;
```

下面是若干常用的宽字符函数(包含在 ISO C99 / ISO C++ 的标准库中):

```
#include <wchar.h>
size_t wcslen(const wchar_t * s);
int wprintf(const wchar_t * format, ...);
int wscanf(const wchar_t * format, ...);
int swprintf(wchar_t * s, size_t n, const wchar_t * format, ...);
int swscanf(const wchar_t * s, const wchar_t * format, ...);
long int wcstol(const wchar_t * nptr, wchar_t ** endptr, int base);
float wcstof(const wchar_t * nptr, wchar_t ** endptr);
double wcstod(const wchar_t * nptr, wchar_t ** endptr);

#include <stdlib.h>
errno_t _itow_s( int value, wchar_t * buffer, size_t sizeInCharacters, int radix );
errno_t _ultow_s( unsigned long value, wchar_t * str, size_t sizeOfstr, int radix );
size_t mbstowcs( wchar_t * wcstr, const char * mbstr, size_t count );
size_t wcstombs( char * mbstr, const wchar_t * wcstr, size_t count );
```

可以利用 L 运算符和若干函数在普通字符串和宽字符串之间进行相互转换。对于
普通字符(char)向宽字符(wchar_t)的转换可以使用"L"。例如:

```
wchar_t * wstr =L"A string to a wide character string.";
CString str =L"A string to a wide character string.";
MessageBox(L"创建位图出错!", L"错误");
```

也可以利用 CString 类的 AllocSysString()函数来将普通字符串转换成宽字符串,具体方
法如下:

```
BSTR AllocSysString() const;
```

其中 BSTR 相当于 wchar_t * 的 typedef 类型。例如:

```
CString str("A string to a wide character string.");
wchar_t * wstr =str.AllocSysString();
MessageBox(wstr);
```

除了上述两种方法之外,还可以用<stdlib.h>中定义的多字节字符串到宽字符串的
C 语言转换函数 mbstowcs()等方法实现字符的转换工作,限于篇幅,不再赘述。

18.2.2　.NET 中开发 MFC 程序

在 Visual Studio 2010 中开发非托管的 MFC 程序的方法与 Visual C++ 6.0 之间没什么区别,只不过 Visual Studio 2010 中使用的字符是 Unicode 字符,当然,用户也可以通过项目设置不使用该字符标准。下面以一个实例展示之。

例 18-2　在 Visual Studio 2010 中开发一个 MFC 程序,在程序运行后,用户单击窗口用户区之后会弹出一个对话框,其上显示字符串""。

解:(1) 创建 MFC 工程(如图 18-11 所示)

启动 Visual Studio 2010 之后,在其文件菜单中选择创建命令,在随后打开的"新建项目"对话框的右侧"已安装模板"中展开"Visual C++"选项并在其中选择"MFC"。接下来在下面的名称栏中添加工程名(本例为"exp18-2"),其余默认,单击"确定"按钮。

图 18-11　创建 MFC 工程

随后系统进入"MFC 应用程序向导"的第一页,在此页中单击"下一步"按钮,在随后打开的向导页中选择"单文档"界面,不使用"Unicode",项目类型选为"Visual Studio",如图 18-12 所示。然后单击"完成"按钮结束项目设置,进入程序创建进程。

(2) 添加消息处理函数

当程序创建成功后,如图 18-13 所示,在界面右侧的窗口中的"类视图"选项卡上选中视图类,然后在右边的窗口中的消息窗口中选中 WM_LBUTTONDWON 以向视图类添加消息处理函数,最后在消息处理函数中添加如下代码:

```
// CUseMessageView 消息处理程序
void CUseMessageView::OnLButtonDown(UINT nFlags, CPoint point)
{
    // TODO: 在此添加消息处理程序代码
    MessageBox("鼠标左键被按下!","消息响应");
    CView::OnLButtonDown(nFlags, point);
}
```

图 18-12　程序设置

图 18-13　添加消息处理函数

（3）运行结果

按 Ctrl＋F5 组合键运行后结果如图 18-14 所示。

可见，除了界面风格发生了变化，其余与传统 MFC 区别不大。如果在项目设置中把项目类型选为"MFC 标准"，项目运行后就会发现，程序界面与传统的 MFC 风格完全相同，并且程序的生成速度也会比其他项目类型快得多。

图 18-14　Visual Studio 类型 MFC 项目运行结果

18.2.3　C++ /CLI 的出现

微软公司认为,既然把 C++ 作为了.NET 所支持的主要语言之一,那么就应该让它也享有 CLR 的服务,从而使之也可以编写托管代码。

为了达到上述目的,最初微软公司只是在 C++ 原有的基础上进行了扩展,但随着时日的推进发现这种做法并不是最终解决方案,故于 2000 年与惠普、英特尔等公司联合向欧洲计算机制造商协会(EMCA)倡议实行一种新语言 C++ /CLI。2003 年 ECMA 技术委员会为其建立了语言标准、类库和运行环境标准,从而使 C++ /CLI 完全不同于之前的托管 C++ 扩展,而是一个完全独立的语言规范。

此后不久,微软公司便在 Visual Studio 2005 上实现了实用的 C++ /CLI,从此在 C++方面人们可以在 Windows 之上开发运行有非托管 C++ 、MFC、托管的 C++ /CLI 等项目,这些项目与操作系统、CLR 之间的关系如图 18-15 所示。

图 18-15　非托管 C++ 、MFC、C++ /CLI 与运行平台之间的关系

18.3　C++ /CLI 语言简介

C++ /CLI 虽然仍是一种面向过程和面向对象的混合语言,但总体的发展思想还是尽力向.NET 的主力语言 C♯靠拢,因此除了主函数没有封装在类中之外,其他方面与 C♯

极为相似。从语言的形式上看，C++ /CLI 及 C♯ 的特点就是增加了一些新数据类型。鉴于本书宗旨，这里仅对 C++ /CLI 做简单介绍。

18.3.1 C++ /CLI 的控制台输出和输入

1. 控制台输出

C++ /CLI 具有类似 C 语言的控制台格式化输出功能，例如可用下面的代码来输出字符串与变量混合文本。

```
Console::WriteLine(L"There are {0} fruit.", fruit);
```

Console：WriteLine() 的第一个参数（即格式串）是 L"There are {0} fruit."，其中 {0} 为格式化占位符，表示在此处插入参数列表中第二个参数（即 fruit 的值），如果有更多需要插入的参数，则该参数对应的占位符编号继续增加：{1}、{2}、{3}…在第一个字符串参数中，编号的顺序可以颠倒，如：

```
Console::WriteLine(L"There are {1} packages weighting {0} pounds",
        packageWeight, packageCount);
```

格式化占位符还可以控制显示的格式，如 {1：F2} 表示第 2 个参数显示成有 2 位小数的浮点数，冒号后的为格式规范。例如：

```
Console::WriteLine(L"There are {0} packages weighting {1:F2} pounds ",
        packageCount, packageWeight);
```

的输出为：

```
There are 25 packages weighting 7.50 pounds.
```

可选的格式说明符如表 18-1 所示。

表 18-1　输出格式说明符

格式说明符	说　　明
C 或 c	把值作为货币量输出
D 或 d	把整数作为十进制值输出。如果指定的精度大于位数，则在数值的坐标填充 0
E 或 e	按照科学技术法输出浮点值
F 或 f	把浮点数作为 ±＃＃＃＃.＃＃ 的定点数输出
G 或 g	以最紧凑的形式输出，取决于是否指定了精度值，如果没有则适用默认精度
N 或 n	把值作为定点十进制值输出，必要时以 3 位一组用逗号分隔
X 或 x	把整数作为十六进制值输出。根据 X 或 x，以大写或小写输出

2. 控制台输入

. NET Framework 的控制台键盘输入功能有限，可以适用 Console：ReadLine() 函数把整行输入作为字符串读取，或者使用 Console：Read() 读取单个字符，还可以适用

Console::ReadKey()读取按键。

ReadLine()用于将整行文本存入字符串中,按下 Enter 键时,文本结束。变量 line 为 String^型,表示 String 数据类型的引用,line 为 Console::ReadLine()函数读入字符串的引用。例如:

```
String^ line =Console::ReadLine();
```

Read()用于逐字符的读入输入数据,并将其转换成对应的数字值。例如:

```
char ch =Console::Read();
```

ReadKey()用于读取按键值,并返回 ConsoleKeyInfo 对象,该为对象定义在 System 命名空间中的值类型。参数 true 表示按键不在命令行上显示出来,false 则表示显示按键回显。

18.3.2　类的引用类型和值类型

1. 引用类型

由于希望 C++/CLI 能像 C♯ 一样是一种动态语言,故允许用户声明一种引用类,这种类的对象将被运算符"gcnew"动态定义于托管堆并接受 CLR 垃圾回收机制的管理。为了区别于 C++ 普通类,人们将这种类叫做引用类。C++/CLI 中,声明引用类的语法格式为:

```
ref class 类名
{
    …
};
```

例如一个时钟类定义:

```
ref class Clock
{
    public:
        void SetTime(int nNewHour,int nNewMinute,int nNewSecond);
        void ShowTime();
    private:
        int nNewHour,int nNewMinute,int nNewSecond;
};
```

其中,关键字 class 前的 ref 是声明引用类关键字。

在声明了一个引用类之后,用户可以在需要的地方使用运算符"gcnew"创建该类对象引用,例如创建上述时钟类对象引用的语句如下:

```
Clock^ rc=gcnew Clock;                    //定义了 Clock 的一个引用 rc
```

创建成功之后,标识符 rc 就指向了一个被分配在托管堆上的 Clock 对象,其生存周期由垃圾回收机制管理并在程序不再需要该引用时自动将其销毁回收其所占用的内存空间。

2．类的值类型

与引用类型相对应的是值类型，它类似于 C++ 的普通类型。值类型和引用类型一样，可以包含成员变量以及成员函数，但值类型实例不被分配于托管堆，并且调用者可以直接通过实例访问其包含的值。定义值类型的语法格式为：

```
value class 类名

{
    …
};
```

或

```
value struct 结构名

{
    …
};
```

例如一个描述了一个点的值类型的定义：

```
value struct Point

{
    public:
        Point(int nX,int nY)
        {
            m_nX=nX;
            m_nY=nY;
        }
    pravate:
        m_nX;
        m_nY;
};
```

其中，value 是值类型关键字。

18.3.3 接口

从语法形式上看，接口也是一种类，只不过它是对行为的抽象。接口是人们在应用过程中对那些只含有纯虚函数的 C++ 抽象类重新认识的产物，因这种抽象类不含有数据成员而不能代表任何事物，所以不应将其称作类，但其中的函数原型表示了行为的抽象，故应称为接口。

在 C++/CLI 中以前面带有修饰字 inteface 的关键字 class 来声明一个接口，并且习惯上接口名称以大写英文字符"I"开头。其语法格式如下：

```
interface class 名称

{
```

一组方法原型

```
};
```

接口定义了一组方法原型,是对象行为的抽象,这些方法原型的实现需要由类来完成,这种类叫做接口的实现类。例如:

```
#include "stdafx.h"
using namespace System;
//接口 IContral 的声明-----------------------------------
interface class IControl
{
    void Paint();
};
//接口 IDataBound 的声明---------------------------------
interface class IDataBound
{
    void Bind();
};
//IContral 和 IDataBound 的实现--------------------------
public ref class EditBox:IControl,IDataBound
{
public:
    virtual void Paint(){
        Console::WriteLine(L"runing Pait()");
    }
    virtual void Bind()
    {
        Console::WriteLine(L"runing Bind()");
    }
};
//主函数--------------------------------------------------
int main(array<System::String ^>^args)
{
    EditBox^ editBox1=gcnew EditBox;
    editBox1->Paint();
    editBox1->Bind();
    Console::WriteLine(L"Hello World");
    return 0;
}
```

其中,IControl 和 IDataBound 为接口,EditBox 为实现类。可见,接口与实现类之间的语法形式与 C++ 的多继承极为类似,但要注意,这不是多继承,C++/CLI 已彻底摒弃了多继承这个容易引起混乱的概念。

18.3.4 抽象类和封闭类

1. 抽象类

在 C++/CLI 中，仍然允许用户使用抽象类，但在声明时需要在类名之后使用修饰字 abstract，如下面代码所示：

```
//声明 B 为抽象类
ref class B abstract
{
    void f();
};
```

如果一个类被声明为抽象类，那么就意味着该类中含有尚未被实现的方法而不能实例化，因此抽象类只能作为派生类的父类。

如果抽象类的派生类实现了父类中的所有方法，那么该派生类就可以被实例化。例如如下代码：

```
//声明了 B 的派生类 D 且实现了 B 中的函数
ref class D:B{};
//抽象类和其派生类在程序中的应用
int main()
{
    B b;//错误,因为 B 是一个抽象类
    D d;//正确
}
```

2. 封闭类

如果在声明类的时候，其类名后使用的修饰字为 sealed，则该类就是一个封闭类。封闭类不能派生任何子类。

声明一个封闭类的语法格式为：

```
ref class 类名 sealed
{
};
```

其中 sealed 为声明封闭类修饰字。

如果一个类被定义成为一个封闭类，则它不能派生子类，如下面代码所示：

```
ref class B sealed
{
};
ref class D:B//错误,不能派生出子类
{};
```

18.3.5 属性

属性是一种很奇怪的数据类型，从代码的形式上看是对特殊类成员函数的封装，即封

装在属性中的都是专用于访问类成员变量的函数,因此属性是类成员变量与外部世界的接口。下面以 Point 类为例说明属性及其用法。

例 18-3　定义一个 Point 类,要求:

(1) 类中定义两个属性 X 和 Y 分别来表示点在平面上的横坐标和纵坐标。

(2) 定义一个移动点坐标的函数 Move()。

(3) 定义一个使用偏移量移动点坐标的函数 Translate()。

(4) 编制一个程序测试之。

解:(1) 创建 CLR 工程

按图 18-16 所示创建一个 CLR 控制台程序,并命名为 exp18_3。

图 18-16　创建 CLR 控制台应用程序

(2) 编写程序代码

确定工程创建成功后,在编辑器中输入如下代码:

```
#include "stdafx.h"
using namespace System;
//声明类 Point------------------------------------------------------------
public value class Point
{
public:
    property int X                       //属性 X,用来对成员变量 m_nXor 进行读写
    {
        int get(){return m_nXor;}
        void set(int value){m_nXor=value;}
    }
    property int Y                       //属性 Y,用来对成员变量 m_nYor 进行读写
```

```
        {
                int get(){return m_nYor;}
                void set(int value){m_nYor=value;}
        }
        Point(int x,int y)                 //构造函数
        {
                Move(x,y);
        }
        void Move(int x,int y)             //移动点位置的函数
        {
                X=x;
                Y=y;
        }
        void Translate(int x,int y)        //以增量方式移动点位置的函数
        {
                X+=x;
                Y+=y;
        }
private:
    int m_nXor;                            //点在横轴上的坐标值
    nt m_nYor;                             //点在纵轴上的坐标值
};
//主函数---------------------------------------------------------------
int main(array<System::String ^>^args)
{
    Point^ point1=gcnew Point(10,20);
    Console::WriteLine(L"The point value is X={0} and Y={1}",
            point1->X,point1->Y);
    point1->Move(50,50);
    Console::WriteLine(L"The point value is X={0} and Y={1}",
            point1->X,point1->Y);
    point1->Translate(10,10);
    Console::WriteLine(L"The point value is X={0} and Y={1}",
            point1->X,point1->Y);
    return 0;
}
```

（3）链接器设置

为在程序运行后能将控制台显示窗口停住而不一闪而过，需使用【项目】|【属性】在如图 18-17 所示的属性设置窗口中选择【系统】|【子系统】|【控制台】，然后单击"确定"按钮确定选择。

（4）运行

按 Ctrl＋F5 组合键运行，结果如图 18-18 所示。

从上面 Point 类中的属性 X 和 Y 的定义和使用中可以看到，属性实质上是对 Point

图 18-17   设置编译器子系统

图 18-18   程序运行结果

类中两个私有数据成员 m_nXor 和 m_nYor 的封装,即把它们分别封装成了 X 和 Y,而它们在类中的联系由属性中的两个具有固定语法格式的函数 set()和 get()来联系。因此,从性质上来看,属性为数据,但从语法形式上来看,属性又是函数,所以在 C++/CLI 中,属性可以声明在接口中。

    C++/CLI 的属性分为两种类型,一种是标量属性(scalar property),另一种是索引属性(indexed property)。上面的 Point 中的 X 和 Y 便属于标量属性,外部访问它们的方法如同访问成员变量,而索引属性则实质上是一种可以通过下标来访问类成员变量的属性,关于索引属性的一些概念请读者自行参阅相关资料。

18.3.6 委托

C/C++之所以能雄霸IT业,指针这个数据类型居功至伟,但指针也在软件中为祸甚烈,其原因就在于程序设计者必须随时关注指针并使之不被误操作,否则便会使软件崩溃。因此现代程序设计语言都把指针进行了相应类封装,从而避免了裸指针所带来的问题。委托也叫代理或代表。

为了用户的方便,C++/CLI提供了委托类的类模板。于是用户可以通过如下两步定义委托引用:

- 通过委托类模板声明委托类。
- 定义委托类的引用对象。

在声明委托类时,要按照语法格式声明委托类名,委托所代表的函数类型及参数类型,声明委托类的语法格式为:

delegate 绑定函数类型 委托类名(绑定函数参数类型列表);

在委托声明语句中,delegate为声明委托类的关键字,委托类名由用户自行定义,绑定函数类型和绑定函数参数类型列表则为委托对待绑定函数原型中除了函数名之外的要求。即将来在应用程序中,委托类的对象引用只能代表符合的函数(即声明中的函数类型和参数类型要求)。

创建一个委托对象引用并同时为其绑定一个函数的语法格式如下:

委托类名 委托对象引用名=gcnew 委托类名(绑定函数名);

委托类用一个数组成员存放指向绑定函数的函数"指针",因此一个委托对象引用可以代表多个符合要求的函数。应用程序可以使用委托类中重载的运算符"+="和"-="向委托中的数组增加或减少绑定函数。

当程序中需要调用委托所代表的函数时,只需使用委托对象名并像调用一个函数那样在后面的括号中赋予参数即可,其语法格式为:

委托对象引用名(参数);

如果调用的是一个代表了多个函数的委托对象,那么系统会将其所代表的所有函数从头至尾遍历一遍。

下面以一个例子来说明委托的用法。

```
#include "stdafx.h"
using namespace System;
//定义委托类型
delegate void MyFunction(int value);
//声明结构 A
public ref struct A{
    static void F(int i){Console::WriteLine("F:{0}",i);}
};
//声明结构 B
```

```
public ref struct B{
    void G(int i){Console::WriteLine("G:{0}",i);}
};
//主函数
int main(){
    MyFunction^ d;                          //创建委托对象引用
    d=gcnew MyFunction(&A::F);              //绑定 A::F 静态函数
    d(10);
    B^ b=gcnew B;
    d+=gcnew MyFunction(b,&B::G);           //向委托添加对象 b 的函数 B::G
    d(20);
    d+=gcnew MyFunction(&A::F);             //向委托添加 A::F
    d(30);
    d-=gcnew MyFunction(b,&B::G);           //从委托中移除对象 b 的 B::G 函数
    d(40);
    return 0;
}
```

输出结果如图 18-19 所示。

图 18-19　程序运行结果

18.3.7　事件

通过前面的 MFC 学习已经知道，事件是某个对象在程序运行时所发生，且为对象自身或某些其他对象所关心的一件事情，通常得知事件发生之后，关心该事件的对象要根据事件信息做一些预设的工作。所以，事件是两个对象之间的一个单向信息沟通，或者说事件是一个对象向另一个或一群对象所发布的一个通知。

事件活动中有事件源和接收者两种角色，MFC 为处理事件，在两种角色中建立了如图 18-20 所示的机制。

图 18-20　MFC 的事件处理机制

可见，MFC 对于事件处理采用的是一种以事件源为主的机制，即凡是对事件关心的对象（事件接收者）都需事先向事件源进行登记，其登记的方式就是将其对事件的处理函数指针保存于事件源，当事件源的事件发生时，由事件源通过保存于事件源的函数指针调用事件接收者的事件处理函数，从而达到使事件接收者知晓并处理事件的目的。

.NET 仍然沿用了 MFC 对事件的处理方法，只不过.NET 用来描述事件信息的不是一个消息结构，而是一个类对象，且代表函数的不是指针而是与指针具有同样功能的委托。

.NET 的事件处理机制如图 18-21 所示。

图 18-21　使用委托的事件处理方法

在 C++/CLI 中把这种含有委托，并专门用于事件处理的类叫做事件。同样，为了用户的方便，C++/CLI 提供了事件类模板 event。定义一个事件的语法格式为：

访问控制字 event 委托类名 事件名；

例如：

public event NumEventHandler NumberFound;

其中，event 为关键字，NumberFound 为事件名，而中间的 NumEventHandler 则为事件对象中为用于绑定事件处理函数的委托类名。

一个使用了事件的程序示例如下：

```
#include"StdAfx.h"
using namespace System;
//声明事件所需要使用的委托-----------------------------------------------
public delegate void DoorHandler(String^ str);
//事件源类(本例事件源是房间门)
public ref class Door
{
public:
    //定义事件(本例的事件为敲门)
```

```
        event DoorHandler^ Knock;
        //发布事件函数
        void TriggerEvents()
        {
            Knock(L"张三");
            Knock(L"李四");
        }
    };


//事件接收者(本例为对敲门事件的回答)------------------------------------------
public ref class AnswerDoor
{
public:
        //敲门事件响应函数 1:同意进门
        void ImIn(String^ name)
        {
            Console::WriteLine(L"{0}请进,门是开的.",name);
        }
        //敲门事件响应函数 2:拒绝进门
        void ImOut(String^ name)
        {
            Console::WriteLine(L"{0}走开,主人不在家".",name);
        }
    };
//事件测试程序-----------------------------------------------------------------
int main(array<String^>^args)
{
        //定义事件源
        Door^ door=gcnew Door;
        //定义事件接收者
        AnswerDoor^ answer=gcnew AnswerDoor;
        //将事件接收者的事件响应函数 1 绑定到事件源
        door->Knock+=gcnew DoorHandler(answer,&AnswerDoor::ImIn);
        //触发事件
        door->TriggerEvents();
        //从事件源除去事件响应函数 1
        door->Knock-=gcnew DoorHandler(answer,&AnswerDoor::ImIn);
        //将事件接收者的事件响应函数 2 绑定到事件源
        door->Knock+=gcnew DoorHandler(answer,&AnswerDoor::ImOut);
        //触发事件
        door->TriggerEvents();
        return 0;
}
```

程序运行结果如图 18-22 所示。

图 18-22　程序运行结果

大多数情况下，普通程序设计人员设计的为窗口程序，在这种程序中使用的事件通常都是诸如鼠标、键盘事件的预定义事件，用户只要按照规定使用就可以了，比较简单。例如，下面这段可以响应鼠标按下事件的实现代码。

```
//首先需要为 Button 类声明一个委托
public delegate void EventHandler(Object^ sender,EventArgs^e);
public ref class Button
{
    public:
    event EventHandler^ Click;
};
```

然后把 Form 的一个函数绑定到 Button 的委托中。当 Button 的 Click 被按下时，则会触发绑定的自定义函数。

```
public ref class Form
{
private:
    Button^ Button1;
    void Button1_Click(object^ sender,EventArgs^ e)
    {
        Console::WriteLine("Button1 was clicked!");
    }
public:
    Form1()
    {
        Bitton1=gcnew Button;
        //Add Button1_Click as event handler for Button1's Click event
        Button1->Click+=gcnew EventHandler(this,&Form1::Button1_Click);
    }
};
```

18.3.8　System::Object

在现代软件工程中,为了便于实现面向抽象编程,作为同一个系统中的类应有同一个基类(祖先类),从而为它们提供这个类族的共同特征和行为。.NET 的类体系的基类叫做 System::Object,是一个抽象类,凡使用 C++/CLI 编写的类祖先均为 System::Object,如果用户在定义自己类时没有指定特定的基类,那么编译器会自动将 Object 作为其基类。

Object 的常用通用方法如表 18-2 所示。

表 18-2　Object 类的通用方法

方　　法	访问修饰符	作　　用
string ToString()	public virtual	返回对象的字符串表示
int GetHashTable()	public virtual	在实现字典(散列表)时使用
bool Equals(object obj)	public virtual	对对象的实例进行比较
bool Equals(object objA, object objB)	public static	对对象的实例进行比较
bool ReferenceEquals(object objA, object objB)	public static	比较两个引用是否为同一对象
Type GetType()	public	返回对象的类信息
object MemberwiseClone()	protected	对对象进行浅复制
void Finalize()	protected virtual	析构方法

C++/CLI 提供了 typeid 关键字,通过这个关键字可以获得一个类的类型,例如:

```
ref class X{...};
Console::WriteLine(X::typeid);
```

输出结果:

```
X
```

另外,C++/CLI 通过元数据提供了反射机制可以在程序运行时获得对象的信息,例如:

```
using namespace System::Reflection;
ref class X{...};
X^ pX=gcnew X;
Type^ t=String::typeid;
Console::WriteLine(t->BaseType);
array<MethodInfo^>^functions=t->GetMethodes();
for each(MethodInfo^ mi in functions)
{
    Console::WriteLine(mi);
}
```

输出结果：

```
X
    System.Object
    ...
    System.CharEnumerator GetEnumerator()
    Sydem.Type GetType()
```

通过上面的例子可以看到，反射机制能够得到对象的类型、对象的基类类型，以及对象的方法等信息。

18.3.9　装箱和拆箱

为了与类类型数据相区别，人们把非类类型（例如那些基本数据类型）都叫做原生类，原生类与引用类之间的最大区别就在于引用类都有一个共同的基类，它们因同属一个"家族"而具有共同的特征，这些共同的特征使得它们之间的沟通变得轻而易举，而那些原生类型则是一些"散兵游勇"，它们不但不是真正的对象，而且它们之间也没有任何联系。于是，在引用类型与原生类数据，以及原生类型数据之间就形成了难以逾越的鸿沟，从而也就在应用程序的设计上造成了一系列的麻烦。显然，解决上述问题的一个方法就是把基本数据类型转换为引用类型，从而使它们的实例也成为对象，也有共同的"祖先"。

如果把引用类看作一个箱子，那么引用类型就是一种把数据装入了箱子的数据，而原生类型数据就是一种尚未装入箱子的"裸"数据。因此，把基本数据类型转换为类类型的过程就叫做"装箱"，而其逆过程就叫做"拆箱"。

C++/CLI 的装箱操作为：

```
int i=123;
object ob=(object)i;                    //装箱
```

通过反射机制，可以获得被装箱为 Object 的对象在运行时的类型操作，即将 object 再转换回装箱前的对象。

C++/CLI 的拆箱操作为：

```
ob=123:
i=(int)ob;                             //拆箱
```

18.4　Visual C++ 的 Windows 窗体应用程序

在托管代码的窗口程序设计方面，.NET 再没有使用 MFC 而是另行提供了一套与 C#窗口程序相似的方法，但使用的语言则是 C++/CLI，这种项目在 CLR 项目中叫做 Visual C++ Windows Form。由于这不是 MFC 的内容，故下面仅以一个简单的示例向读者展示这种项目的特点。

例 18-4　创建一个 Visual C++ Windows Form 程序，当用户在窗体的一个按钮上单击时，会弹出一个对话框，对话框的标题为："消息响应"，对话框上的文字为："鼠标左键被按下！"。

（1）创建工程

按图 18-23 所示选择创建 Windows 窗体应用程序。

图 18-23 创建 CLR/Windows 窗体应用程序工程

（2）应用程序界面设计

确认工程创建成功后，系统将打开程序界面设计窗口并在窗口的中间显示一个用户程序将来要使用的空白窗体，按照题目要求自右边控件窗口取一个按钮（Button）放置到窗体上，如图 18-24 所示。

图 18-24 窗体应用程序用户界面设计窗口

（3）编写代码

使用鼠标左键双击程序窗体上的按钮，系统将打开按钮单击事件处理函数代码编辑窗口,如图 18-25 所示。

图 18-25 代码编辑窗口

然后在图中指出的填写代码处填写如下用黑体表示的代码：

```
#pragma endregion
    private: System::Void button1_Click
            (System::Object^  sender, System::EventArgs^  e) {
        //本例添加的代码
        MessageBox::Show("鼠标左键被按下!","消
        息响应");
    }
};
}
```

（4）编译运行程序

最后按 Ctrl＋F5 组合键编译并运行程序,得到的结果
如图 18-26所示。

图 18-26 程序运行结果

练　习　题

18-1　什么是.NET？什么是.NET Framework？

18-2　什么是托管程序？托管环境为程序提供了哪些服务？

18-3　MFC 程序是否为托管程序？为什么？

18-4　在 Visual Studio 2010 中创建一个 MFC 程序。

18-5　什么是 C＋＋/CLI？它与 C＋＋ 有什么不同？

附 录 A 数据类型与 Windows 句柄

ADDENDUM

Windows 定义许多非单一的数据类型,同一数据类型常常有一个以上的名字。之所以这样做,是为了编写更容易读的程序代码,同时促进应用程序的跨平台实现。

A.1 简单数据类型

在 Windows 应用程序中一般不使用依赖硬件的简单数据类型,而代之以使用在 Windows 头文件中定义的别名。表 A-1 列出了常用的 Windows 数据类型。

表 A-1 常用的 Windows 数据类型

关 键 字	数 据 类 型	说 明
BOOL	逻辑类型	16 位整数,等价于 int
BOOLEAN	逻辑类型	等价于 BYTE
BYTE	字节	8 位无符号数
CHAR	字符	8 位字符
COLORREF		RGB(红绿蓝)颜色值(32 位)
DLGPROC		指向窗口函数的指针
DOUBLE	双精度	等价于 double
DWORD	双字	32 位无符号整数
DWORDLONG	双双字	64 位无符号整数
FLOAT	浮点数	等价于 float
HANDLE	句柄	一般句柄,等价于 void
HACCEL	句柄	加速键表句柄
HBITMAP	句柄	位图句柄

续表

关 键 字	数 据 类 型	说 明
HBRUSH	句柄	画刷句柄
HDC	句柄	设备描述表句柄
HFILE	句柄	文件句柄
HFONT	句柄	字体句柄
HGDIOBJ	句柄	GDI(图形设备接口)对象句柄
HICON		图标句柄
HINSTANCE		实例句柄
HMENU		菜单句柄
HPALETTE		调色板句柄
HPEN		画笔句柄
HWND	窗口句柄	窗口句柄(32 位整数)
LONG	长整数	32 位长整数,等价于 long
INT	整数	等价于 int
LPARAM		32 位消息参数
LPCSTR	常量字符指针	指向字符串的 const 指针,等价于 const char *
LPSTR	字符指针	指向字符串的指针,等价于 char *
LPCTSTR	常量宽字符指针	等价于 const TCHAR *
LPTSTR	宽字符指针	等价于 TCHAR *
LPVOID	无类型指针	等价于 void *
LPCVOID	无类型常量指针	等价于 const void *
SHORT	短整数	16 位短整数,等价于 short
UCHAR		无符号 Windows 字符
UINT	长整数	32 位无符号整数,等价于 unsigned int
ULONG		无符号长整型数(32 位)
USHORT		无符号短整型数(16 位)
VOID		任意类型
WPARAM		32 位消息参数
WORD	字	16 位无符号短整数,等价于 unsigned short

A.2 结构数据类型

为了在应用程序中表达一些复杂的信息，Windows 还在 windows.h 定义了一些结构数据类型。表 A-2 列出了一些常用的结构数据类型。

表 A-2 最常用的结构数据类型

数据类型	说　　明	数据类型	说　　明
BITMAP	描述位图信息的结构	MSG	窗口消息
LOGBRUSH	逻辑刷的结构	POINT	点
LOGFONT	逻辑字体	RECT	矩形
LOGPEN	逻辑笔	WNDCLASS	窗口类

A.3 句　　柄

在 Windows 应用程序中，存在着很多诸如窗口、按钮、滚动条等复杂的对象和实例。为了在程序中区分和使用它们，必须对它们进行标识。为了区别于普通变量的标识，Windows 把这种复杂对象的标识叫做"句柄"。不同的 Windows 对象的句柄具有不同的类型，常用的句柄类型见表 A-3。

表 A-3 常用的句柄

句柄类型	说　　明	句柄类型	说　　明
HWND	窗口句柄	HDC	设备环境句柄
HINSTANCE	当前程序应用实例句柄	HBITMAP	位图句柄
HCURSOR	光标句柄	HICON	图标句柄
HFONT	字体句柄	HMENU	菜单句柄
HPEN	画笔句柄	HFILE	文件句柄
HBRUSH	画刷句柄		

MFC 独特的数据类型如表 A-4 所示。

表 A-4 MFC 独特的数据类型

数据类型	意　　义
POSITION	一个数值，代表 collection 对象（例如数组或链表）中的元素位置，常使用于 MFC collection classes
LPCRECT	32 位指针，指向一个不变的 RECT 结构

MFC 的全局函数如表 A-5 所示。

表 A-5　MFC 的全局函数

函　　数	意　　义
AfxBeginThread	开始一个新的线程
AfxEndThread	结束一个旧的线程
AfxFormatString1	类似 printf 一般地将字符串格式化
AfxFormatString2	类似 printf 一般地将字符串格式化
AfxMessageBox	类似 Windows API 函数 MessageBox
AfxOuputDebugString	将字符串输往除错装置
AfxGetApp	获得 application object（CwinApp 派生对象）的指针
AfxGetMainWnd	获得程序主窗口的指针
AfxGetInstance	获得程序的 instance handle
AfxWinInit	被 WinMain（由 MFC 提供）调用的一个函数用作 MFC GUI 程序初始化的一部分
AfxRegisterClass	以自定义的 WNDCLASS 注册窗口类

附 录 *B* 　标识符的匈牙利记法

在 Windows 应用程序中,为了使标识符具有良好的可读性,在命名标识符时要用小写英文字母在标识符的前面作为前缀以说明该变量的数据类型。这个前缀分为两部分,一部分叫做"类型前缀",用来表示数据类型;另一部分叫做"通用前缀",用来表示标识符的用途。表 B-1 和表 B-2 分别为匈牙利记法中常用类型前缀和通用前缀。

表 B-1　匈牙利记法中常用类型前缀

类 型 前 缀	说　　　明
b	Boolean 布尔
br	Brush 画刷
by	Byte 字节
ch	Char 字符
dw	Double word 双字
fn	Function 函数
fon	Font 字体
l	Long 长型
n	Integer 整数
re	Rectangle 矩形
s	String 串
scr	Screen region 屏幕区
sz	NULL 终止串
u	Unsigned integer 无符号整数
w	Word 字
wnd	Window 窗口

表 B-2　匈牙利记法中通用前缀

通　用　前　缀	说　　明	通　用　前　缀	说　　明
a	数组	i	数组元素的索引
c	常量	lp	长指针
e	数组元素	np	近指针
h	句柄	p	指针

注：在通用前缀和类型前缀复合使用时，通用前缀要写在类型前缀的前面。

附 录 C   MFC 的消息映射

由于 MFC 把处理消息的窗口函数已封装在 CCmdTarget 类中,故此能处理消息映射的类必须从 CCmdTarget 类派生。使用 MFC 程序框架进行 Windows 应用程序设计时,程序员不必去设计和实现自己的窗口过程,而是通过 MFC 提供的一套消息映射机制来处理消息。

C.1   三 类 消 息

根据处理函数和处理过程的不同,MFC 主要处理以下 3 类消息。

(1) Windows 消息:以"WM_"为前缀(WM_COMMAND 除外)。由窗口对象来处理这类消息,也就是说,这类消息处理函数是 MFC 窗口类的成员函数。

(2) 命令消息。这是来自菜单、工具条按钮、加速键等用户接口对象的 WM_COMMAND 通知消息,属于应用程序自己定义的消息。通过消息映射机制,MFC 框架把命令按一定的路径分发给多种类型的对象(具备消息处理能力)处理,如文档、窗口、应用程序、文档模板等对象。

控制通知消息。是控制子窗口送给父窗口的通知消息。一般由窗口对象来处理这类消息,也就是说,这类消息处理函数一般是 MFC 窗口类的成员函数。Win32 体系用 WM_NOFITY 可以处理更复杂的通知消息。

C.2   消息映射表项结构 AFX_MSGMAP_ENTRY

一个消息映射条目可以用 AFX_MSGMAP_ENTRY 结构来描述,该结构的定义如下:

```
struct AFX_MSGMAP_ENTRY
{
    UINT nMessage;          //Windows 消息 ID
    UINT nCode;             //控制消息的通知码
    UINT nID;               //Windows Control 的 ID
```

```
        UINT nLastID;                          //nLastID 指定消息的被映射范围
        UINT nSig;                             //消息的动作标识
        AFX_PMSG pfn;                          //响应消息时应执行的函数
};
```

从上述结构可以看出，每条映射有两部分的内容：前四个域是第一部分，是关于消息 ID 的；后两个域是第二部分，是关于消息对应处理函数的。

域 pfn 是一个指向 CCmdTarget 成员函数的指针。函数指针的类型定义如下：

```
typedef void (AFX_MSG_CALL CCmdTarget:: * AFX_PMSG)(void);
```

当使用一条或者多条消息映射条目初始化消息映射数组时，各种不同类型的消息函数都被转换成这样的类型：不接收参数，也不返回参数的类型。因为所有可以有消息映射的类都是从 CCmdTarget 派生的，所以可以实现这样的转换。

域 nSig 是一个标识变量，用来标识不同原型的消息处理函数，每一个不同原型的消息处理函数对应一个不同的 nSig。在消息分发时，MFC 内部根据 nSig 把消息派发给对应的成员函数处理，实际上，就是根据 nSig 的值把 pfn 还原成相应类型的消息处理函数并执行它。

C.3　在类声明文件中声明消息映射

在设计可影响消息的类时，应该在类声明（头文件）里用宏 DECLARE_MESSAGE_MAP 来声明消息映射。

宏 DECLARE_MESSAGE_MAP 的定义为：

```
#ifdef _AFXDLL
#define DECLARE_MESSAGE_MAP() \
private: \
static const AFX_MSGMAP_ENTRY _messageEntries[]; \
protected: \
static AFX_DATA const AFX_MSGMAP messageMap; \
static const AFX_MSGMAP * PASCAL _GetBaseMessageMap(); \
virtual const AFX_MSGMAP * GetMessageMap() const; \
#else
#define DECLARE_MESSAGE_MAP() \
private: \
static const AFX_MSGMAP_ENTRY _messageEntries[]; \
protected: \
static AFX_DATA const AFX_MSGMAP messageMap; \
virtual const AFX_MSGMAP * GetMessageMap() const; \
#endif
```

DECLARE_MESSAGE_MAP 定义了两个版本，分别用于静态或者动态链接到 MFC DLL 的情形。

消息映射声明的实质是给所在类添加两个成员变量和两个成员函数。

两个被添加成员变量为 _messageEntries 和 messageMap。

第 1 个成员变量是一个 AFX_MSGMAP_ENTRY 类型的数组 _messageEntries[ ]；第 2 个成员变量 AFX_MSGMAP messageMap 是一个 AFX_MSGMAP 类型的静态成员变量。AFX_MSGMAP 结构的定义如下：

```
struct AFX_MSGMAP
{
#ifdef _AFXDLL
const AFX_MSGMAP * (PASCAL * pfnGetBaseMap)( );
                                    //指向_GetBaseMessageMap函数的指针
#else
const AFX_MSGMAP * pBaseMap;        //基类消息映射入口_messageEntries的地址
#endif
const AFX_MSGMAP_ENTRY * lpEntries;    //消息映射入口_messageEntries的地址
};
```

从上面的定义可以看出，messageMap 存放了类的消息映射数组 _messageEntries 和函数 _GetBaseMessageMap 的地址(不使用 MFC DLL 时,是基类消息映射数组的地址)。

两个被添加的成员函数为 _GetBaseMessageMap( ) 和 GetMessageMap( ),前者是用来获得基类消息映射表的函数,后者是用来获得自身消息映射表的函数。

C.4　在类实现文件中实现消息映射

消息映射实现的实质是初始化声明中定义的静态成员变量 _messageEntries 和 messageMap 及实现所声明的函数 GetMessageMap、_GetBaseMessageMap。

在类的实现(实现文件)里使用 IMPLEMENT_MESSAGE_MAP 宏来实现消息映射。

1. 消息映射表初始化宏 BEGIN_MESSAGE_MAP

BEGIN_MESSAGE_MAP 宏的定义为：

```
#ifdef _AFXDLL
#define BEGIN_MESSAGE_MAP(theClass, baseClass) \
const AFX_MSGMAP * PASCAL theClass::_GetBaseMessageMap() \
{ return &baseClass::messageMap; } \
const AFX_MSGMAP * theClass::GetMessageMap() const \
{ return &theClass::messageMap; } \
AFX_DATADEF const AFX_MSGMAP theClass::messageMap= \
{ &theClass::_GetBaseMessageMap, &theClass::_messageEntries[0] }; \
const AFX_MSGMAP_ENTRY theClass::_messageEntries[ ]= \
{ \
#else
#define BEGIN_MESSAGE_MAP(theClass, baseClass) \
```

```
const AFX_MSGMAP * theClass::GetMessageMap ( ) const \
{ return &theClass::messageMap; } \
AFX_DATADEF const AFX_MSGMAP theClass::messageMap= \
{ &baseClass::messageMap, &theClass::_messageEntries[0] }; \
const AFX_MSGMAP_ENTRY theClass::_messageEntries[ ]= \
{ \
#endif
```

BEGIN_MESSAGE_MAP 定义了两个版本，分别用于静态或者动态链接到 MFC DLL 的情形。

由于 Windows 中的消息种类繁多，因此不能把填写表项的宏统一起来，所以对于不同种类的消息，其填写表项的宏也不相同。

2. 宏 ON_WM_××××( )

这是用于 Windows 消息的宏，这样的宏不带参数。由于 MFC 提供了默认的 Windows 消息处理函数的定义和实现，所以它对应的消息和消息处理函数的函数名称、函数原型是固定的。例如，宏 ON_WM_CREATE( ) 把消息 WM_CREATE 映射到 OnCreate 函数，消息映射条目的第 1 个成员 nMessage 指定为要处理的 Windows 消息的 ID，第 2 个成员 nCode 指定为 0。

除了单条命令消息的映射，还有把一定范围的命令消息映射到一个消息处理函数的映射宏 ON_COMMAND_RANGE。这类宏带有参数，需要指定命令 ID 的范围和消息处理函数。这些消息都映射到 WM_COMMAND 上，也就是将消息映射条目的第一个成员 nMessage 指定为 WM_COMMAND，第 2 个成员 nCode 指定为 CN_COMMAND（即 0），第 3 个成员 nID 和第 4 个成员 nLastID 指定了映射消息的起止范围。消息处理函数的原型是 void (UINT)，有一个 UINT 类型的参数，表示要处理的命令消息 ID，不返回值。

3. 宏 ON_COMMAND

ON_COMMAND 宏用来向消息映射表填充命令消息映射表项，该宏的定义为：

```
#define ON_COMMAND(id, memberFxn) \
{ \
WM_COMMAND, \
CN_COMMAND, \
(WORD)id, \
(WORD)id, \
AfxSig_vv, \
(AFX_PMSG)memberFxn \
};
```

例如：

```
ON_COMMAND(ID_APP_ABOUT, OnAppAbout)
```

则 ON_COMMAND 宏填写的表项如下：

```
{ WM_COMMAND,
```

```
CN_COMMAND,
(WORD)ID_APP_ABOUT,
(WORD)ID_APP_ABOUT,
AfxSig_vv,
(AFX_PMSG)OnAppAbout
}
```

这个消息映射表项的含义是：消息 ID 是 ID_APP_ABOUT，OnAppAbout 被转换成 AFX_PMSG 指针类型，AfxSig_vv 是 MFC 预定义的枚举变量，用来标识 OnAppAbout 函数类型为 void 且无参数。

4. 用于控制通知消息的宏

这类宏可能带有 3 个参数，如 ON_CONTROL，就需要指定控制窗口 ID，通知码和消息处理函数；也可能带有两个参数，如具体处理特定通知消息的宏 ON_BN_CLICKED、ON_LBN_DBLCLK、ON_CBN_EDITCHANGE 等，需要指定控制窗口 ID 和消息处理函数。

控制通知消息也被映射到 WM_COMMAND 上，也就是将消息映射条目的第 1 个成员的 nMessage 指定为 WM_COMMAND，但是第 2 个成员 nCode 是特定的通知码，第 3 个成员 nID 是控制子窗口的 ID，第 4 个成员 nLastID 等于第 3 个成员的值。消息处理函数的原型是 void（void），没有参数，不返回值。

5. 处理通知消息宏 ON_NOTIFY

还有一类宏处理通知消息 ON_NOTIFY，它类似于 ON_CONTROL，但是控制通知消息被映射到 WM_NOTIFY。消息映射条目的第 1 个成员的 nMessage 被指定为 WM_NOTIFY，第 2 个成员 nCode 是特定的通知码，第 3 个成员 nID 是控制子窗口的 ID，第 4 个成员 nLastID 等于第 3 个成员的值。消息处理函数的原型是 void（NMHDR *，LRESULT *），参数 1 是 NMHDR 指针，参数 2 是 LRESULT 指针，用于返回结果，但函数不返回值。

对应地，还有把一定范围的控制子窗口的某个通知消息映射到一个消息处理函数的映射宏，这类宏包括 ON_CONTROL_RANGE 和 ON_NOTIFY_RANGE。这类宏带有参数，需要指定控制子窗口 ID 的范围和通知消息以及消息处理函数。

对于 ON_CONTROL_RANGE，是将消息映射条目的第 1 个成员的 nMessage 指定为 WM_COMMAND，但是第 2 个成员 nCode 是特定的通知码，第 3 个成员 nID 和第 4 个成员 nLastID 等于指定了控制窗口 ID 的范围。消息处理函数的原型是 void（UINT），参数表示要处理的通知消息是哪个 ID 的控制子窗口发送的，函数不返回值。

对于 ON_NOTIFY_RANGE，消息映射条目的第 1 个成员的 nMessage 被指定为 WM_NOTIFY，第 2 个成员 nCode 是特定的通知码，第 3 个成员 nID 和第 4 个成员 nLastID 指定了控制窗口 ID 的范围。消息处理函数的原型是 void（UINT，NMHDR *，LRESULT *），参数 1 表示要处理的通知消息是哪个 ID 的控制子窗口发送的，参数 2 是 NMHDR 指针，参数 3 是 LRESULT 指针，用于返回结果，但函数不返回值。

6. 用于用户界面接口状态更新的 ON_UPDATE_COMMAND_UI 宏

这类宏被映射到消息 WM_COMMAND 上，带有两个参数，需要指定用户接口对象

ID 和 消 息 处 理 函 数。消 息 映 射 条 目 的 第 一 个 成 员 nMessage 被 指 定 为 WM_COMMAND，第 2 个成员 nCode 被指定为−1，第 3 个成员 nID 和第 4 个成员 nLastID 都指定为用户接口对象 ID。消息处理函数的原型是 void（CCmdUI＊），参数指向一个 CCmdUI 对象，不返回值。

对应地，有更新一定 ID 范围的用户接口对象的宏 ON_UPDATE_COMMAND_UI_RANGE，此宏带有 3 个参数，用于指定用户接口对象 ID 的范围和消息处理函数。消息映射条目的第 1 个成员 nMessage 被指定为 WM_COMMAND，第 2 个成员 nCode 被指定为−1，第 3 个成员 nID 和第 4 个成员 nLastID 用于指定用户接口对象 ID 的范围。消息处理函数的原型是 void（CCmdUI＊），参数指向一个 CCmdUI 对象，函数不返回值。之所以不用当前用户接口对象 ID 作为参数，是因为 CCmdUI 对象包含了有关信息。

7. END_MESSAGE_MAP

END_MESSAGE_MAP( )的定义为：

```
#define END_MESSAGE_MAP( ) \
{0, 0, 0, 0, AfxSig_end, (AFX_PMSG)0 } \
}; \
```

即消息映射表最后表项的内容是宏 END_MESSAGE_MAP 的内容，它标识消息映射表的终止。

附录 D 文档/视图框架的补充内容

D.1 文档类与其他类对象之间的配合

从应用程序类 CWinApp 的声明中可以看到，CWinApp 类中包含用于新建文件的 OnFileNew( ) 函数和用于打开文件的 OnFileOpen( ) 函数。

```
afx_msg void OnFileNew();
afx_msg void OnFileOpen();
```

而在文档模板管理者类 CDocManager 中也有相应的函数。

```
virtual void OnFileNew();
virtual void OnFileOpen();
virtual CDocument * OpenDocumentFile(LPCTSTR lpszFileName);
```

并且在文档模板类 CDocTemplate 也不例外。

```
virtual CDocument * OpenDocumentFile(
    LPCTSTR lpszPathName, BOOL bMakeVisible=TRUE)=0;
virtual CDocument * CreateNewDocument();
```

复杂的是，在 CDocument 类中再次看到了相关函数。

```
virtual BOOL OnNewDocument();
virtual BOOL OnOpenDocument(LPCTSTR lpszPathName);
```

文档/视图框架程序 File 菜单中的 New 和 Open 命令究竟调用的是哪个函数呢？

其实，当用户选择菜单（或工具栏）选项发生了 ID_FILE_OPEN 及 ID_FILE_NEW 菜单命令后，首先被调用的是 CWinApp（派生）类的 OnFileNew( )、OnFileOpen( ) 函数，其作用是选择文档模板，如图 D-1 所示。

因为应用程序实质上是用 CDocManager 类对象来管理文档模板的。所以实际上，图 D1 中所示的"使用文件扩展名选择文档模板"、"是一个文档模板吗?"的行为是调用 CDocManager 类的相关函数 OnFileNew( ) 来完成模板的选择。

图 D-1　CWinApp 的函数用来选择文档模板

```
void CDocManager::OnFileNew()
{
    if (m_templateList.IsEmpty()) //空链表?
    {
        ⋮
        return ;
    }
    //取第一个文档模板的指针
    CDocTemplate * pTemplate=(CDocTemplate * )m_templateList.GetHead();
    if (m_templateList.GetCount()>1)
    {
        //如果多于一个文档模板,弹出对话框提示用户选择
        CNewTypeDlg dlg(&m_templateList);
        int nID=dlg.DoModal();
        if (nID==IDOK)
            pTemplate=dlg.m_pSelectedTemplate;
        else
            return ;
        //none-cancel operation
    }

        //参数为 NULL 时 OpenDocument File 会新建一个文件
        pTemplate->OpenDocumentFile(NULL);
    }
    ⋮
}
```

之后，文档模板类的 OpenDocumentFile( ) 函数进行文档的创建工作，如果参数 lpszPathName 为 NULL，新建文档；相反，则打开文档。接下来文档模板分别调用 CDocument 对象的 OnNewDocument( )或 OnOpenDocument( )函数来新建文档或打开

文档。

D.2　资源中与文档模板类型有关的字符串

前面讲过,在 CWinApp 中的函数 InitInstance( )需要用类似如下的代码来创建文档模板对象。

```
pDocTemplate=new CMultiDocTemplate(
        IDR_BMPTYPE,                    //位图文档资源
        RUNTIME_CLASS(BMPDocument),     //位图文档
        RUNTIME_CLASS(CChildFrame),     //custom MDI child frame
        RUNTIME_CLASS(BMPView));        //位图视图
```

其中的第一个参数为该文档模板或文档的资源标识,即需要把应用程序的资源加载到程序中。在资源中有一个与文档模板类型相关的字符串,它由 7 个子字符串组成,各子字符串用换行符'\n'分隔,每个子串各有不同的作用。其格式及各子字符串的含义如下:

<子串 1>\n<子串 2>\n<子串 3>\n<子串 4>\n<子串 5>\n<子串 6>\n<子串 7>

各子串的含义见表 D-1。

表 D-1　子串的含义

子串序号	说　明
1	窗口标题。该字符串仅出现在 SDI 程序中,对于多文档程序为空
2	文档名。在建立新文档时,新文档名为该字符串后加一个序号
3	新建文档类型名。该字符串显示在 File New 对话框中
4	过滤器名。显示在 Open 对话框中的 Type 下拉列表中
5	过滤器后缀。与过滤器名一起使用,指定与文档类型相关文件的扩展名
6	文档类型 Id。应用程序运行时会将该 Id 加入到注册数据库中
7	注册文档类型名。存放在注册数据库中,标识文档类型的名字

D.3　文档类 CDocument 的代码

在"文档/视图"架构的 MFC 程序中,文档是一个 CDocument 派生对象,它负责存储应用程序的数据,并把这些信息提供给应用程序的其余部分。CDocument 类对文档的建立及归档提供支持并提供了应用程序用于控制其数据的接口,类 CDocument 的声明如下:

```
///////////////////////////////////////////////////////////////////////
//class CDocument is the main document data abstraction
```

```
class CDocument : public CCmdTarget
{
    DECLARE_DYNAMIC(CDocument)
public:
    //Constructors
    CDocument( );
    //Attributes
public:
    const CString& GetTitle( ) const;                        //设置标题
    virtual void SetTitle(LPCTSTR lpszTitle);                //获得标题
    const CString& GetPathName( ) const;                     //获得路径
    virtual void SetPathName(LPCTSTR lpszPathName,           //设置路径
BOOL bAddToMRU=TRUE);
    CDocTemplate * GetDocTemplate( ) const;                  //取得文档模板指针
    virtual BOOL IsModified( );                              //获得"脏"标志
    virtual void SetModifiedFlag(BOOL bModified=TRUE);       //设置"脏"标志
    //Operations
    void AddView(CView * pView);              //连接视图到文档,视图文档指针指向文档
    void RemoveView(CView * pView);           //完成与 AddView 相反的工作
    virtual POSITION GetFirstViewPosition( ) const;          //取得第一个视图
    virtual CView * GetNextView(POSITION& rPosition) const;  //遍历对应视图
    //Update Views (simple update- DAG only)
    void UpdateAllViews(CView * pSender, LPARAM lHint=0L,    //更新所有视图
    CObject * pHint=NULL);  //Overridables
//Special notifications
    virtual void OnChangedViewList( );            //视图数目变化时执行的函数
    virtual void DeleteContents( ); //delete doc items etc
    //File helpers
    virtual BOOL OnNewDocument( );                           //新建文档时响应的函数
    virtual BOOL OnOpenDocument(LPCTSTR lpszPathName);       //打开时响应
    virtual BOOL OnSaveDocument(LPCTSTR lpszPathName);       //保存时响应
    virtual void OnCloseDocument( );                         //关闭时响应
    virtual void ReportSaveLoadException(LPCTSTR lpszPathName,
    CException * e, BOOL bSaving, UINT nIDPDefault);
    virtual CFile * GetFile(LPCTSTR lpszFileName, UINT nOpenFlags,
    CFileException * pError);                      //打开 lpszFileName 指定的文件
    virtual void ReleaseFile(CFile * pFile, BOOL bAbort); //关闭文件
    //advanced overridables, closing down frame/doc, etc.
    virtual BOOL CanCloseFrame(CFrameWnd * pFrame);
    virtual BOOL SaveModified( ); //return TRUE if ok to continue
    virtual void PreCloseFrame(CFrameWnd * pFrame);
    //Implementation
protected:
    //default implementation
```

```
  CString m_strTitle;
  CString m_strPathName;
  CDocTemplate * m_pDocTemplate;
CPtrList m_viewList; //list of views
  BOOL m_bModified; //changed since last saved

public:
  BOOL m_bAutoDelete; //TRUE=>delete document when no more views
  BOOL m_bEmbedded; //TRUE=>document is being created by OLE

  #ifdef _DEBUG
    virtual void Dump(CDumpContext&) const;
    virtual void AssertValid ( ) const;
  #endif //_DEBUG
  virtual ~ CDocument ( );

  //implementation helpers
  virtual BOOL DoSave(LPCTSTR lpszPathName, BOOL bReplace=TRUE);
  virtual BOOL DoFileSave ( );
  virtual void UpdateFrameCounts ( );
  void DisconnectViews ( );                               //将所有的视图都与文档"失连"
  void SendInitialUpdate ( );

  //overridables for implementation
  virtual HMENU GetDefaultMenu ( ); //get menu depending on state
  virtual HACCEL GetDefaultAccelerator ( );
  virtual void OnIdle ( );
  virtual void OnFinalRelease ( );

  virtual BOOL OnCmdMsg(UINT nID, int nCode,
        void * pExtra,AFX_CMDHANDLERINFO * pHandlerInfo);
  friend class CDocTemplate;                              //声明文档模板为友员类
protected:
  //file menu commands
  //{{AFX_MSG(CDocument)
    afx_msg void OnFileClose ( );
    afx_msg void OnFileSave ( );
    afx_msg void OnFileSaveAs ( );
  //}}AFX_MSG
  //mail enabling
  afx_msg void OnFileSendMail ( );
  afx_msg void OnUpdateFileSendMail(CCmdUI * pCmdUI);

  DECLARE_MESSAGE_MAP ( )
};
```

附录 E 多文档/视图框架的一个实例

这是一个多文档/视图架构的 MFC 程序,它支持两种文件格式(扩展名为 BMP 的位图文件和 TXT 的文本文件),另外对于 BMP 格式文档对应有多个不同类型的视图。

设计步骤:

E.1 创 建 工 程

用 Visual C++ 工程向导创建一个名为 Example 的多文档/视图框架 MFC 程序,最初的应用程序界面如图 E-1 所示。

图 E-1 多文档应用程序界面

E.2 使默认文档模板成为 TXT 文档模板

(1) 在文档类中定义存放文件字符串的成员变量。

在文档类中定义 m_Text 用于存储 TXT 文件中的字符串。代码片段如下:

```
class CExampleDoc : public CDocument
{
    ⋮
    CString m_Text;                          //在文档类中定义成员 m_Text
    ⋮
}
```

//重写文档类的方法 Serialize( )，可将文件中的字符串读取到 m_Text 中。代码如下：

```
void CExampleDoc∷Serialize(CArchive& ar)
{
    if (ar.IsStoring( ))
    {
        //TODO: add storing code here
    }
    else
    {
        //TODO: add loading code here
        ar.ReadString(m_Text);              //读文件到文档对象
    }
}
```

//重写视图类的 OnDraw 函数( )，显示文档中的字符串，代码如下：

```
void CExampleView∷OnDraw(CDC * pDC)
{
    CExampleDoc * pDoc=GetDocument( );
    pDC->TextOut(0,0,pDoc->m_Text);
}
```

这个时候的程序已经支持 TXT 类型文件了，例如打开一个扩展名为 txt 的 TXT 文件，将出现如图 E-2 所示的样子。

（2）使用资源定义文档模板的类型。

首先打开资源文件头文件 Resourse. h，添加标识定义 IDR_TEXTTYPE，添加的代码如下：

```
//{{NO_DEPENDENCIES}}
//Microsoft Visual C++generated include file.
//Used by EXAMPLE.RC
//
#define IDD_ABOUTBOX 100
#define IDR_MAINFRAME 128
//#define IDR_EXAMPLTYPE 129
#define IDR_TEXTTYPE 10001                 //添加的标识
```

图 E-2　支持 TEXT 文件的文档

对应地在资源文件中增加相应的定义。

```
STRINGTABLE PRELOAD DISCARDABLE
BEGIN
IDR_MAINFRAME "Example"
IDR_EXAMPLTYPE
    "\nExampl\nExampl\n\n\nExample.Document\nExampl Document"

IDR_TEXTTYPE "\nTEXT\nTEXT                  //增加的定义
    \nExampl 文件 (＊.txt)\n.txt\nTEXT\nTEXT Document"

END
```

修改 CExampleApp∷InitInstance( )函数，以新增加的标识作为该函数的第一个参数。

```
BOOL CExampleApp∷InitInstance( )
{
  ⋮
CMultiDocTemplate＊pDocTemplate;
pDocTemplate=new CMultiDocTemplate(
        IDR_TEXTTYPE,                       //加载对应文本文件的资源标识
        RUNTIME_CLASS(CExampleDoc),
        RUNTIME_CLASS(CChildFrame),         //custom MDI child frame
        RUNTIME_CLASS(CExampleView));
AddDocTemplate(pDocTemplate);
  ⋮
}
```

这样处理之后，在程序运行后打开文件时出现的打开文件对话框的变化如图 E-3 所示。

图 E-3　文件打开对话框

E. 3　添加位图文档模板

（1）定义位图文档模板资源标识。

在资源头文件中定义：

```
#define IDR_BMPTYPE 10002                    //位图类型标识
```

在资源文件中定义：

```
IDR_BMPTYPE "\nBMP\nBMP\nExampl 文件 (＊.bmp)
                \n.bmp\nBMP\nBMP Document"
```

（2）在应用程序中添加位图文档类和位图视图类。

自 CView 类派生一个 BMPView 类，自 CDocument 类派生一个 BMPDocument 类，然后在 CExampleApp. cpp 中包含头文件：

```
#include "BMPView.h"
#include "BMPDocument.h"
```

修改 CExampleApp∷InitInstance( )函数，在函数中添加 BMP 格式文档模板的代码。

```
pDocTemplate=new CMultiDocTemplate(
    IDR_BMPTYPE,                        //位图文档资源
    RUNTIME_CLASS(BMPDocument),         //位图文档
    RUNTIME_CLASS(CChildFrame),         //custom MDI child frame
```

```
        RUNTIME_CLASS(BMPView));              //位图视图
    AddDocTemplate(pDocTemplate);            //将模板加入文档模板链表
```

当这个程序启动或用户单击程序的【新建】菜单项时,将弹出如图 E-4 所示的对话框让用户选择新建文件的具体类型,这就是在应用程序中包含多个文档模板后出现的现象。

同样在单击【打开】菜单项时,在打开对话框中也会要求用户指定要打开文件的类型。

图 E-4　新建文件对话框

（3）重写 BMPView 的函数 GetDocument( )。

对于新添加的视图类:

```
#include "BMPDocument.h "
class CBMPView : public CView
{
    ⋮
  BMPDocument * GetDocument( );              //声明
    ⋮
}
```

重写 BMPView∷GetDocument 函数:

```
BMPDocument * BMPView∷GetDocument( )
{
  ASSERT(m_pDocument->IsKindOf(RUNTIME_CLASS(BMPDocument)));
  return (BMPDocument * )m_pDocument;
}
```

（4）重写 BMPView 的函数 OnDraw( )。

在 CBMPView∷OnDraw 应用第三方类 CDib 来完成图形的绘制。

```
#include "DIB.h"
void CBMPView∷OnDraw(CDC * pDC)
{
    CBMPDocument * pDoc=GetDocument( );
    //TODO: add draw code here
    CDib dib;                                //创建第三方类对象
    dib.Load(pDoc->GetPathName( ));          //装载位图
    dib.SetPalette(pDC);                     //设置调色板
    dib.Draw(pDC);                           //绘制位图
}
```

程序运行结果如图 E-5 所示。

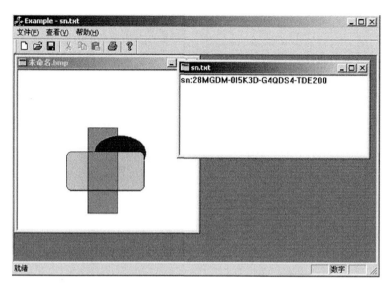

图 E-5　文本文档和位图文档都打开时的情况

第三方类 CDib 的代码请到清华大学出版社网站上下载本书的例题代码。

附 录 F

类信息表与 CObject 类

ADDENDUM

CObject 类是 MFC 大多数类的根类或基类。之所以这样,是因为 CObject 类有很多其他类所需要的特性和能力。或者说,MFC 的设计者把大多数类所需要的通用特性和能力封装在 CObject 类。这里将简单介绍 CObject 类的这些特性和能力,以及它们的实现机制,并介绍其派生类应该如何继承这些特性和能力。

F.1 类信息表

由于 CObject 类的许多能力都与类信息表有关,因此首先再系统地介绍一下类信息表。类信息表是一个静态 CRuntimeClass 结构变量,因此它是一个该类所有对象共享的类成员。CRuntimeClass 结构各个域的名称及含义见表 F-1。

表 F-1　结构体 CRuntimeClass 各域的含义

域	说　　　明	应　　　用
m_lpszClassName	类名称	RTTI、对象动态创建
m_nObjectSize	对象大小	对象动态创建
m_wSchema	类的版本	对象动态创建
m_pfnCreateObject	动态创建对象函数指针	对象动态创建
m_pBaseClass	基类类信息表指针	用于形成类族谱系表
CreateObject( )	动态创建对象函数声明	对象动态创建
IsDerivedFrom( )	判断参数中表示的类是否为本类祖先的函数	RTTI
Store( )	存储类信息表函数的声明	对象动态创建
Load( )	读取类信息表函数的声明	对象动态创建
m_pNextClass	下一个类信息表的指针	用于形成总表

应用程序中所有具有这样表的类的类信息表通过指针 m_pNextClass 形成了一个总表，应用程序可以沿这个指针遍历总表中的所有类信息表，是对象动态创建的基础。

应用程序中所有具有这样表的类的类信息表通过指针 m_pBaseClass 形成了若干个类族谱系表，该表表示了类的继承和派生关系，是 RTTI（运行时对象类型识别）的基础。

在设计一个类时，如果该类需要这个表，则应该用宏 DECLARE_DYNAMIC( ) 声明，用宏 IMPLEMENT_DYNAMIC( ) 实现。

F.2　CObject 类对 RTTI 的支持

应用程序在运行时，常常需要确定一个对象是否属于某一个类或其派生类，并以此控制程序运行流程。这样，就要求一个对象在程序运行时能够提供自身的身份（属于哪个类）信息。如果一个对象具备这个能力，那么就说这个对象具有提供运行时类信息的能力，或者说它支持运行时类信息（runtime type information，RTTI）。显然，具有类信息表的类的对象具备了提供自身身份的基础，因为根据类信息表不但可以查得该对象的类名，而且沿 m_pBaseClass 指针还可以查得其所有祖先类名。

只具有类信息表还不够，类还应该提供一个方法 IsKindOf( )：

```
BOOL IsKindOf(const CRuntimeClass * pClass) const;
```

在方法中，把本对象的类信息表与参数 pClass 进行比较，如果相同则返回为 TRUE，如果不同则沿类信息表提供的指针 m_pBaseClass 上溯，逐一与基类信息表相比较，如果找到相同的表则返回 TRUE；如果到最终也没有找到，则返回 FALSE。即当 IsKindOf( ) 返回值为 TRUE 时，表明本对象是 pClass 类或其派生类的对象。

MFC 为使所有具有 RTTI 能力的类都包含有这样一个 IsKindOf( ) 函数，故此将这个函数定义在 CObject 类中，并要求所有希望具有 RTTI 能力的类，除了要用宏来声明和实现外，该类必须继承自 CObject 类。

F.3　CObject 对文档序列化的支持

前面已经提到，如果在类中使用了宏 DECLARE_SERIAL 来声明序列化和 IMPLEMENT_SERIAL 来实现序列化，那么由于这两个宏中自然包含了 RTTI 宏和对象动态创建宏，这样这种类也就具有了序列化的基础。除此之外，除了还需要一个 CArchive 对象配合之外，为完成文档各层对象的递次读写，各对象的类还需要一个格式统一的函数 Serialize( )。既然是具有序列化能力的类都需要这样一个函数，那么与前面的做法一样，MFC 把这个函数作为虚函数又封装到 CObject 类中。

所以 MFC 要求，凡是希望具有序列化能力的类必须用宏 DECLARE_SERIAL 和 IMPLEMENT_SERIAL 来声明实现，同时这个类必须继承自 CObject 类或其派生类，目的就是为了包含有序列化函数 Serialize( )。当然，为了支持对象的动态创建，还应该在类中定义一个无参数的构造函数。

F.4　CObject 对提供程序调试诊断信息的支持

在 Visual C++ 中有 Debug Build 和 Release Build 两种编译模式,前者生成的是应用程序的调试版本;后者生成应用程序的运行版本。在调试版本中 CObject 提供了几个函数作为调试工具,用户使用这些工具可以在程序的调试运行中对程序状态进行观测或提供程序诊断信息。

一般情况下应该在 Debug Build 模式下开发应用程序,而在 Release Build 模式下发布应用程序。

在 Debug Build 模式下,CObject 类有一虚成员函数 Dump( ),其原型如下:

```
void CObject::Dump(CDumpContext& dc);
```

这个函数要和 #ifdef _DEBUT/#endif 配合使用,例如:

```
#ifdef _DEBUG
    pMyObj->Dump(afxDump);
#endif
```

其中的参数 afxDump 是 MFC 预定的一个 CDumpContext 类对象,实质上就是 Visual C++ 环境的调试窗口对象。用户可以通过重写 Dump( )在调试窗口上输出希望观测的程序对象数据。

除 Dump( )之外,为了方便程序调试,CObject 还提供了虚函数 AssertValid( )与 ASSERT_VALID 宏,它在程序运行时对 CObject 及其派生对象进行内部检查。这个函数同 Dump 一样,也是一个只存在于 CObject 调试版本中的成员函数。

用户可以在派生类中重写 AssertValid 这个虚函数,以扩充它的检查功能。而 ASSERT 宏可以接受一个表达式。如果表达式值为 0(即为假),则产生异常,弹出出错信息框。

所以希望具有提供程序调试诊断信息能力的类也应该继承自 CObject 类或其派生类。

附 录 *G*　　**Visual C++ 中文件类型小结**

ADDENDUM

文件或扩展名	含　义
dsw	Workspace 文件
dsp	Project 文件,在 Workspace 文件中可以包含多个 Project,每个工程都对应一个 dsp 文件
opt	与 Workspace 文件相配合的一个重要的文件,这个文件中包含的是 Workspace 文件中要用的本地计算机的有关配置信息,所以这个文件不能在不同的计算机上共享。当打开一个 Workspace 文件时,如果系统找不到需要的 opt 类型文件,就会自动地创建一个与之配合的包含本地计算机信息的 opt 文件
clw	是用来存放应用程序中用到的类和资源信息的文件,这些信息是 Visual C++ 中的 ClassWizard 工具管理和使用类的信息来源
readme. txt	这个文件中列出了应用程序中用到的所有文件的信息
h	头文件,包含的主要是类的定义
cpp	实现文件。一般来说,h 为扩展名的文件和 cpp 为扩展名的文件是一一对应配合使用的
rc	资源文件,rc 文件可以直接在 Visual C++ 集成环境中以可视化的方法进行编辑和修改
rc2	也是资源文件,但这个文件中的资源不能在 Visual C++ 的集成环境下直接进行编辑和修改,而是由用户根据需要手工编辑这个文件
aps	存放二进制资源的中间文件,Visual C++ 把当前资源文件转换成二进制格式,并存放在 APS 文件中,以加快资源装载速度
bmp	位图资源文件
bsc	浏览信息文件,由浏览信息维护工具(BSCMAKE)从原始浏览信息文件(.SBR)中生成,BSC 文件可以用来在源代码编辑窗口中进行快速定位
cur	光标资源文件
def	模块定义文件,供生成动态链接库时使用

参考文献

REFERENCES

[1] 郑雪明. Visual C ++ 基础类库参考大全[M]. 北京：学苑出版社，1994.

[2] 康博创作室. Visual C ++ 6.0 开发实用教程[M]. 北京：人民邮电出版社，1998.

[3] 钱能. C ++ 程序设计教程[M]. 北京：清华大学出版社，1999.

[4] 郑莉，等. C ++ 语言程序设计[M]. 北京：清华大学出版社，2000.

[5] 黄维通. Visual C ++ 面向对象与可视化程序设计[M]. 北京：清华大学出版社，2000.

[6] 刘路放. Visual C ++ 与面向对象程序设计教程[M]. 北京：高等教育出版社，2000.

[7] 侯俊杰. 深入浅出 MFC[M]. 武汉：华中科技大学出版社，2001.

[8] WALNUN C. Windows 2000 编程核心技术精解[M]. 杜大鹏，等译. 北京：中国水利水电出版社，2002.

[9] 余英，梁刚. Visual C ++ 实践与提高 COM 和 COM + 篇[M]. 北京：中国铁道出版社，2001.

[10] 任哲. C ++ 面向对象程序设计[M]. 北京：高等教育出版社，2003.